项亦子——

著

数据分析简史

从 概 率 到 大 数 据

上海科技教育出版社

图书在版编目（CIP）数据

数据分析简史：从概率到大数据／项亦子著. —
上海：上海科技教育出版社，2023.2
ISBN 978-7-5428-7710-9

Ⅰ.①数… Ⅱ.①项… Ⅲ.①数据处理 Ⅳ.①TP274

中国版本图书馆CIP数据核字（2022）第024723号

责任编辑 李　凌
封面设计 李梦雪

数据分析简史：从概率到大数据

项亦子　著

出版发行 上海科技教育出版社有限公司

（上海市闵行区号景路159弄A座8楼　邮政编码201101）

网　　址	www.sste.com　www.ewen.co	
经　　销	各地新华书店	
印　　刷	上海颛辉印刷厂有限公司	
开　　本	720×1000　1/16	
印　　张	33.5	
版　　次	2023年2月第1版	
印　　次	2023年2月第1次印刷	
书　　号	ISBN 978-7-5428-7710-9/N·1103	
定　　价	108.00元	

感谢我的父母、郑奕老师和李凌编辑。

目　录

001 / 序　言

007 / 前　言

009 / 第1章　开普勒拉开序幕

013 / 　　1.1 托勒玫的谢幕与哥白尼的登场

018 / 　　1.2 开普勒及其处女作《宇宙的奥秘》

022 / 　　1.3 开普勒与第谷的世纪合作

024 / 　　1.4 研究从地球开始的第二定律——面积律

027 / 　　1.5 研究火星轨道得到的第一定律——椭圆律

030 / 　　1.6 第三定律及《宇宙和谐论》横空出世

034 / 　　注释

036 / 　　参考文献

037 / 第2章　统计学的早期思想

041 / 　　2.1 讲课风格如孔子的康令

044 / 　　2.2 格朗特及其《观察》

046 / 　　2.3《观察》中的创新思想

049 / 　　2.4 后继者配第

051 / 　　2.5 掷骰子显明上帝的旨意

055 / 　　2.6 从意大利到法国

061 / 　　2.7 惠更斯和数学期望

063 / 　　2.8 雅各布·伯努利和他的《猜度术》

065 /   2.9 天才棣莫弗和他的《偶然论》

068 /   2.10 科尔莫戈罗夫与现代概率论

071 /   注释

074 /   参考文献

075 / **第3章   异端贝叶斯的传世遗作**

084 /   3.1 神秘的贝叶斯

086 /   3.2 逆概率问题和正概率问题

087 /   3.3 什么是条件概率

089 /   3.4 因为对称而美丽的贝叶斯定理

093 /   3.5 主观概率是什么

097 /   3.6 杰弗里斯发现地核组成

100 /   3.7 图灵破译"恩尼格码"密码机

103 /   3.8 现代精算师和贝叶斯统计学

106 /   3.9 瓦尔德和萨维奇的贝叶斯决策论

110 /   3.10 珀尔和他的贝叶斯网络

115 /   3.11 诠释思考的贝叶斯方法

118 /   注释

122 /   参考文献

125 / **第4章   数学王子高斯的误差分布**

129 /   4.1 最小二乘法的问世与它的主人勒让德

132 /   4.2 众人探索误差分布

135 /   4.3 数学王子高斯登场

142 /   4.4 拉普拉斯的贡献

145 /   4.5 社会物理学鼻祖——凯特勒

148 /   4.6 高尔顿提出"回归"概念

153 /   4.7 计算机视觉里用于曲线拟合的最小二乘法

157 / 注释

161 / 参考文献

163 / 第5章　统计学之父皮尔逊

167 / 5.1 埃奇沃思——一位喜欢文艺的理科男

170 / 5.2 后正态分布初期使世人盲目

176 / 5.3 皮尔逊用矩法导出皮尔逊曲线族

179 / 5.4 1900年诞生的 χ^2 统计量

181 / 5.5 1901年主成分分析被引入统计学

183 / 注释

188 / 参考文献

189 / 第6章　第一次统计学革命

195 / 6.1 费希尔与皮尔逊令人唏嘘的争论

199 / 6.2 论战的调停者——"student"戈塞特

202 / 6.3 沿着高斯的路前进

205 / 6.4 著名的实验——"女士品茶"

209 / 6.5 费希尔用方差分析提出挑战

213 / 6.6 奈曼和艾贡·皮尔逊的合作

216 / 6.7 指数族以及广义线性模型

219 / 6.8 费希尔的又一杰作

221 / 6.9 费希尔信息量拉开统计学新篇章

225 / 注释

229 / 参考文献

231 / 第7章　扎德独辟蹊径

236 / 7.1 大哲人罗素和"模糊性"

239 / 7.2 康托尔留下的"后遗症"

244 /   7.3 扎德的模糊集合

249 /   7.4 模糊逻辑之你的头发都被数算过

251 /   7.5 模糊逻辑之模糊推理入门

253 /   7.6 模糊数学与你家的洗衣机有何关系

257 /   7.7 被日本模糊数学家改造后的数据分析

267 /   7.8 模糊现象和随机现象到底不同在哪里

270 /   7.9 模糊数学与人工智能之间的联系

273 /   注释

277 /   参考文献

279 / **第8章　分形统计学进驻金融领域**

283 /   8.1 从早期的数学怪物谈起

288 /   8.2 芒德布罗和他的分形几何

293 /   8.3 1919年豪斯道夫提出连续空间概念

300 /   8.4 巴舍利耶开创传统金融理论

303 /   8.5 现代金融大厦

308 /   8.6 芒德布罗与棉花之谜

310 /   8.7 由尼罗河洪水谜团引出的长期记忆性

316 /   8.8 为什么分数维可以比较好地度量股票风险

318 /   8.9 分形分布能撼动正态分布吗

323 /   8.10 新的阵地：当今复杂网络研究中的幂律分布

327 /   注释

330 /   参考文献

333 / **第9章　用作绩效管理的数据包络分析**

341 /   9.1 数据包络分析的先驱法雷尔和思想源头帕累托

347 /   9.2 数据包络分析是一种极具特色的非参数方法

350 /   9.3 建立在线性规划理论上的数据包络分析

355 / 9.4 丹齐格与线性规划中的单纯形法

358 / 9.5 线性规划中的对偶问题

360 / 9.6 查恩斯和库珀的第一个数据包络分析模型

366 / 9.7 数据包络分析在企业绩效评价中的应用

370 / 9.8 中国学者的重大贡献

372 / 9.9 数据包络分析与传统回归方法

374 / 9.10 数据包络分析潜入数据挖掘领域

377 / 注释

386 / 参考文献

383 / 第10章　不愧为"暴力美学"的计算统计

388 / 10.1 现代蒙特卡洛方法

394 / 10.2 计算统计中的蒙特卡洛方法源头

398 / 10.3 用蒙特卡洛方法求解定积分

400 / 10.4 马尔科夫的杰作

405 / 10.5 20世纪十个最重要的算法之一

406 / 10.6 马尔科夫链蒙特卡洛方法应用于贝叶斯分析

410 / 10.7 重采样方法的思想来源和孟买码头上的大批黄麻

412 / 10.8 刀切法开创近代重采样方法

415 / 10.9 埃弗隆对刀切法的再思考——自助法

418 / 10.10 埃弗隆用图展示自助法的几何图景

420 / 10.11 重采样方法是如何应用在集成学习中的

423 / 注释

429 / 参考文献

431 / 第11章　辅佐人工智能的第二次统计学革命

435 / 11.1 听司马贺讲讲到底什么是"学习"

438 / 11.2 群星璀璨达特茅斯会议

443 / 11.3 感知器的诞生与"学习理论"

446 / 11.4 瓦普尼克提出的统计学习理论"高观点"

451 / 11.5 专家系统堪比行业专家

453 / 11.6 辛顿对瓦普尼克的反击

456 / 11.7 乐存与卷积神经网络

463 / 11.8 1995年瓦普尼克开创支持向量机

467 / 11.9 辛顿发起深度学习的成功逆袭

471 / 11.10 "女性化"的学习方法——转导推理

473 / 11.11 天下没有免费的午餐

474 / 11.12 通往通用人工智能之路

478 / 注释

482 / 参考文献

485 / 第12章　谷歌式大数据分析

489 / 12.1 大数据确切指什么

491 / 12.2 大数据的统计限制"邦弗朗尼原理"

494 / 12.3 大数据时代重要的思维——关联规则

499 / 12.4 佩奇和布林创始谷歌网页排名算法

507 / 12.5 谷歌的广告算法

509 / 12.6 谷歌云计算之MapReduce算法

516 / 12.7 云计算后谷歌公司去向哪里

518 / 12.8 "谷歌式"科技将取代人类智慧吗

520 / 12.9 大数据对我们日常生活的影响

522 / 注释

525 / 参考文献

526 / 图片信息

序 言

问：你是谁？你从哪里来？要到哪里去？

答：我们八零后是从信息时代而来，正处于大数据时代，要赶往人工智能时代。

很久很久以前，我们的祖先总是习惯于被动地接受大自然赐予的一切，小心翼翼地去敬拜各种各样的神灵，生怕"犯错"得罪了哪一位神祇而引起他的暴怒，带来灾害。即使起源于天文数据革命的近代科学也没有帮助人类摆脱被动的局面，我们的祖先所能做的就是尽量去探索和了解这个"客观"世界。很长时间内，人类活动基本就是观测自然——得到数据——分析数据——获取信息——形成知识。为了获取科学知识，我们就需要对观测到的数据进行分析。在与几代人累积下来的数据打交道中，人们最终发现了观测的误差分布理论。这是一个伟大的成就，被应用到了科学的各个分支，比如物理学、生物学甚至经济学。但不久之后，一场统计学革命席卷而至，这场革命的领导者皮尔逊声称观测误差并非那么回事，或者说根本就没有误差，我们观测到的并不是所谓的物质实体，而是统计分布本身。这一革命性的思想助推了20世纪科学的新走向，人类把对物质实体的研究逐渐转变为对"信息"的研究，科学研究的方法也从观测自然发展到人工模拟自然。像所有的革命一样，那些正确且适用的东西被保留下来，继续传承。对于数学和统计学至关重要的观测行为为人们打开了新的视野，分形、模糊和包络分析让人们从不同于以往的角度去看待信息。至此，数据分析的历史演化清晰地展现了人类是怎样从大自然获得的原始数据中抽取信息形成知识，一直到开始研究信息本身的抽象性质的这一过程。

今天，爱好科学新知的人们茶余饭后讨论得更多的科学问题或许是人工智能的"奇点"何时会到来。1983年，数学家、科幻小说家温格提出技术奇点的概念。他将奇点定义为人工智能超过人类智力极限的时间点，在那一时间点后，世界的发展将会超出人类的理解范畴。自此之后，"技术奇点"仿佛一把达摩克利斯之剑，最开始的时候感受到它存在的只是一些科幻作家和所谓的"未来家""预言家"，但随着计算机技术的发展，越来越多的科学家、经济学家和企业家，如太阳微系统创始人乔伊、经济学家汉森等，都开始担忧头顶这把摇摇欲坠的利刃。2009年，未来学家库兹韦尔与X-Prize创始人迪亚曼迪斯共同建立了奇点大学，致力于"聚集、教育并激励一批核心的领导者，以应对人类在指数增长的科技下遭遇到的重要挑战"。

但现在来看，图灵机模型即现代计算机雏形的提出才是人类命运真实的拐点，没有此拐点就不会有我们翘首企盼的奇点临近。如果奇点真能在未来几十年内降临，它的另一个关键出发点要追溯到1960至1980年间统计学领域出现的又一场革命。上一场统计学革命刚建立起来的费希尔理论体系被一种新的体系取代了——这一体系是用统计方法研究"机器学习"规律，故而也被称为统计机器学习理论。"学习"的问题都是非常一般性的问题，统计学中研究的几乎所有问题都可以在学习理论中找到对应，而且一些十分重要的一般性结论也是首先在学习理论的范畴内被发现，然后再用统计学术语重新表达。统计学习理论直接辅助了人工智能的崛起,从此机器能够高效地"学习"了。而且我们甚至会惊讶地发现,那些生物学里的探索成果以及早年用于描摹星辰运行轨迹的算法居然也可以用在智能机器人身上,使得它们能主动地智能化行事。而人类几百万年来的存亡大计或许也将在奇点到来后发生巨大的变化,未来的世界将进入一片新天地。

我们看到科学的发展大体上是从研究"独立于主观的客观真理"到研究"链接主客观的信息"再到"反映客观的主观真理"。而对于伴随科学成长的数据分析而言,整部数据分析史就是辅助人类研究客观世界到研究主观世界演化的历史。那么到底数据是什么呢?数据分析又是什么呢?在现代汉语词典中,数据的解释是事实或观察的结果,是对客观事物的逻辑归纳,是用于表示客观事物的未经加工的原始素材。数据可以是连续的,比如声音、图像,这些被称为模拟数据;也可以是离散的,如符号、文字,这些被称为数字数据。在如今的计算机系统中,数据以二进制信息单元0,1的形式表示。而词典中关于数据分析的解释是用适当的统计分析方法对收集来的大量数据进行分析,从而提取有用信息并形成结论。在实际应用中,数据分析可帮助人们做出判断,以便采取适当行动。

数据分析起源于天文学、生物学和城邦政情。数据分析所必需的是统计学的思想,而统计学的思想古已有之,可以说是在人类早期的社会实践活动中萌芽的。统计学的思想主要包括计数思想、均值思想、变异思想、估计思想、相关思想、拟合思想和检验思想等。

统计学的踪影在古汉字"数"和"算"中就可以找到。从字义上看,"数"为查点数目,"算"为计算数目。从字形上看,古"数"字左边是一条绳子打了一串大小不同的结,而右边是一只正在打结的手;"算"字从"竹"到"具"表示以算筹为工具进行的统计计算。这从一个侧面反映了早在文字形成初期,中国已经开始了结绳计数。从太古时代起,

图1

统计各种数据对人类而言就是一件重要的事，如分配食物、分组围猎等。

在人类的历史中，处处有统计学的踪影。早在公元前4500年，巴比伦王国就开始对地籍、人口、农具、牲畜等进行调查。公元前3050年，古埃及进行全国人口和财富登记以修建金字塔。

根据魏晋时期皇甫谧著的《帝王世纪》中的记录，公元前2200年，中国夏禹时期就开始记载土地和人口："禹平水土，还为九州，今禹贡是也。是以其时九州之地，凡二千四百三十万八千二十四顷，定垦者九百三十万六千二十四顷，不定垦者千五百万二千顷。民口千三百五十五万三千九百二十三人。"

约公元前1238—前1180年的商朝时期，甲骨文中记载了"登妇好三千，登旅万，呼伐羌"，这里不仅有统计数字，而且有简单的情况表述，说明商代已有人口调查统计的表册。

约公元前1100—前771年，西周参照商朝官职，在周王以下设有天、地、春、夏、秋、冬六卿，为执政大臣，对国家行政事务各负专责，并办理各部门统计工作基本上形成了分散的统计组织。《礼记·王制》里有"视年之丰耗，以三十年之通制国用，量入以为出"，这说明西周已经有了平均数的思想，而《周易》里的"方以类聚，物以群分"则体现了现代统计分组法的基本思想。到了春秋时期，管仲(约公元前723—前645年)曾提出四民分业定居论，把百姓按照职业分为四个社会集团——士、农、工、商。这是我国最早的类型分组。

公元前453年，罗马帝国制定了对人口、土地、牲畜等每五年调查一次的规定，这是最早的人口定期调查制度。

公元前450年，历史上的第一位数学家希庇亚斯用以前每个国王执政时间长短的均值推算出首届奥运会是距当时300多年前的公元前776年举办的。这是人类最早对均值这一概念的使用。

公元前445年战国时期，魏文侯任用李悝为相，实行变法，著《法经》六篇：《盗法》《贼法》《囚法》《捕法》《杂法》《具法》，其中含有许多有关统计法规的思想内容。

公元前431年希腊伯罗奔尼撒战争中雅典人让士兵数城墙砖的层数，取数据的众数乘以每块砖的厚度推算城墙的高度。这是人类最早对众数这一概念的使用。

公元前400年，印度史诗《摩诃婆罗多》中国王用两个大树枝上的果实和叶子的数量乘上树枝的数量估算整棵树上果实和叶子的数量，这是已知最早的抽样推断。古希腊哲学家亚里士多德（公元前384—前322）撰写了150余个城邦纪要，主要包括若干城邦的历史、行政、科学、艺术、人口、资源和财富等社会和经济状况的统计、比较和分析。"城邦政情"式的统计研究延续了2000多年。

《史记·秦始皇本纪》记载，公元前230年，中国进行了人口统计史上第一次分年龄的人口登记——"十六年九月，发卒受地韩南阳假守腾。初令男子书年"。公元2年，中国汉代进行了人口普查，普查结果是1223万家庭，5959万人口。记载的数据被认为相当准确。

《圣经·新约·马可福音》记载，公元30年，耶稣传道。耶稣对银库坐着，看众人怎样投钱入库。有好些财主，往里投了若干的钱。有一个穷寡妇来，往里投了两个小钱，就是一个大钱。耶稣叫门徒来，说："我告诉你们，这穷寡妇投入库里的，比众人所投的更多。因为他们都是自己有余,拿出来投在里头;但这寡妇是自己不足,把她一切养生的都投上了。"这是比例思想的源头。

公元840年,伊斯兰数学家金迪利用最常用符号和最常用字符破解了伊斯兰密码,频数分析由此出现。

公元1069年,英格兰国王威廉一世在《末日审判书》(其正式名称应是《土地赋税调查书》或《温彻斯特书》,又称《最终税册》)中对新王国村庄和牲畜进行调查,这是英国官方最早的统计记录(根据调查结果,当时英格兰约150万人,其中90%是农民)。

公元1150年,英国皇家制币厂通过随机样本进行等比例抽样检验,对硬币纯度和质量进行年度检验,这个方法延续至今。

……

这些是数据分析的早期统计思想的萌芽。

前　言

　　"东数西算"是我国继"南水北调""西电东送""西气东输"等工程之后启动的又一个大工程。"东数西算"中,"数"指的是大数据,"算"指的是算力,即对数据的处理能力、计算能力。算力,如同农业时代的水利、工业时代的电力,已成为数字经济发展的核心能力之一。"东数西算"就是把我国东部沿海地区在生产生活中产生的大数据放到大西部去计算,为什么要这样做呢?因为东部地区经济发达,在经济活动中会产生大量的数据,但数据中心耗能较高、消耗的水资源较多,东部地区能源、水资源、土地等资源稀缺,发展数据中心受限,而西部地区电力能源资源丰富、水资源相对丰富、空间资源广阔,可以满足东部地区算力的大量需求,因此"东数西算"也应运而生,有助于我国的大数据工程在东西两地优势互补,优化资源配置。

　　本书是对大数据发展历程的一个全面而基本的介绍,从最早的统计学概念"概率"开始,经过"期望""贝叶斯公式"直至"云计算""深度学习""大数据"为止,是对大数据感兴趣的大众尤其是学生的一本很好的科普读物,也是了解"东数西算"工程的一扇大门。

　　"东数西算"工程以大数据分析为基础,这一工程对我国来说有着举足轻重的意义。它不但能节省能源、绿色减排,更能拉动西部的数字经济,带动西部经济发展,对开发大西部做出贡献。而笔者的这本书能在此时问世,实属荣幸,能够帮助大众对国家重大工程有所了解,哪怕只是做出一丁点贡献,笔者也甚感欣慰。

第 1 章

开普勒拉开序幕

我曾测量天空的高度，而今丈量大地的影深。

精神归于天国，身影没于尘土。

——开普勒

∞

16世纪是世界历史的伟大转折期。人文主义、文艺复兴和宗教改革的三大潮流汇流在一起，取代了当时统治欧洲的中世纪思想，使上帝、世界和人的关系在这一时期发生了全面的变化，并进而奠定了近代科学的基础。这个时期虽然是一个伟大发明、发现和新科学概念兴起的世纪，但同时也是魔法师、炼金术师和占星术师的时代，这些人对当时世界政治的影响远远超过任何一个科学家。此外，尽管宗教、科学和政治有着紧密的联系，但这些领域的发展非但不是并行不悖的，而且常常互相冲突。结果，宗教改革引起了政治上的天翻地覆，而与此同时，新旧两个基督教派之间的冲突也给整个欧洲投下了浓重的阴影。

就是在这样的历史背景下，人类艰难地摆脱了中世纪的愚昧，逐渐睁开了双目，迎来了第一次科学革命——天文学革命。16世纪末到17世纪初，在天文学和物理学领域发生了激烈的论战，一种新兴的天文学体系在争吵中被建立。从科学哲学的角度，这一天文学体系代表了一种新的科学范式，那就是观测自然——得到数据——数据分析——得到信息——形成知识。在此后400多年的历程里，出现了许

多杰出才俊，他们利用这一科学范式取得了许多辉煌的成就，为人类的逐步现代化奠定了基调。在这段时期，数据分析发挥了巨大的作用，可以说，历史上天文学和后来科学的发展总是与数据分析纠缠在一起的。

今天当我们谈论到促使人类分析数据和追求科学的动机时，最好的例子莫过于开普勒了。开普勒的独特之处在于，他是一个过渡人物，处在一个科学发生巨大变化的时代，这时科学正在摆脱束缚着它的教条，从神学和哲学式研究转变为对客观

图 1-1 开普勒

世界的理性分析，认为客观世界是超越人类意识的永恒宇宙(当然今天的科学认识是人类意识与永恒宇宙有着千丝万缕的联系)，为日后牛顿乃至爱因斯坦的发现铺平了道路。这一时期的科学带有浓重的神学色彩，充满了巧合神谕和异想天开，而开普勒正是这个时期的杰出人物典范。开普勒的灵感来源于对宇宙的神秘的信仰，尽管这种神秘主义与数学的混合距近代科学的思维方式甚远，但它却是近代科学包括数据科学诞生必不可少的因素。

1.1

托勒玫的谢幕
与哥白尼的登场

在中国古代，人们认为天地相接且地是平的，而人们的观察范围有限，只看到日月星辰东升西落，所以认为天是圆的，这就是我国古代的天圆地方学说。在古希腊，在数据分析还未取代哲学思辨之前，毕达哥拉斯学派认为圆形与球形是最完美的几何体，地球、天体、宇宙都是球形，一切天体做均匀的圆周运动。公元前 4 世纪，希腊著名哲学家亚里士多德认为如果地球是平坦的圆盘，那么月食时地球在月亮上的影子会被拉长为椭圆，但影子总是圆的，因此他判断地球确实应该是球形[1]。亚里士多德还总结了当时的哲学和科学成就，尤其是米利都学派和古希腊学者欧多克斯的观点，建立了地心说。到了公元前 3 世纪，另一位希腊哲学家阿里斯塔克又提出了日心说，认为太阳和恒星都是不动的，人们看到它们在动是地球自转的结果。从那时起，古希腊就有了日心说和地心说之争。

古人对自然规律的认识较为肤浅，他们每天都看到太阳、月亮和星星从东方升起西方落下，地心说显然比日心说更直观、更简单，因而更容易接受地心说。公元 2 世纪，学者托勒玫改进了地心说，使之更加符合当时人们的认知。

托勒玫认为地球是宇宙的中心且静止不动，日、月、行星和恒星均

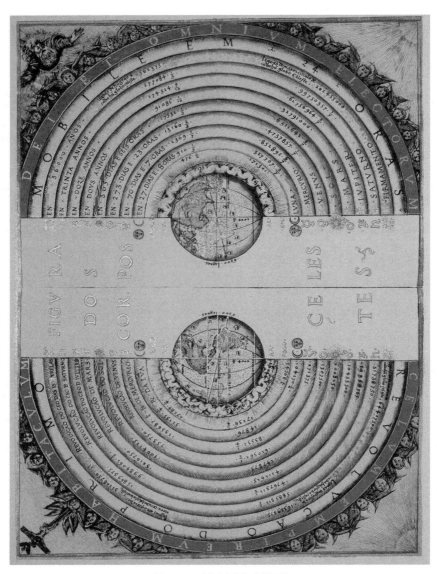

图 1-2　地心说宇宙模型

围绕地球运动,而恒星远离地球,位
于太空这个巨型球体之外。然而,经
过仔细的数据观测,科学家们发现行
星运行规律与托勒玫的宇宙模型不吻
合。一些天文学家修正了托勒玫的宇
宙轨道学说,在原有的轨道上增加了
更多的天体运行轨道。这一模型中每
颗行星都沿着一个小轨道做圆周运
动,而小轨道又沿着该行星的大轨道

图 1-3 托勒玫

绕地球做圆周运动。几百年之后,这一模型的漏洞越来越明显。天文
学家们又在这个模型上增加了许多轨道,行星就这样沿着一道又一道
的轨道做圆周运动。这就是所谓的"本轮-均轮"结构。

图 1-4 托勒玫的宇宙体系

这种情况一直持续到公元1500年前后，波兰天文学家哥白尼提出了近代的"日心说"。公元1500年左右的欧洲，文艺复兴运动伴随着地理大发现，极大地解放了人们的思想。展现在人们面前的，一方面是古希腊和古罗马哲学与艺术的辉煌，另一方面是新大陆的发现和环球航行的成功。哥白尼那个时代的波兰是欧洲强国，势力覆盖现在的德国、立陶宛、俄罗斯和乌克兰。年轻的哥白尼先在波兰的克拉科夫大学求学，这所大学是当时欧洲有名的学术中心。然后，他来到意大利，度过了10年留学生涯。那时波兰和意大利的大学深受文艺复兴运动的影响，革新派和保守派在街上的辩论常常升级为格斗。此外，意大利的民族解放运动风起云涌，动荡的社会生活和学校生活强烈影响着哥白尼，解放了他的思想。

1503年，哥白尼获得法学博士学位后，他的舅舅给他提供了一个弗伦堡(在波兰波罗的海边上)的神父位置。1506年哥白尼回到波兰，和舅舅一起工作。他利用工作之余研究天文学，在弗伦堡30年间，他建了一个小天文台，后来被称为"哥白尼塔"。

哥白尼想用当时最先进的技术来改进托勒玫的数据测量结果，他不辞辛劳地日夜测量行星的位置，但其数据测量获得的结果仍然与托勒玫的天体运行模型没有多少差别。如果在另一个运行着的行星上观察这些行星，它们的运行情况会是什么样的？基于这种想法，哥白尼在不同的时间、不同的距离从地球上观察了行星。每一个行星的情况都不相同，这使得他意识到地球不可能位于星辰轨道的中心。经过20年的数据观测，哥白尼发现唯独太阳的周年变化不明显。这意味着地球和太阳

图 1-5　哥白尼

的距离始终没有改变。如果地球不是宇宙的中心,那么宇宙的中心就是太阳(这一观点后来又被布鲁诺击破,太阳不是宇宙的中心而是太阳系的中心)。他立刻想到如果把太阳放在宇宙的中心位置,那么地球就该绕着太阳运行。这样他就可以取消所有的小圆轨道模式,直接让所有的已知行星围绕太阳做圆周运动。然而,人们是否能接受他提出的这一革命性的宇宙模型呢?权力极大的天主教会是否相信太阳是宇宙中心这一说法呢?哥白尼心中满是疑问。

《天体运行论》在1540年前就已经写成,但由于害怕教会的迫害,哥白尼最初不愿公开他的发现,最后在数学家雷蒂库斯的强烈要求下,他才同意出版。后来哥白尼因病辞世,出版监督由路德派教长奥西安德继任,为稳妥起见,奥西安德还擅自增加了一篇未署名的前言,大意是说书中表达的全部思想纯属猜测,只是一种数学练习,而不是对真实世界的描写。哥白尼的发现终于使得1000多年来的托勒玫的地心说模型谢幕。但保守势力还是不断搅扰,那些大学机构里天文学家还在蔑视和嘲笑这一发现。直到60多年后,开普勒和伽利略终于证明了哥白尼是正确的。

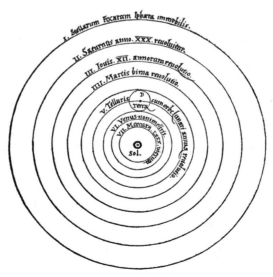

图 1-6 《天体运行论》中哥白尼的宇宙观

1.2
开普勒及其处女作《宇宙的奥秘》

1571年，本章的主角开普勒在德国中部符腾堡州魏尔德施塔特的一个贫困家庭出生。开普勒的童年十分凄惨，父亲是个对家庭很不负责的职业军人，母亲性情暴躁古怪。3岁时他又染上了肆虐欧洲的天花，不仅毁坏了面容，还使得一只手半残，视力也受到损害。而父亲的去世犹如雪上加霜，使得他饱受穷苦之累，有时只能乞住在乡村旅店之中。9岁时为了生活，他就开始做佣人，直到12岁才幸得他人帮助回到学校。

童年的苦难在开普勒的心灵上留下了深深的伤痕。幸好他没有被苦难击倒，反而因此磨炼了意志。他从小就喜欢到教堂做祷告，因为教堂那高高的圆形穹顶，管风琴美妙的和声，给苦难中的开普勒带来了温暖和希望。

凭借天赋和刻苦，开普勒17岁时进入了蒂宾根大学，他出众的数学才能很快得到认可，受到了数学教授马斯特林的赏识，而马斯特林就是一位哥白尼日心说的拥护者。当时在天文学界日心说和托勒玫的地心说是争论不休的热门议题，开普勒就曾经以日心论者参加这场辩论。虽然他当时在蒂宾根大学神学院学习，且以全班第二名的优秀成绩毕业，但由于信奉被教会视为洪水猛兽的哥白尼日心说，他失去了担任教会职务的资格。也许冥冥之中自有天意，上帝关上了一扇门却

为开普勒打开了另一扇窗，1594—1595
年的两起偶然事件使得开普勒踏上了研
究天文学的漫漫征程。

1594年，奥地利格拉茨一所高中因
一位数学教师突然病故，迫切地向蒂宾
根大学的教授团求助，希望为该校推荐
一位能胜任的继任者，在马斯特林的帮
助下，开普勒被认为是适合人选。因此
当年原本想以传教士为职业的开普勒改
行到格拉茨当上了数学教师，同时，兼职
天文学教师。从此他把当牧师的想法抛
到了九霄云外，一心一意地开始研究行
星问题。

在任教期间，开普勒最感兴趣的问
题是：为什么行星有6颗（当时只发现了
6颗行星）？它们的轨道半径为什么恰
好成8:15:20:30:115:195这样一个比例？
他开始时试着用平面几何图形的组合来
推出行星轨道，结果失败了。1595年7
月19日，另一个偶然事件发生了。开普
勒在天文课课堂上突发灵感："行星在空
间中运动，我怎么在平面上研究这些几
何图形呢？应该用立体图形！"思路一
开，很快就有了可喜的突破。当时人们
知道5种正多面体，古希腊数学家还证明
过，大自然只可能有5种正多面体。柏拉

图 1-7　开普勒位于魏尔德
施塔特的出生地

图在《蒂迈欧卷》里说,这5种规则多面体是"神的形象的天体"。开
普勒接受了这种观念,并说:"我企图证明,上帝在创造宇宙和规定宇
宙秩序的时候,曾考虑到5种规则的几何立体,他按照它们的大小,确
定天体尺寸、数目、比例及其运动关系。"

开普勒的设想是,如果把5种正多面体和6个球形套合起来,不就
有6个球吗? 6个球的半径恰好对应6个行星的轨道。这实在是妙极,
开普勒相信这就是只有6个行星的奥秘所在。开普勒的具体方法是这
样的:开始以一个球形作地球的轨道,在这个球形外面配一个正12面
体,这个正12面体的12个面与球形相切,12面体外面作一个圆球,这
个圆球是火星的运动轨道;火星球外面作正4面体,再在它外面作一
个圆球,得出木星轨道;木星球外作一个立方体,立方体外面的球就
是土星轨道;在地球轨道的球形内作正20面体,20面体内的球形是金
星的轨道;金星球内作正8面体,其内的球就是水星的轨道。根据这
种方法得出各轨道半径的比,与观测结果大体相同(差别在5%以内)。
开普勒十分兴奋,1596年底,他把他的这一发现写进了他的处女作《宇
宙的奥秘》。

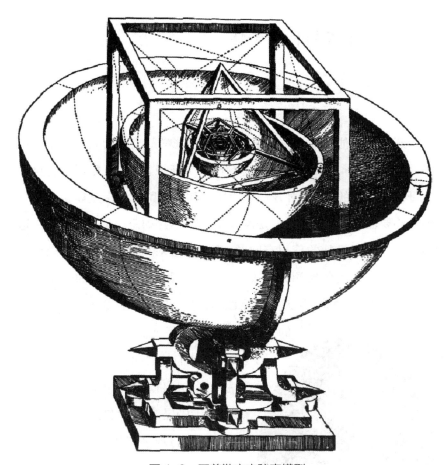

图 1-8　开普勒宇宙秘密模型

1.3
开普勒与第谷的世纪合作

开普勒把他的处女作《宇宙的奥秘》寄赠给当时的大天文学家第谷,请他指正。第谷虽然只把它看作年少狂想之作,但觉得很有点毕达哥拉斯学派的味道,对开普勒的才气和冲劲留下了深刻印象。开普勒一心要验证他的猜想,但是凑来凑去都不甚如意。他的想法是:这种缺失不可能是他的猜想有问题,而是当时对行星轨道的测算有误,需要用更加精确的实测数据去重新计算。第谷拥有精确的天文数据宝库,他积累了20年的天文观测数据,这一老一少都逐渐意识到彼此的互补性,合作成了理所应当。开普勒和第谷会面了,他们的会面乃是欧洲科学史上极为重大的事件,这两位个性迥异的人物的会面标志着近代自然科学两大基础——经验观察和数学理论的结合。开普勒在纯先验思辨的基础上推导出了宇宙的结构,而第谷的功劳主要是在经验方面,他不是一个理论家,而是一个高明的计算家。开普勒在给马斯特林的信中曾这样评价第谷:"他是个富翁,但他不知道怎样正确地使用

图 1-9 第谷·布拉赫

这些财富。"

　　虽然从 1600 年初到 1601 年 10 月 24 日（第谷去世）这段时间他们的相处远非融洽，第谷的家人还从中作梗，但最终开普勒在第谷去世后成了第谷的继任者，被委任为皇家数学家，继承第谷的职位和天文数据库，他的研究也就此展开[2]。

1.4
研究从地球开始的
第二定律——面积律

　　开普勒和第谷合作期间的第一个主攻目标就是火星轨道。研究刚开始的时候，开普勒认为攻克这个任务并不难，但是实际却越做越难。他艰苦卓绝地和火星对抗，过去的他用大胆的先验思辨来设想整个宇宙体系的结构，现在的他"汗流浃背，气喘如牛地跟踪着造物主的足迹"。开普勒在历练中逐渐蜕变为一位用实测数据探索其中所隐含的实验性定律的实践家，而他曾经的猜想由于存在缺陷而被他搁置。

　　火星在西方以战神（Mars）命名，开普勒总是把探索火星运行规律想象成他和战神之间的战争，他屡战屡败屡败屡战，可以说火星既是开普勒人生中的炼狱，又是他的福星。在数次失败后，他回头转身，暂时放弃进攻火星，开始研究地球的运行律。在第谷庞大的天文数据背后，开普勒凭借其天才的洞察力挖掘出了"矢径"这一概念，也就是"日地距离"的连线——虽然这条线实际并不存在。当实践家开普勒用第谷的实测数据，花了九牛二虎之力逐一计算得180个"日地距离"后，便开始进一步探讨这一大堆实算数据背后是否会有覆盖所有行星的精简的实验性定律。《新天文学》30章所列地球绕日运动，从远日点（0°）开始一直到近日点的角度（180°）的日—地距离r如下表所示（地球绕日运动对于近日点和远日点连线成轴对称，取此对称轴之半为100 000个单位长）：

表1-1 从远日点到近日点的日一地距离

角度			距离	角度			距离
度（°）	分（'）	秒（"）	（单位长）	度（°）	分（'）	秒（"）	（单位长）
0	0	0	101 800	95	58	35	99 765
5	53	33	101 790	100	59	29	99 610
10	48	12	101 766	105	0	31	99 489
15	42	57	101 729	110	2	14	99 341
20	37	49	101 678	115	4	23	99 198
25	32	52	101 615	120	6	57	99 061
30	28	8	101 539	125	9	56	98 931
35	23	43	101 451	130	13	18	98 810
40	19	24	101 351	135	17	1	98 698
45	15	30	101 242	140	21	3	98 595
50	11	55	101 123	145	25	24	98 503
55	8	42	100 995	150	30	0	98 422
60	5	53	100 860	155	34	50	98 353
65	3	28	100 719	160	39	51	98 296
70	1	30	100 571	165	45	2	98 253
75	59	42	100 389	170	50	20	98 222
80	58	42	100 235	175	55	42	98 204
85	58	14	100 078	180	0	0	98 200
90	58	11	99 921				

　　当时的天文学家熟知日一地射线方位的每天变动，即角速度ω。测量方法是用某一时刻日一地的方位和隔天的方位差得出每天的角速度。角速度ω是实测量，他们还知道近日点的角速度最大，远日点的角速度最小。在近日点、远日点的速率v显然等于日地距离r乘以角速度ω，即$r\omega$。开普勒根据数据表一眼就看到在近日点、远日点，他所算得的距离和速率成反比，随即猜想rv守恒。但是他马上发觉事实并

非如此。后来他才领悟到那是因为地球绕日运动并非完美的圆周运动，也就是v不总是等于$r\omega$。通过比对实算数据r^2和实测数据ω，开普勒发现了一条简单的法则——面积律，即地球与太阳连线在相同时间扫过相等面积，其实就是$r^2\omega$的守恒律(注1)。由于当时还没有微积分这个工具，随后的推导过程是缘于他想起了公元前3世纪的古希腊数学家阿基米德曾用过的处理方法。就这样开普勒先得出了他的"第二定律"。

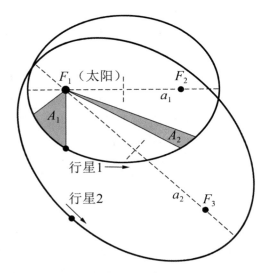

图 1-10 遵守开普勒行星运动定律的两个行星轨道

1.5

研究火星轨道得到的
第一定律——椭圆律

　　在得到了地球面积律后，开普勒意识到了火星面积律也可以借鉴。这次用他自创的开氏量天术(注2)打了胜仗，而他那种百折不挠、坚毅卓绝的性格，使得他在建立火星面积律后，自然而然地想一鼓作气研究火星的轨道究竟是何种曲线。然而，当开普勒用第谷的观测资料研究火星运动时却发现，如果火星真是在做圆周运动的话，就会与第谷的观测资料有8'的误差（即1°的8/60）。

　　在这一误差面前，开普勒以非凡的创造性精神大胆扬弃了一些不符合观测的传统观念，认为火星的轨道是一个略扁的圆形，太阳并不位于这一轨道的中心，而是位于这一轨道的中轴线上略偏离中心的位置。开普勒还确定了火星的远日点和近日点。在计算中，开普勒发现火星在远离太阳的那部分轨道上运行的时间要长得多。凭直觉，开普勒认为火星的轨道应该是个卵形。这与哥白尼认为行星运动一定是圆周运动的观点有了矛盾，但开普勒既没有怀疑日心说，也没有怀疑第谷的观测资料，而是独辟蹊径地认为哥白尼日心说里的"圆周运动"值得怀疑。这种怀疑在当时可不是一件简单的事，因为当时圆周被赋予了巨大的形而上学和审美意义。接下来的工作就是按照他刚发现的面积律，研究什么样的卵形才能和第谷的观测结果相吻合。

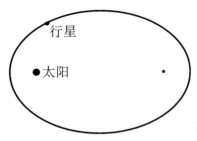

图 1-11 根据开普勒第一定律，
太阳位于椭圆轨道的一个焦点

确定该卵形准确形状十分复杂艰辛，1604年，开普勒用了整整一年时间做这项工作。他在给友人的信中说自己已经试了20种不同的卵形。最后，他选择用椭圆形进行计算。在计算过程中，开普勒发现这一形状与数据几乎完全吻合。他突然意识到可以用三角函数的方法计算出行星的轨道必然是椭圆形的，太阳位于该椭圆的一个焦点上(注3)。就此，开普勒彻底战胜了火星，得出了关于行星运动的"第一定律"：椭圆律[3]。现在他可以准确描述火星在其轨道上运行时与太阳之间距离的变化情况了。这也解决了一直困扰他的有关面积律的准确性问题。开普勒写道："就像突然从梦中醒来一样，我看到了曙光。"

在确定了火星以及其他行星都是沿椭圆轨道运行以后，开普勒迫切地希望了解："为什么行星偏爱椭圆运动？行星运动的原因是什么？"这是以前的天文学家包括哥白尼从未提出过的问题。1605年，开普勒在写给一位朋友的信中表达了他追求的目标：

> 我一心想探讨其中的物理原因。我的目标是想证明天体的机器不宜比作神圣的有机体，而应该比作一座时钟。因为几乎所有这些各种各样的运动，只是借助于单一的、十分简单的磁力而形成的，就像时钟的各种运动只是由于一个重锤造成的一样。此外，我还可证明，这个物理概念可以通过计算和几何学表示出来。

这就是说，开普勒认为天体仿佛是一个大钟，被一个单一的力所驱动，而且这个力与地球上所具有的力应该具有同质性。这是一个天才的、划时代的预言，也是开普勒不同于同时代天文学家的独特之处。他不满足于用数学描述世界，而且还希望用物理探索世界之因。开普勒借鉴当时的英国物理学家吉尔伯特的观点，认为太阳是一个巨大的磁石，绕太阳旋转的每一个行星是小的磁石。行星正是靠着太阳的磁力绕太阳旋转，在旋转的时候，行星时而北极面向太阳，时而南极面对太阳，于是太阳对各个行星时而吸引、时而排斥。正是这一物理学原因使得行星偏离正圆轨道而沿着椭圆轨道运行。当然现在我们知道，这个模型是错误的，但后来的大科学家牛顿正是站在这位"巨人的肩膀上"用万有引力定律一统天地。

1609 年，开普勒将第一、第二定律一起写进了《新天文学》一书，但是他的著作遭到了当时许多人的轻视、误解和嘲笑，甚至老友马斯特林也保持沉默。很显然这是因为椭圆律极大地冲击了当时所有人的美学和宗教观点。开普勒寄希望于一个人，他就是帕多瓦大学数学教授伽利略。开普勒早在格拉茨时就想和伽利略建立联系，他当时给伽利略寄去了《宇宙的奥秘》，伽利略也察觉到了这位充满了青春活力的哥白尼宇宙体系的信徒是他"探寻真理的一位战友"。但伽利略这时被局势吓倒了，不敢把他的看法公布于世。他写信告诉开普勒，只有在他肯定大多数人都能拥护他的思想时，他才能公布他的思想和证据。开普勒恳求这位帕多瓦的学者证明他对真理的信仰："伽利略，鼓起勇气，站出来！我估计，重要的数学家中只有少数几个人会反对我们。真理的力量无比。"伽利略却不予理睬，保持沉默。

1.6
第三定律及《宇宙和谐论》横空出世

1617年到1618年的6个月里,开普勒接连失去了3个孩子,情绪十分低落,他无法继续编制《鲁道夫星表》,为了不至于患上抑郁症,他开始将注意力转向关于音律中"和声"的研究。没想到这一研究使得他又启动了年少时候的痴狂,他开始把行星轨道与和声联系在一起。就像在当年《宇宙的奥秘》一书中的探索,他又试图通过揭示自然界里的数学规律来证明上帝的智慧。

开普勒作为一位出色的音乐鉴赏家和坚信数学、音乐和天体运动应该处于一个和谐的体系之内的人,他相信宇宙一定有一种内在的和谐规律隐藏在那里。他认为即便各行星虽然有各自的椭圆轨道半长径(注4)和运动速率,这些时间和空间的量彼此一定存在某种联系。虽然乍一看这些行星似乎各行其道,没有什么规律可循。1618年5月15日,开普勒终于找到了所有问题的答案,那就是他的第三定律,一个体现出宇宙的和谐的定律。开普勒第三定律的发现是早期实验数据分析的典型。

我们先来看开普勒所掌握的数据:

表1-2

	水星	金星	地球	火星	木星	土星
运行周期(天)	88	225	365	687	4333	10759
相对平均距离(单位长)	388	724	1000	1524	5200	9510

表1-2中的运行周期以天为单位，相对平均距离以地球与太阳之间距离的1/1000为单位长。如果运行周期以年计，相对平均距离以天文单位(A.U.)计，则如下表所示：

表1-3

	水星	金星	地球	火星	木星	土星
运行周期（年）	0.24	0.616	1	1.88	11.87	29.477
相对平均距离（A.U.）	0.388	0.724	1	1.524	5.2	9.51

这是行星运行周期和相对平均距离之间的联系，但开普勒所要寻找的是两者之间的精确联系，下表是开普勒所做的数据分析：

表1-4

	水星	金星	地球	火星	木星	土星
运行周期/相对平均距离	0.62	0.851	1	1.23	2.28	3.1

可以看到，各行星的比值并不相等，而且从水星到土星比值逐渐增大。用运行周期除以相对平均距离的平方：

表1-5

	水星	金星	地球	火星	木星	土星
运行周期/相对平均距离^2	1.6	1.18	1	0.809	0.439	0.326

现在从水星到土星的比值又逐渐减小了。我们再用运行周期的平方除以相对平均距离的平方：

表1-6

	水星	金星	地球	火星	木星	土星
运行周期^2/相对平均距离^2	0.38	0.724	1	1.52	5.21	9.61

乍一看，似乎离想得到的结果更远了，各比值之间的差距更大了。但请仔细看，这些比值却近似一开始的相对平均距离了。所以将分母变成相对平均距离的三次方：

表1-7

	水星	金星	地球	火星	木星	土星
运行周期²/相对平均距离³	0.99	1	1	1	1	1.01

通过这种最原始的,甚至可以说是拼凑和猜测的天文数据分析,开普勒得到了他苦苦追寻的第三定律:任何行星公转周期的平方同轨道半长径的立方成正比。开普勒在他最著名的《宇宙和谐论》一书中解开了这一奥秘,为此他欣喜若狂:

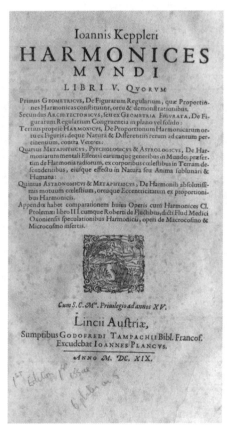

图1-12 《宇宙和谐论》1619年初版封面

"自黄昏以来已有18个月,自黎明以来也已3个月,但就在几天前,我的这一神奇发现大放异彩,现在已经没有什么能束缚我了。我要拜倒在这神圣的狂热面前,我要用我坦诚的告白奚落平庸的凡人:我盗取了埃及人的金器,在远离埃及的地方建造自己的神龛。如果你宽恕我,我会高兴,如果你因此而暴怒,我也会忍受。我是在写作,也是在投骰子,而为今人或是为后世,这并不重要。既然上帝用了六千年的时间才等来了我,那我也可以用一百年的时间等候我的读者。"[4]

　　然而，1619年，在开普勒完成这部最具争论的著作《宇宙和谐论》后不久，新教神学家却宣判开普勒有罪，这一方面是由于开普勒坚持教会和谐统一，反对新教攻击旧教也就是天主教，另一方面是由于他"完全错误的思辨"。从此开普勒被逐出圣餐仪式，永久背上了异教徒的恶名。而巧合的是这时也正是世界历史迈出不可抗拒的一步的时刻，这一步把德国和整个天主教欧洲都拖入了30年之久的宗教战争。

　　现在我们看《宇宙和谐论》，这本著作不仅第一次系统地论述了近代科学的法则，而且也完成了古典科学的复兴，还标志着天文学发展到了新的高峰。它论述了开普勒第三定律，这条定律是开普勒的先验思辨和第谷的观察数据和谐一致的产物。绝不能把《宇宙和谐论》简单地看作是开普勒想躲进神秘的星球科学研究中，这是一部在当时引起了最激烈政治争论的著作，它宣告了宇宙的和谐与世界的和平，是和三十年战争对立的伟大思想作品。开普勒一生受尽迫害、困苦和战乱，但直到最后一刻他仍信守他的决心："风暴怒号，国家之船将沉，把和平研究之锚沉入海底，就是我们能做的崇高事业。"[5]在那个战乱、迷信和宗教不宽容的年代里，开普勒是理性的新世界和宇宙和谐的宣告者。

注　释

注1:

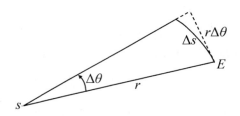

图 1-13　地球面积律示意图

如图1-13,地球—太阳连线瞬时扫过的面积ΔS近似扇形面积,即 $\Delta S \approx \dfrac{1}{2} r(r\Delta\theta) = \dfrac{1}{2}r^2\Delta\theta$。当$\Delta t$趋近于0时, 取 $\dfrac{\Delta S}{\Delta t} = \dfrac{1}{2}r^2\dfrac{\Delta\theta}{\Delta t}$的极限, 得到

$$\frac{\mathrm{d}S}{\mathrm{d}t} = \frac{1}{2}r^2\frac{\mathrm{d}\theta}{\mathrm{d}t} = \frac{1}{2}r^2\omega$$

根据实测数据即地球绕日的角速度ω以及实算数据即太阳与地球之间 的距离r,可以检视

$$r_i^2\omega_i = r_j^2\omega_j$$

即日地连线在相同时间内扫过相等面积,得到地球面积律。

注2:

开氏量天术简要说是因为地球和其他行星都在绕日运行,所以由地球观察各个行星的"视运动"就很奇怪,比如水星逆行,简称"水逆",并不是水星真的逆道而行,而是我们在地球上看到的一种行星视运动。由于水星运行轨道与地球自转成一定的黄道角度差,所以站在地球上看,水星就好像在反向移动,这就是所谓的水逆。(顺便说一句,占星术里的水逆的含义毫无根据。)但是我们只要能充分掌握日地距离对于方位的变化规律,就可以研究其他行星的绕日运行,比如由日地距离可以计算出日水距离、日火距离等,因此就量天有术了。

注3:

这里涉及大量的几何分析,由于与数据分析主题无关,因此省略。

注4:

半长径即半长轴,是椭圆长轴的一半。半长径的长等于该行星离开太阳的平均距离。

参 考 文 献

[1]陈凯.基于核心素养的HPS教学:以"行星的运动"教学为例[J].物理教学,2019(3):27-32.

[2]威尔克尔.约翰内斯·开普勒与新天文学[M].刘昆,译.西安:陕西师范大学出版社,2004.

[3]项武义,张海潮,姚珩.千古之谜与几何天文物理两千年[M].北京:高等教育出版社,2010.

[4]开普勒.世界的和谐[M].张卜天,译.北京:北京大学出版社,2011.

[5]厄泽尔.开普勒传[M].任立,译.北京:科学普及出版社,1981.

第 2 章

统计学的早期思想

统计学是静态的历史，历史是动态的统计学。

——A. L. 施洛兹

∞

　　告别了"星学之王"第谷和"天空立法者"开普勒，我们开始新的征程，看看数据分析在其他领域的开端。要讲述数据分析的历史，就离不开数据分析的前身——统计学。统计学一词最早来源于拉丁语 status，它在16世纪第一次为人们所使用，意为和政府相关的政治家，也意为国情学，主要指人口调查、收入调查等。数据分析主要包括统计学以及后来的统计机器学习。机器学习大致被分为符号学派和统计学派，早期由符号学派掌舵，现在被统计学派掌管。我们后面讨论的机器学习都是指统计学派的机器学习，即统计机器学习。机器学习、统计机器学习与统计学习也不再加以区别。狭义地说，统计学意味着用数据描述、推断和探索事实，而非统计学的数据分析意味着揭示统计数据背后的模式和做出精准预测。广义地说，统计学是老的数据处理技术，机器学习是新的数据处理技术。

　　统计学早期可以分为社会统计学与数理统计学。宽泛来说，社会统计学自太古以来就有，并没有明确的开端，都来自社会实践活动。就像序言中说到的，社会统计学的思想大到国家财政分配、征兵征税，小到百姓生活方面的各种统计，无所不在。"统而计之"就是人们对统计的初步认识，它属于社会科学。数理统计学是在300多年前伴随着概率论的发展而兴起的，而后随着学科的不断交融和细化，关于每个学科的统计学随之诞生，如经济统计、生物统计、地质统计、地震统计、医学统计、卫生统计等等。

现代统计学肇始于17世纪的社会统计学，当时分为国势学派与政治算术学派，这两派一直争议不断，直到19世纪下半叶社会统计学派正式建立，他们才停止争吵。国势学派的奠基人是一位德国的大学教授康令，把康令的思想发展到极致的是另一位出生在普鲁士的大学教授阿亨瓦尔。政治算术学派最早的统计学体系则由英国伦敦的商人格朗特和英国经济学家配第创建。

2.1
讲课风格如孔子的康令

康令1606年出生于德国东弗里西亚的一个沿海小镇，他的祖父和父亲都是牧师。康令6岁进入了诺尔登的学校，一年后开始学习拉丁语。当时在许多欧洲国家，拉丁语是官方语言，14岁时，康令就已经成了一名拉丁语学者。1620年，14岁的康令开始在黑尔姆施泰特大学学习哲学课程，黑尔姆施泰特大学是当时欧洲一流的大学之一，他在那里学习了5年。康令被称作"新亚里士多德学派"，哲学这个词在他那个时代含义是完全不同的，它指的是研究的一个分支，主要目的是精确地解释法律、宗教和政治。1660年，康令开创了现代统计学，但他所讲授的是政治学，也就是国势学。

"国势学"也叫"国情论"。在过去，这是一门混合国法学、地理学与历史学的杂学。而康令却把国势学从这些学科中分离出来，坚持"实际政治家所必需的知识"的信念，开拓了正确认识事物因果关系的途径，赋予国

图 2-1　康令

势学独立的系统，从而创造了另一门新的科学，并在后来发展成为统计学。康令讲授国势学，只对各国情况作一般性的比较记述，如"某国人口众多""土地辽阔"之类，并不进行数量研究和描述。当时正是德国的封建割据和普鲁士的兴起时期，是德国各阶层迫切要求国家统一的时期。康令以其独特的对比方法，即通过领土、人口、军事、经济、财政和法律等方面对各个国家进行比较研究，把国势叙述上升到了系统化和理论化的高度，将德国在国际上的落后状况明显地暴露了出来，从而迅速地引起了各阶层的巨大反响。显然康令之所以要讲述国势学，乃是基于当时国家的行政人员和政治家的需要。在《国情论》第一章第四节中，他说："如果一个人没有一点关于人体的任何知识，想读懂医学忠告是不可能的；同样如果一个人不了解关于国家的情况，要治理整个或部分国家，也是不可能的。"所以在他看来，国势学的任务在于为政治家提供必需的全面的治国知识，为普鲁士国家管理服务。

有意思的是，康令的讲课方式有些像中国古代的思想家孔子，述而不作，不用讲稿，让学生们听他口授，做笔记。现在留下的康令的著作，都是他的学生们根据笔记整理的。1675年他的学生奥登伯格根据笔记出版了《康令讲义摘要》；在他去世后，他的学生戈伯尔等在1730年又根据笔记整理出版了《康令国势学著作集》，全书共分六卷，其中第四卷最为重要，可以看作是他的代表作，该卷讲"国家的本质"。[1]

继承了康令的国势学派思想并将其发展到极致的是阿亨瓦尔。阿亨瓦尔出生在普鲁士的埃尔滨，他曾师从康令的后继者施梅泽尔。1738年开始，他在耶拿、黑尔和莱比锡学习。1746年，他被莱比锡哲学院授予硕士学位,随后前往马尔堡担任助理教授,讲授历史、统计学、自然法和国际法。1748年,他被任命为哥廷根大学的哲学教授,1753年,他成为法律学教授和哲学教授。1761年,他再次转行,成了一名自然法和政治学教授。"统计学"(statistik)一词的首次出现就是在他所著的《近代欧洲各国国势学纲要》的序言中。阿亨瓦尔继承了康令的比较法和文字记述法,又提出了推理的一般根据研究方法,但是他在进行国势比较分析中,也还是偏重事物性质的解释,而不注重数量对比和数量计算。尽管如此,他还是为统计学的发展奠定了基础。随着资本主义市场经济的发展,对事物量的计算和分析显得越来越重要。国势学派后来发生了分裂,分化为图表学派和比较学派。顺应时代潮流,两派都开始朝着量化发展。

2.2
格朗特及其《观察》

　　真正把统计学量化的是政治算术学派,其代表人物是格朗特和配第。1620年,被后人称为"哥伦布般伟大的统计学家"的格朗特出生于伦敦一家服装店,他一直在家里帮工,父亲死后子承父业,做了店主。他受过良好的教育并坚持不懈学习语言,每天早上店铺开门前自学法文和拉丁文,这使他成了一位有教养的商人。他只有85页的《观察》一书,在当时的学术界得到了很高的评价,使他流芳后世。1662年此书出版后,他立即被英国皇家学会吸收为会员。当代统计学家休伯在他1997年的一篇论文中,画了一条向外扩展的螺线表示统计学发展的历程,他把格朗特标在这条螺线的起点处。

　　格朗特写这本著作的依据资料是自1604年起伦敦教会每周一次发表的"死亡公报"。在19世纪前,欧洲受饥饿、战争、疾病尤其是黑死病的影响,人口的死亡率很高,这是教会发表公报的原因。该公报记录了一周内死亡和受洗者(大致反映了出生人数)的名单,这批庞

图2-2　格朗特

大的数据在格朗特之前没有被整理分析过。《观察》就是通过整理分析这些数据，对当时有关伦敦的人口问题做出一些论断。全书共 12 章 8 个表和结论。书中叙述了死亡公报的起源和发展，分男女、分不同教区进行黑死病致死人数的统计，以及伦敦城市人口数和增长情况等。8 个表对数据做了整理，成为他做出推断的依据。其中，表 1 对 1629—1636 年和 1647—1660 年期间伦敦逐年死亡人数按 81 类死因做了分类统计。表 3 对 1629—1664 年期间伦敦逐年死亡和受洗人数按男女分类做了统计。表 7 按 6 个黑死病大流行的年头——1592 年、1603 年、1625 年、1630 年、1636 年和 1665 年，对伦敦每周死亡总人数和黑死病造成的死亡人数做了统计。

根据这批数据及其整理，格朗特做出了一系列的推论。例如对某种疾病，他统计出在 1631—1635 年的 5 年间有 254 例死亡，而这 5 年中死亡人口总数为 47757；又在 1656—1660 年的 5 年期间有 250 例死亡，总死亡人口数为 68 712。因为 250/68 712 ＜ 254/47 757(分别约为 0.0036 和 0.0053)，他推断这种病的病死率有了下降[2]。

这就是格朗特所做的工作，我们现在会问，他的结论可靠度有多高，这些看似平凡的工作，为什么能在当时和统计史上获得如此高的评价？他的《观察》，究竟有何独到之处，它在统计学历史上有怎样的重大意义？他做到了什么前人没有想到也没有做的事情？我们接下来就看看一个伟大的科学心灵异于常人之处。

2.3
《观察》中的创新思想

格朗特在《观察》一书中，分析了60多年伦敦居民死亡的原因及人口变动的关系，首次提出通过大量观察，可以发现新生儿性别的比例和不同死因的比例等人口规律；并且第一次编制了"生命表"，对死亡率与人口寿命做了分析，使人口统计学成为一门相对独立的学科。他的研究清楚地表明了统计学作为国家管理工具的重要作用。我大胆借用前人的论述，列举其中的四个创新点：

1. 格朗特提出了"数据简约"的概念，即把数量庞大的杂乱无章的数据，依分类标准整理成一些意义明晰的表格，使得数据中包含的有用信息能够凸现出来。这一思想在当今的数据分析中仍是基础性的工作。

2. 格朗特提出了数据的"可信性"问题，指的是，是否有人出于某种目的而对数据作了篡改，或在获取数据的过程中出现了重大的失误，如实验仪器未调准或登录网页时书写有误。样本中这样的数值叫作异常值。鉴别数据中是否有异常值，这是一个直到当今在应用中仍然很重要并在方法研究上受重视的问题。

格朗特分析的具体例子如下：

1603年和1625年都是黑死病大流行的年份。统计所得

1603年后9个月死亡总人数为37 294,其中黑死病死亡人数为30 561,约占82%。1625年后9个月死亡总人数为51 758,其中黑死病死亡人数为35 417,比率为68%,黑死病死亡率显著降低了。另一方面,格朗特从这两年的受洗人数推知,该两年的死亡率基本相当且都达到最大。于是就有问题:1625年黑死病死亡率比1603年低,是真的表示当时黑死病死亡率确实降低了,还是数据有问题。他注意到在1625年前后没有黑死病的年份,死亡总数在7000—8000,而1625年死亡人数为54 265人,1625年非黑死病人数则达到54 265-35 417=18 848。这个数字比邻近年份多出约11 000人。这显然不合理,说明1625年黑死病死亡统计过低,原因有可能是死者家属行贿,让执事者把本因黑死病身亡的人改为其他原因。这种情况按上述计算约有11 000人。若把这数加入1625年统计的黑死病死亡人数35 417,得到46 417,从而该年黑死病死亡率为46 417/54 265=85.5%,与1603年的82%相当。这证明了上述校正的合理性。格朗特这一方法的创意和启发性是重大的,直到当今"数据的可信性"问题仍然存在。

3. 统计比率的稳定性。指某种特性出现的频率,随着观察次数的增加而趋于稳定。他处理的一个具体问题就是伦敦和罗蒙塞两地男女出生数和死亡数的统计。以8年为一时段看出两地男女出生比率趋于稳定且略有不同。他推断在伦敦男女出生比率为14∶13,而在罗蒙塞为16∶15。这在历史上是首次通过具体资料证明男女出生率略有差异。这种统计比率的稳定性也启发了后人如伯努利的"大数定律"。

4. 生命表,是指现存人口的年龄分布。这有几方面的用途,例如可计算在某一年龄间隔内的人数的百分比,可计算

一个活到某一年龄 a 的人中，至少再活 b 年的百分比，而这对于保险金、年金的计算有直接的关系。格朗特在书中首次提出了这一概念，成了现今"精算术"的萌芽。[3]

2.4

后继者配第

　　《观察》是格朗特一生唯一的著作，也是最重要的工作。他的著作对欧洲大陆产生了很大的影响，促成了一些主要国家建立政府统计部门。其中很重要的是，他影响了英国的经济学家、哲学家配第。

　　配第是英国古典经济学家，他出生于一个手工业者家庭，大学时期曾分别在阿姆斯特丹、巴黎和牛津学医。他从事过很多职业：商船上的服务员与水手、医学解剖学教授、音乐教授。在取得医学博士后，配第来到伦敦大学执教，并被选为布雷塞诺斯学院副校长。配第的后半生是在爱尔兰度过的，担任过英国驻爱尔兰总督的随军侍从医生、爱尔兰土地分配总监，甚至还当选为爱尔兰国会议员。晚年时候，他成了拥有 27 万英亩土地的大地主，先后还创办了渔场、冶铁等企业。

　　配第头脑聪明，学习勤奋，敢于冒险，善于投机，他有一种强烈的人文关怀精神，利用业余时间研究、调查社会经济现象和问题，就有关国计民生的重大问题对英国决策者经常提些经济政策建议。配第还认为应该尽

图 2-3　配第

快建立一门新学术,他称之为"政治算术"。

政治算术,就是用大量观察和数量分析的方法对社会经济现象进行研究,而不只是像国势学派单纯依靠思辨。马克思对于配第的经济思想给予了极高的评价,称他为"现代政治经济学的创始者""最有天才的和最有创见的经济研究家",是"政治经济学之父,在某种程度上也可以说是统计学的创始人"(虽然马克思对他的人品十分憎恶)。

配第关于政治算术的代表作写成于1676年,但到他去世后的1690年才出版。《政治算术》这部著作对具体的统计方法贡献甚为有限。他的思想不像格朗特那么周密,经常从少量数据引出大胆的结论。他也不像格朗特那样用批判的眼光审视数据。总的来说,他的贡献在于提出了这样一种思想,即有关经济、社会和政治方面的问题,应通过分析由调查所得的数据资料去解决。可以说,他开拓了统计方法的应用面,即不局限于与人口有关的问题。[4]

就此之后政治算术学派很快从英国传播到欧洲大陆,出于研究对象的重点不同,很快出现了两大支派——人口统计派和经济统计派,一直延续到今天。

2.5
掷骰子显明上帝的旨意

统计学的另一支柱是数理统计学,数理统计学的理论基础是概率论。我们知道,概率是生活中再平常不过的概念,我们用概率来量化某种结果的可能性。日常生活中经常会遇见概率,体育比赛的胜负有概率,彩票中奖也有概率。概率就是"概率论"这门学科研究的核心。数学中,概率这个概念早期是被称为类似"运气"和"机会"(chance)这样的词语。直到18世纪,"概率"(probability)这个词才明确成为概率论的一种专业术语。

概率论在西方起源于赌博,一直以来研究的是大千世界中的随机现象。人类探索随机现象古已有之,我国《易经》关于吉凶休咎、成败得失的记录,从客观上反映了现实生活中各种随机事件出现的概率。

公元前1200年,一种刻有标记的立方体骰子出现在人们估计点数的随机赌博游戏中。古罗马皇帝克劳狄一世写过一篇叫《怎样在掷骰子中取胜》的论文。1307年,意大利诗人但丁在《神曲》的一个注释本中论述了三枚骰子可能出现的各种点数问题。1494年,被称为近代会计学之父的意大利数学家帕乔利的《算术、几何、比与比例集成》一书首次出现了著名的"分赌本问题"。

具有数学家和赌徒双重身份的意大利学者卡尔丹的登场,逐渐揭开了赌博之谜。据说卡尔丹整整25年深陷赌博不能自拔,在他的自传

图 2-4 卡尔丹

中如此写道：

> ……那段时间里，我并不是时不时地参加赌博，说来可耻，我是每天都在赌博。

他甚至还留下了这样的至理名言：

> 赢得赌博的最好办法，就是完全不参加赌博[5]。

他写于 1564 年而出版于 1663 年的《机会赌博》一书从道德、理论和实践等方面对赌博进行全面的探讨，对当时在赌徒们中逐渐形成的一些概念做了整理。他明确指出骰子应该"诚实"，即骰子的各面都有同等机会出现，这是"等可能性"的雏形；他定义胜率是有利结果数和不利结果数的比，即古典概率的定义的雏形；导出了组合公式；计算了掷两颗骰子的全部结果数。

卡尔丹之后，概率论正式成立之前，伟大的意大利天文学家伽利略为解答赌徒的疑惑，在一篇论文里解决了"掷三颗骰子出现点数和为 9 点和 10 点的机会"的问题。他的解法阐述了组合与概率的关系，自此也打破了研究赌博技巧保密的习惯。

我们现在看到，掷两个骰子的概率问题解决起来很容易，根本不需要高深的数学知识。但这个问题直到 16 世纪才被卡尔丹搞明白。当时正值文艺复兴时代，欧洲掌握了火药和印刷术，即将走入现代。放眼世界，哥伦布已经发现了美洲。中国进入到倒数第二个封建王朝——大明。日本即将结束战国，进入最后一个幕府时代。经过两千年的发展，数学家已经发明了非常复杂的数学工具：欧氏几何、代数方程、三角函数。诡异的是，看起来简单的概率论，到了这么晚的时间才诞生。

　　关于概率论诞生得晚的原因，有一种解释是因为技术障碍：古代人扔的骰子通常是距骨，而距骨的结构并非完全对称，它的形状不规则。更重要的是，距骨的形状和质量的分布在很大程度上依赖于动物的寿命和种类。所以各种结果出现的频率依赖于所用的特定距骨。在游戏过程中改变距骨就等于改变了游戏，因为这一变化也改变了结果的频率[6]。由于距骨不对称，概率问题根本无从研究。然而，古人在金属加工方面的水平并不算低。既然能造出精美无双的首饰，那就完全有能力制作一个均匀的骰子。因此，这个纯粹技术性的解释很难服众。

图 2-5　两个正在掷距骨的妇女，《儿童游戏》，老彼得·勃鲁盖尔，1560 年，艺术史博物馆，维也纳

　　还有一种解释是观念障碍：古人对于随机现象的理解不同于现代人。古人认为随机结果是神的意志的表现，因此古人不相信掷骰子一类的行为其结果是完全偶然的。中世纪的欧洲，决定论世界观占优势，它受早期基督教会"一切事物的发生都是上帝的旨意"这一信条所鼓舞。英国哲学家霍布斯坚定地认为，"所有事件都是上帝预定的，或是由上帝决定的外在原因预定的。宇宙中没有偶然性的位置，一切都是按照必然性进行的。"这种思潮在欧洲一直相当流行，从牛顿的机械唯

物观到爱因斯坦的哲学观都受到了影响。所以古人才会用求签、抽牌和掷骰子的方式来窥探天意。抱着这样的信念，所谓的概率研究不但荒谬，而且有亵渎神灵的嫌疑。

那么掷骰子真的能显明上帝的旨意吗？在公元前10世纪，六经之一的《书》中有一节很有意思，建议人们或许应该运用自己的判断以决定信奉哪一神谕，这是在其他古文明中没有出现过的思想。文中描述人们如何能够通过用蓍草，或者更古老的方法比如用乌龟壳进行占卜以求得指引。但文中说到当时总共有七种占卜方式，其中五种用乌龟壳，两种用蓍草。指定一些人让他们用龟壳预测或用蓍草占卜吉凶，比如说三个人，然后相信至少有两人一致的占卜结果[7]。这很有意思，书中承认了神灵存在出错的可能性，或者至少出现不同答案的可能性。

2.6
从意大利到法国

　　使用骰子、硬币的游戏曾在欧洲流行了2000多年，但直到15世纪末17世纪初，意大利的学者们才逐渐对概率产生了正确理解。虽然那时的赌徒们已经拥有了大量赌博知识，但直到卡尔丹和伽利略的著作出版，才展现出人类对概率的深刻见地。可惜的是，这门诞生于意大利的学问并没有在意大利本国开花结果，历史的使命落在了法国数学家的身上。

　　1654年，一位法国贵族梅雷把在赌场中遇到的难题请教伟大的数学家和物理学家帕斯卡。帕斯卡又把问题寄给另一位法国大数学家费马，之后在他们7封充满智慧的往来信件中，不仅各自独立而正确地解决了这个问题，还共同开创了概率的数学理论。1654年7月29日，费马和帕斯卡的第三封通信被视为概率论的生日。他们信中究竟讨论了什么问

图 2-6　帕乔利

题呢？其实就是帕乔利提出过的"分赌本问题"：有两个人，甲和乙，假定两人赌技相当，开始了一场公平的赌博，他们各出36枚金币共72枚作为赌注，赌局将在一个人赢过6轮后结束。赌博实际在甲赢5轮而乙赢4轮时中断。假定赌博过程中不存在平局的情况，此时应该如何分配赌金？

这是一个在数学史上非常著名的问题，在历史上曾经有不少解决方案，接下来就介绍其中最具代表性的四种：

方案A

分赌本问题的最早提出者帕乔利于1494年给出了解决方案。他根据已知条件，甲胜5局而乙胜4局，所以甲获得最终胜利的可能性较大。于是，可以根据甲乙两人胜局数之比，即5∶4来分配赌金。所以甲分到40枚金币，乙分到32枚金币。但之后1556年被同为意大利的数学家塔尔塔利亚发现了其中的错误：如果比赛停止时一个参加者赢了一局而另一个赢了零局，第一个人将拿走全部赌注，这显然是不公平的结果。

方案B

这一方案的提出者就是数学家卡尔丹，他思考：比赛若不中断，甲只需要再赢一局就可以获得最终胜利，乙则需要赢两局。显然，离开全胜所差的局数越少，获胜的可能性就越大。所以，可以考虑根据甲乙两人待胜局局数的反比，1∶2的反比，即2∶1来分配赌金。于是甲分到48枚金币，乙分到24枚金币。不难看出，卡尔丹已经开始意识到赌金的分配不应只依赖于已胜局，还应和赌徒离全胜所差的局数有关。然而待胜局是一个定值，比赛一旦继续下去胜负不能确定，因此他给的解答仍然欠缺一定的合理性，但朝着正确的方向迈进了一步。

方案C

这个方案的提出者是17世纪的"数学神童"法国人帕斯卡。帕斯卡生于1623年,父亲是一名贵族,对数学和科学有着很大的兴趣,母亲也很有教养。自幼帕斯卡就受到良好的家庭教育,而且天赋出众。1639年当时只有16岁的帕斯卡就发表了《圆锥曲线专论》,其中记载了现在仍广为流传的"帕斯卡定理"。据说当时最著名的数学家笛卡儿简直无法相信这是一位16岁

图 2-7　帕斯卡

少年的成果。那之后又过了几年,帕斯卡发明了机械式加法器——近代现金出纳机的祖先。24岁时帕斯卡跨入欧洲大陆的科学界,完成了《有关真空的新实验》。此后一直到1653年,帕斯卡又作为先驱者之一开创了流体力学。

　　1654年他与数学家费马通信,描述了他对分赌本问题的解法。他分析道:赌博中途停止了,比赛结果就不能确定了,双方都有可能获胜。此时甲离全胜只差一局,因此假设比赛继续进行,先增加一局,产生两种可能情况:要么甲胜,要么甲负。如果甲胜,他将赢得6局比赛,继而拿走全部赌金。如果甲负,此时甲乙胜局为5:5,那么甲应该分得一半赌金。所以,在已知条件下,甲胜的话将分得72枚金币,甲负的话得到36枚金币。于是,帕斯卡认为可以这样分配赌金,先将赌金中的一半36枚金币分给甲,剩下的一半18枚可能甲得,也可能乙得,两人赌技相当获胜机会均等,所以甲得36+18=54枚,乙得18枚。赌金分配为3:1。这一解法无疑是正确的,若干年后他在《论算术三角形》的末尾又做了更为详细的叙述。

　　然而就在当年,帕斯卡的信仰受到一个天主教派"冉森教派"的影响,对宗教有了些新的看法。在一次出行时,他所乘马车的马突然受惊狂奔,险些使他送掉性命。他把这件事解释为"神的不悦",于是更坚定地信仰天主,这促使他把兴趣转向神学方面,将他短暂的、受疾病折磨的余生献给沉思默想、禁欲主义及宗教著述。从那时起直至去世,他都是在修道院中过着半僧侣式的生活。按照帕斯卡的观点,上帝或者存在或者不存在。对两个命题哪个为真,一个人只能进行"押宝",这里押宝就是按照上帝存在与否来行事为人。帕斯卡分析道:如果上帝不存在,生前如何行事为人,结局都没区别;如果上帝存在,那押宝押在上帝不存在,生前放纵生活,最终就将被扔进地狱;如果押宝押在上帝存在,那你就会得到拯救。显然遵循上帝旨意生活的人结局要好多了。

　　让人颇为意外的是,即使如此帕斯卡在数学领域的发现也并没有完全止步于1654年。1658年的某个傍晚,帕斯卡觉得牙疼难忍,为了分散注意力,他决定全神贯注地研究一项当时许多数学家都关心的摆线难题。于是,牙疼完美地得到了抑制。帕斯卡认为这是一个好兆头,在那之后的整整8天他投身相关的问题,解开了不少当时无人可解的难题。

　　方案D

　　这个方案的提出者正是帕斯卡的好友,法国数学家费马。费马1601年出生在法国南部图卢兹附近博蒙-德洛马涅的一个富商家庭,父亲是皮革商人。费马在大学时专攻法律,毕业后成了一名律师,曾担任图卢兹议会的法律顾问三十余年。费马特别喜爱数学,他30岁时开始把业余时间几乎全部用于研究数学。他在数学和几何光学的许多领域都取得了丰硕成果,有"业余数学家之王"的美誉。大约是1637年,费马在阅读古希腊数学家丢番图的《算术》一书时,在书的空白处写下许多注释。其中一条注释说:"不可能把一个整数的立方分解为两个立方数之和,也不可能把一个四次幂分解为两个四次幂之和,一般

地说,不可能把任意高于两次的幂分解为
两个同次的幂之和。对此,我已发现
了一个真正奇妙的证明,可惜这里
的页边空白太小,写不下了。"他的
这个注释在他去世三年后发表,人
们为了纪念费马,把它称为"费马
大定理"。经过三个半世纪的努力,
这个数学史上最著名的数论猜想才
由英国数学家怀尔斯和他的学生泰勒
于1994年成功证明。

图 2-8　费马

　　回到分赌本问题,费马的这个方
案堪称一绝。他在方案 C 的基础上,假设比赛继续进行下去,先增加
一局,产生两种可能结果。如果甲胜,他将赢得最终比赛。如果甲负,
此时甲乙胜局数比为 5:5,按照比赛规则还不能决出胜负。按照游戏
规则,即便已经分出了胜负(如果甲胜)也要比完既定的次数,而费马
所使用的技法正是如此。他尝试再增加一局比赛。结果如下:

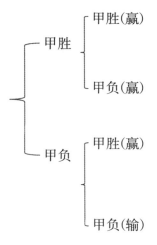

我们发现,在四种可能结果中,甲在前 3 种情况下都获胜,按约定

应该获得全部赌金,只有在最后一种可能乙会获胜。因此,甲获胜的可能性为3/4,而乙为1/4。赌金分配为3∶1。

　　从以上4个方案中不难看出,方案A、B都是依据比赛停止之前已经进行的比赛结果来分配赌金,考虑的是既定事实。而方案C、D则是分析比赛所有可能的结果,考虑了最终比赛结果的随机性。至此,帕斯卡和费马各自从不同的观点出发,都给出了问题正确的解答,从而平息了分赌本问题在数学史上近两百年的争论。概率论这门新兴的数学学科也伴随着分赌本问题的发现、提出、分析、解决而诞生了。帕斯卡和费马的圆满合作使得他们建立了深厚的友谊,彼此欣赏对方的才华。在1660年7月的信中,费马热情洋溢地邀请帕斯卡会面,"我非常想热烈地拥抱你,并奢望和你聊上几天几夜"。在8月10日的回信中,帕斯卡表达了对费马的尊重,"一旦身体允许,我立刻会飞到图卢兹,绝不会让您为我迈出一步"。然而最终两人未能见面。

2.7

惠更斯和数学期望

　　帕斯卡和费马的通信, 对于激发欧洲数学家对概率论的兴趣起着重要作用。在他们通信往来后没多久, 年轻的荷兰数学家惠更斯专程来到巴黎, 和他们一起讨论分赌本问题。在惠更斯 1657 年的论文《论骰子游戏的推理》中叙述了当时的情景和问题的解。虽然惠更斯讨论的也是赌博问题, 但他仅仅以赌博为理论模型, 而不是论文的全部意义。他明确提出: "尽管在一个纯粹运气的游戏中结果是不确定的, 但一个游戏者或赢或输的可能性却是可以确定的。"

　　这篇论文首次明确地出现了对于 "数学期望值" 的看法, 通常我们也认为惠更斯是期望值概念的发明者。什么是 "期望值" 呢? 或许将其称为 "平均值" 可能更形象易懂。比如在分赌本问题中, 期望值就是赌博中断后如果再赌下去, 甲 "平均" 可以赢得的金币数。我们尝试用平均的思想来讨论一下之前的分赌本问题。

图 2-9　惠更斯

设想再赌下去，甲最终可能获得0或72枚金币。再赌两局必可以结束，结果不外乎四种情况：甲甲、甲乙、乙甲、乙乙。其中"甲乙"表示第一局甲胜第二局乙胜。因为赌技相同，所以这四种情况中有三种情况甲获得72枚金币，只有一种情况(乙乙)下甲获得0枚金币。所以甲获得72枚金币的概率为3/4，获得0枚金币的概率为1/4。即

获得金币数	0	72
对应的概率	0.25	0.75

所以，甲的"期望"所得应该是：$0 \times 0.25 + 72 \times 0.75 = 54$。即甲得54枚金币，乙得18枚。这种分法不仅考虑了已赌局数，而且还包括了对再赌下去的一种"期望"。这就是数学期望这个名称的由来，也是这个术语的第一次被提出。由于当时概率的概念尚不明确，后来期望就被用于定义古典概率。在概率论的现代表述中，概率是基本概念，数学期望是二级概念，但在历史发展过程中顺序却相反。

从此以后人们可以计算出对未知的"期望"，"期望"很快被应用在兴旺的航海业中。当时的西欧国家都在航海业投机。帆船从亚洲、美洲、非洲运来大量货物，创造着巨额利润。可如果船沉了，投资人的钱就全亏了。有了"期望"这样的概率工具，商人可以计算出预期收益，最终决定入股哪艘船。可以说，三位数学家为"股权投资"这一现代金融形式铺平了道路。说到底，概率论研究的是未发生的事情。在营利性投机的金融活动中，越多了解未来，就越能赚钱。

2.8
雅各布·伯努利和他的《猜度术》

现在人们能计算期望值了，那概率是什么呢？为什么掷一枚均匀的骰子出现一个面的机会和出现另一个面的机会相同？为什么投掷硬币任何一个面朝上的概率是1/2？这些看似简单的问题，却涉及了概率的本质，概率到底是什么？怎么来定义？这个问题甚至威胁到概率论的进一步发展。在这个危急关头，数学家又一次出手，挽救了概率论。

历史是由巧合组成的。1654年，当概率论在法国诞生时，北欧的瑞士巴塞尔，一位婴儿降生了，从此开始了一个数学家族的神话，他就是雅各布·伯努利。此后，在这个家族中还诞生了好几位数学家，他的弟弟约翰·伯努利及约翰的儿子丹尼尔·伯努利等。这三人，雅各布、约翰和丹尼尔都为概率论的发展做出了贡献，但贡献最大的莫过于雅各布。概率论中著名的"伯努利试验"（注1）和"伯努利分布"（注2）都是以雅各布的名字命名的。

雅各布辞世8年后，1713年他的《猜度术》才最终出版，其中第四部分是最重要的。在这部分内容中他提出了"伯努

图 2-10 雅各布·伯努利

利大数定律"。伯努利认为,在试验条件不变的情况下,重复多次,随机事件出现的频率近似于它的概率。换句话说,伯努利用频率解释了概率。如果你要确定骰子抛出1的概率,那就成千上万次地投掷骰子,并记录结果1占总试验次数的比例,这个比例会趋近概率1/6。"大数定律"除去了概率最后一分"玄学"色彩,让概率论变成了像物理化学那样的实验科学。《猜度术》标志着概率概念漫长形成过程的终结与数学概率论的肇始,这本书鼓舞了许多学者转向这门诱人的新学科。

2.9
天才棣莫弗和他的《偶然论》

棣莫弗无疑是名垂青史的天才数学家。他出生在法国香槟省维特里-勒弗朗索瓦的一个小康之家。由于早年所读的学校里没有数学课程，他就在课外自习数学。大约在 1684 年，他到巴黎的哈考特学院学习，才第一次接受正规的数学训练。但很快在当时法国的新旧教斗争中因自己的加尔文教派身份而被投入监狱。1688 年他出狱后去了伦敦，在那里结识了好友哈雷，就是那个计算出"哈雷彗星"轨道的哈雷，还有大科学家牛顿。牛顿对于棣莫弗的数学才能予以了高度赞赏。据说当人们向牛顿提出数学方面的问题时，牛顿经常回答说："请去询问棣莫弗，这些问题他比我了解。"

棣莫弗如此名声在外，可是一生却苦难不断。由于他新教徒的出身，在英国只要不是国教徒(即天主教徒)就不可能获得教授的职位。棣莫弗曾著书出版，但微薄的版税收入还不够糊口。为了生活，棣莫弗除了给贵族子弟们开数学课，据说还去咖啡馆接受有关概率、保险和养老金的咨询。前来咨询的既有赌徒，也有保险从业者和养老金的销

图 2-11 棣莫弗

售者,他在咖啡馆过着有一顿没一顿的生活。

1718年,棣莫弗出版了《偶然论》这部著作。这本书是那个时期集概率论成果之大成者,书中介绍了今天我们称之为"二项分布的正态近似"的内容。这一成果是棣莫弗在概率论上的最大发现。关于正态分布,我们将在第4章详细解说,那是测量误差的概率曲线,而棣莫弗的研究是出于一个完全不同的目的——计算二项分布(注3)的概率。棣莫弗在书中考察那些发生或不发生有着相同概率的事件,比如抛硬币,正面朝上或不朝上的可能性是相同的。在观察大量的此类事件中,棣莫弗感兴趣的是计算某一结果出现特定次数的概率。例如,当一枚硬币被抛掷多次时,计算正面出现次数的概率。让我们来分析这个问题,看看试验次数非常大时会发生什么情况。

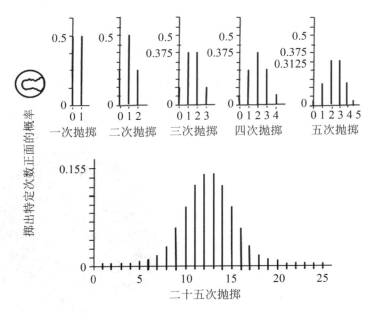

图2-12 当一枚硬币被抛掷一次,两次,三次,四次,五次和二十五次时正面出现次数的概率

如图2-12,抛掷一次硬币时,我们能够得到总共0次正面(即一次

反面)或1次正面。因为0次正面和1次正面这两个结果是等可能的，所以概率线条图显示出两条线段等高，表明概率等可能。当抛掷一枚硬币2次时，我们可能得到0次正面，1次正面，或2次正面。出现1次正面的概率是出现0次正面或2次正面概率的两倍。随着抛掷次数的增加，可以发现二项分布的模式逐渐向"钟形曲线"或者说"正态分布"靠近。

　　至此，古典概率论就告一段落了。由于牛顿和莱布尼茨创立了微积分，数学分析在18世纪开始逐渐发出耀眼夺目的光芒。之后分析概率论开始盛行，其标志就是拉普拉斯于1812年出版的《概率的分析理论》，这一阶段"中心极限定理"成为概率论舞台的中心。现代概率论受公理化数学潮流的影响，成了一门严密的数学学科。公理化方法就是从尽可能少的原始概念和一组不证自明的命题出发，利用纯逻辑推理法则，把一门数学建立成为一个演绎系统的方法。现代公理化方法的开端就是希尔伯特在其《几何基础》一书中对欧氏系统加以完善后，不仅在公理的表述或定理的论证中摆脱了几何学中空间概念的直观成分，而且给出和奠定了对一系列几何对象及其关系进行更高一级抽象的可能性和基础。通俗说来就是，几何学的点、线、面假使换成了桌子、椅子、啤酒杯，几何学也能成立。

2.10
科尔莫戈罗夫与现代概率论

自从17世纪概率论诞生直至20世纪，各个科学领域的科学家们都尝试应用概率论，但是他们只取得了有限的成功。从数学上来看是因为概率论很不完善，没有一个统一的数学基础。缺乏这一基础的一个原因是，从研究机会游戏发展而来的简单思想，足以解决帕斯卡和费马之后好几个世纪里数学家思考的许多概率问题。另一个原因是19世纪的分析没有严格化，以其为研究工具的概率论的严格化就成了空中楼阁。虽然后来分析的基础严格化了，但测度论尚未发明。因此20世纪前的概率论明显缺乏数学的严格化和严密性，甚至连大数学家庞加莱也无法把概率论演绎成逻辑上严密完美的学科。

1899年由法国学者贝特朗指出的令人困惑的"贝特朗悖论"，以及后来概率论在物理、生物等领域的应用都提出了对概率论的概念、原理做出严格解释的需要。1900年，希尔伯特在巴黎国际数学家大会上所做报告中的第六个问题，就是呼吁把概率论公理化。很快这个问题就成为当时数学乃至整个自然科学界最重要的问题之一。最早对概率论

图 2-13　贝特朗

严格化进行尝试的是俄罗斯数学家伯恩斯坦和奥地利数学家米泽斯。

　　1917年伯恩斯坦发表了题为《论概率论的公理化基础》的论文，随后的几年里他仍致力于研究概率论公理化。1927年其《概率论》第一版问世，伯恩斯坦在书中给出了一个详细的概率论公理体系。定义随机事件、概率等概念后，伯恩斯坦引入了三个公理。基于这三个公理构造出了整个概率论大厦，但其理论体系并不令人满意。

　　1928年米泽斯在《概率，统计和真理》一书中建立了频率的极限理论，强调概率概念只有在大量现象存在时才有意义。虽然频率定义在直观上易于理解，易为实际工作者和物理学家所接受，便于在实际工作中应用，但某个事件在一独立重复试验序列中出现无穷多次的概率，米泽斯理论是无法定义的。因此，没有先进数学技术的概率论公理都不尽如人意。

　　幸运的是20世纪早期，法国数学家博雷尔和勒贝格拓展了微积分，创造出了更加严密的测度论。测度论可以让我们测量点集覆盖的长度、面积或体积，比如[0,1]内所有无理数集的测度（这里可简单理解为"长度"）为1，而此区间内所有有理数集的测度为0。测度论的诞生给概率论的公理化带来了勃勃生机。如果上述问题换个说法，在[0,1]内随机取数，那么取到无理数的概率就是1，而取到有理数的概率就是0。所以从1920年开始，对概率论的研究发现随机事件的运算与集合的运算完全类似，概率与测度具有相同的性质，这就建立了构建概率论逻辑基础的正确道路。随着大数定理研究的深入，概率论与测度论的联系也愈来愈明显。强、弱大数定理中的收敛性对应测度论中的几乎处处收敛与依测度收敛。因此测度论的思想愈来愈渗透到概率论理论体系中。1933年，苏联数学家科尔莫戈罗夫所著的《概率论基础》出版，书中第一次给出了概率的测度论式的定义和一套严密的公理化体系。这一体系着眼于规定事件及事件概率的最基本性质和关系,并用这些规定来表明概率的运算法则。它们从客观实际中抽象出来,既概括了概率的古典定义、几何定义及频率定义的基本特性,又避免了各自的局限性,在概率论的发展中占有重要地位。科尔莫戈罗夫的工作奠定了近代概率论的基础,对后来建立的随机过程论也提供了必要的基础。

科尔莫戈罗夫以五条公理为基础,构建出整个概率论理论体系。这样,概率论就从半物理性质的科学变成严格的数学分支,和所有其他数学分支一样建立在同样的逻辑基础之上。当然,概率论公理化体系的构造并没有解决所有原则问题。关于随机性本质这个基本问题仍未解决。随机性与确定性的界限在何处,是否存在?这个哲学性质的问题值得关注。科尔莫戈罗夫为此付出了许多努力,试图从复杂性、信息和其他概念等方面来解决这个问题。他提出研究确定性现象的复杂性和偶然性现象的统计确定性的宏伟目标,其基本思想是:有序王国和偶然性王国之间事实上并没有一条真正边界,数学世界原则上是一个不可分割的整体。[8]

注　释

注1: 伯努利试验

伯努利试验是只有两种可能结果(事件A发生或不发生)的随机试验。该试验在同样的条件下重复地、相互独立地(事件A发生或不发生对事件B不产生影响, 就说事件A与事件B之间存在某种"独立性")进行n次, 那么就称这一系列重复独立的随机试验为n重伯努利试验。

注2: 伯努利分布

这里或许我们先要解释一下"概率分布"以及"概率密度"为何物。首先我们要提到"随机变量", 简单来说, 随机变量指的是"不能确定取值, 但能确定取的值的概率的变量"。打个比方, 在投掷骰子的时候"第一次出现的数字"(1到6的任何一个整数)就是一个随机变量。粗略来说概率分布指的就是随机变量以什么样的概率取什么样的值, 这时的随机变量, 我们称其"服从"这个概率分布。另外, 我们也经常简称概率分布为"分布"。具体来说, 比如掷正常的骰子, 记X表示出现的点数, 则X的可能取值为1, 2, $\cdots$, 6。这是一个离散随机变量, 在离散情况下这被称为"概率分布列": $P(X=1)=P(X=2)=\cdots=P(X=6)=$ 1/6。如果是连续的情况, 我们就称其为概率密度。下面我们记事件A="点数小于等于x", 可以表示成$A=\{X\leqslant x\}$。我们取x=1, 2, $\cdots$, 6的任意一个值, 则$F(x)=P(X\leqslant x)$就是概率分布: $F(1)=P(X\leqslant 1)=1/6$, $F(2)$

=1/3，$F(3)$=1/2，$F(4)$=2/3，$F(5)$=5/6，$F(6)$=1。我们可以看到概率分布是概率分布列的逐步累加，在连续随机变量的情况下，概率分布就是概率密度的积分。如下图所示：

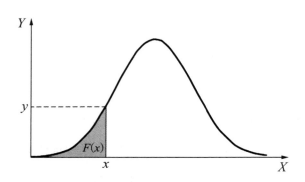

图2-14　概率密度图（被覆盖的阴影部分面积表示概率）

　　伯努利分布，是一种离散分布，又称为"0—1分布"或"两点分布"。参数为p的伯努利分布主要用来描述一次伯努利试验中的一个事件的出现次数(0次或1次)。[9]所谓"参数"，在概率论和数理统计中指的是为某概率分布加上特征的数字，比如我们在说"参数服从p的伯努利分布"时，蕴含着"这个伯努利分布可以用1个数字确定"。

伯努利分布列为

$$P(X=x) = p^x(1-p)^{1-x}, x = 0, 1$$

或记为

X	0	1
P	$1-p$	p

注3: 二项分布

二项分布就是重复n次独立的伯努利试验中表示一个试验结果发

生次数的随机变量服从的分布。当试验次数为 1 时,二项分布服从 0——1 分布即注 2 中的伯努利分布。

二项分布列为

$$P(X = k) = \binom{n}{k} p^k (1-p)^{n-k} = b(k; n, p)(k = 0, 1, \cdots, n).$$

参 考 文 献

［1］龚鉴尧.世界统计名人传记［M］.北京：中国统计出版社，2000.

［2］陈希孺.数理统计学简史［M］.长沙：湖南教育出版社，2002.

［3］玛格内利奥.统计学［M］.唐海龙，译.北京：当代中国出版社，2014.

［4］韦博成.漫话信息时代的统计学［M］.北京：中国统计出版社，2011.

［5］岩泽宏和.改变世界的134个概率统计故事［M］.戴华晶，译.长沙：湖南科
学技术出版社，2016.

［6］项昭，严虹.骰子掷出的学问［M］.贵阳：贵州人民出版社，2014.

［7］本内特.随机性［M］.严子谦，严磊，译.长春：吉林人民出版社，2001.

［8］杨静，徐传胜.数学技术与概率论的发展［J］.太原理工大学学报，2008，26(1)：
49-54.

［9］茆诗松，程依明，濮晓龙.概率论与数理统计教程［M］.北京：高等教育出版
社，2010.

第 3 章

异端贝叶斯的传世遗作

所有的概率都是条件概率。

——凯恩斯

∞

人类自睁开心灵的眼睛观察这个世界起，就在不停歇地研究"客观"宇宙。可是，研究主观世界的脚步总是很缓慢，这一方面是由于缺乏科学的手段、好的工具，另一方面是由于被主流科学所排斥，甚至有观点认为主观就意味着非理性。

现在让我们来到18世纪，看看一位对主观世界进行研究的先驱——英国牧师兼统计学家贝叶斯。贝叶斯通过一些近乎异端式的数学发现悄无声息地改变这个世界，尤其是我们现在这个摩登世界，只是当时没人意识到这点。而且由于贝叶斯被当时的主流统计学家排斥，他的理论更是直接被压在箱底两百多年。用陈希孺教授的一段话来形容，"贝叶斯生性孤僻，神秘莫测，是位哲学气味重于数学气味的学术怪杰。"我们甚至都搞不清他确切的出生年月，只是知道他大约生于1702年，死于1761年。

托马斯·贝叶斯出生在英国赫特福德郡，他的父亲乔舒亚·贝叶斯是英国最

图 3-1　贝叶斯

早的新教牧师之一。在托马斯还很年幼时，他们举家搬迁到了英国伦敦的邵斯瓦克，父亲乔舒亚成了圣托马斯教堂的一名全职同工，同时还在霍尔本皮巷教堂工作。乔舒亚育有7个孩子，托马斯·贝叶斯是长子。身为一名长老会牧师的大儿子，托马斯很有可能接受的是家庭教育，在那个时候这也是必然的选择。因为在当时的英国，经过宗教改革后虽然新教徒的境遇有所改善，乔舒亚能公开成为牧师，但天主教仍然很强势，对新教徒的权利作了限制，其中一条就是新教徒及其子女不准进入大学。托马斯的老师是谁，我们现在一无所知，但史学家巴纳德提出了一个有趣的可能性，即托马斯·贝叶斯早年可能在概率论大师棣莫弗那里学习过数学，因为算起来那个时候棣莫弗刚好在伦敦做家庭教师。但是其他大部分史学家认为，托马斯接受的是成为一名新教牧师的通才教育。这样推测下来托马斯应该是在滕特巷的一所学校就读，这是唯一一所离他家不远又与长老会有联系的学校。在这所学校里，托马斯遇到了两位贵人，一位是校长瓦德，还有一位是伊姆斯。后来伊姆斯成了托马斯被选为皇家学会成员的有力支持者。这所学校的教学理念或者说校长瓦德的理念是探索人与神的关系，所有学科都是服务于这一目的。就像波义耳的座右铭，"从万事万物的成因中发现第一因"[1]。

　　史学家判断在1719年，托马斯·贝叶斯被英国北部的爱丁堡大学录取，在那里他开始研究逻辑学和神学。有记载称贝叶斯由于封锁令的取消进了大学，还进入了新教组织，在其父亲的推荐下开始讲道。爱丁堡大学至今保存有贝叶斯的两次布道记录。在爱丁堡完成学业后，他南下来到伦敦的霍尔本区担任他父亲的助手，开始新教牧师生涯。在某段时间内贝叶斯必定学习了数学方面的知识，但没有记载表明他是在爱丁堡大学期间学的[2]。

　　1733年，坦布里奇韦尔斯长老会教堂的牧师阿彻去世，贝叶斯成为继任者。这所教堂在伦敦东南方向，距离伦敦市区有56千米远。对于贝叶斯在坦布里奇韦尔斯担任牧师的生活经历，史学家知之甚少。在当时，坦布里奇韦尔斯是一个时尚而高雅的地区，它是伦敦市民度假的最佳地点，有点像伦敦的后花园，这里的环境深受市民们的喜爱。笛福的小说中对这个优美的地方有过介绍。当时伦敦的上流社会经常举办一些宴会和社交活动，根据一些人遗留下来的回忆录和信件，我们得知这里曾经来过很多名人。贝叶斯是当时的一个颇为富有的牧师，肯定经常有机会参加这样的聚会。所以很多留存至今的文字中也都提到了贝叶斯牧师也是一位很优秀的数学家。

　　贝叶斯生前几乎没有公开发表过学术上的只字片言，发表的都是神学论文以及1736年的一篇匿名的文章《流数论引论，以及针对"分析者"作者的异议的一个数学家的辩护》。奇特的是，在欧洲学术界没什么名声的贝叶斯在1742年进入了英国皇家学会，这说明他可能曾经

图 3-2　前长老会会堂

靠着他的学术造诣被当时的学界所接受。

英国物理学家道尔顿曾和贝叶斯通信,信中他们讨论了天文学家辛普森对于天文观测数据误差处理的问题。另外贝叶斯还写过一本小册子,里面包含了大量数学方面的内容,大多是贝叶斯对概率、三角、几何、方程求解、级数、微分学、电学、光学和天体力学的讨论。

贝叶斯最重要的法则源自当时英国的宗教纷争:人能不能根据周围世界的证据,对上帝的存在做出理性的结论? 1748年苏格兰哲学家休谟发表了一篇论文怀疑世间事物的因果关系,提出所谓"因果问题"和"归纳问题",并且攻击基督教的一些基本教义。因为上帝被认为是第一因,所以休谟对因果关系的怀疑论令人格外不安,而很多数学家相信自然法则能够证明第一因和上帝的存在,如果因果律是错的,上帝又将被安放在何处呢?

"因果问题"简单来说就好比昨天早上你醒来看到太阳升起,今天早上太阳也照常升起,你以为太阳每天早上都会升起,冷不防明天早上太阳不升起来了。这是一个试图把经验观察和科学理论联系起来的原则,即所谓的"自然齐一性"。休谟对此概括为"未来和过去相似"。当科学家提出他们的理论时,他们都心照不宣地依赖这个原则。

"归纳问题"不关心是否每个事件都有起因,而是提出另外一个问题:对于每个事件的众多、甚至无限多的可能起因,人们怎么才能确定自己选择的起因是正确的,或者说科学家基于同样的信息可以提出不同的

图3-3　苏格兰哲学家休谟　　理论,那什么样的理论才是正确的。

为了研究因果关系,贝叶斯设计了一个台球实验。在这个实验中,他假想自己背对着一张台球桌站着,他的助理往桌子上扔一个主球,他不知道主球落在哪里,因为他背对着桌子。接着他让助理再往桌子上扔一个球,然后告知贝叶斯这个球落在了主球的右边还是左边。如果是右边,贝叶斯就知道主球的位置大致在桌子的偏左边;如果是左边,他就知道主球不在桌子的偏左边。贝叶斯发现,随着扔出的球越来越多,根据助理不断地报告,他想象中的主球在一个越来越小的区域里来来回回。用这种方法贝叶斯也许永远也不能知道主球的确切位置,但他可以越来越自信地说出它最有可能在某个确定的范围内。

贝叶斯的这个方法从对世界的观察演化成了追溯它们可能的来历或起因,而他的本意是为了探索上帝的存在,虽然上帝(主球)的确切位置我们可能永远也不知道。为了解答"因果问题",后人如豪森进一步指出,存在于归纳前提和归纳结论之间的逻辑是贝叶斯概率逻辑。作为归纳前提的不必是"未来和过去相似",可以是人们对于任一命题的初始信念度即先验概率[3],也就是人们对"明天太阳会升起"的初始信念度,对主球位置的初始信念度。这里初始信念度就是你心中有百分之多少的把握去相信一件还未发生或者已发生却未知的事。而怎么解答"归纳问题",即"科学家基于同样的信息可以提出不同的理论,如何证明哪个理论是正确的?"我们说随着新信息即证据的积累,按照贝叶斯法则,科学家们的观点将逐步接近真相。豪森用贝叶斯的方法捍卫了因果律和科学的合理性,其实科学的发展就是遵循这样的法则。

1763 年,贝叶斯死后的第三年,他生前的好友普莱斯帮他发表了两篇文章。第一篇是短文,未注明日期,讨论 Stirling 序列 $\ln(z!)$ 的发散性。第二篇是《论机会学说中的一个问题》。这篇文章发表后很长一段时间内在学术界并没有引起什么反应,但到了 20 世纪突然开始受到人们的重视,成了贝叶斯学派的基石。现在看来这主要是因为 1950 年瓦尔德决策函数理论的影响，人们对古典统计某些缺陷的认识以及计算统计中MCMC方法的使用(将在第10章会详细介绍)。1958年国际权威统计杂志《生物计量》全文重新刊登了这篇文章。关于贝叶斯写这篇文章的动机，人们众说纷纭，一种说法是他为了解决概率论的创立者棣莫弗未能解决的二项分布概率p的逆概率问题；也有说法是贝叶斯是受到了辛普森误差工作的震动；还有人提出，贝叶斯写这篇文章是为了给上帝的"第一因"提供一个数学证明。这些说法都有其可能性，但已无从得证[4]。

戏剧性的是贝叶斯的理论带来了后世的纷争——频率学派和贝叶斯学派之争。在科学上，基本观点的分歧是常见的，例如大家所熟悉的那场物理学界长达近半个世纪的争论。争论的一方是爱因斯坦，他提出了关于宇宙性质的古典宿命论观点；另一方则是玻尔、海森伯和狄拉克，他们认为宇宙在本质上是不能给予确定描述的，最好用统计和量子力学的观点来解释。我相信，爱因斯坦如果从事统计学研究的话一定会是频率学派的教徒，而玻尔他们也一定会是贝叶斯学派的疯狂追随者。为什么这样说呢？那我们来看看频率学派和贝叶斯学派各自的主张。(以下摘自《贝叶斯统计》)

"频率学派主张进行统计推断时仅依据两种信息：一种是总体信息，即统计总体服从何种概率分布，例如总体服从下一章要介绍的正态分布；另一种是样本信息，即从总体抽取的样本给我们提供的信息。频率学派同时考虑

图3-4　1925年，爱因斯坦和玻尔讨论问题

总体分布的未知参数是客观和确定的,他们关心的是有多大把握去界定那个唯一确定的所谓真实参数(爱因斯坦:上帝不掷骰子)。贝叶斯学派则不同,他们关心参数空间里的每一个值,因为他们觉得我们没有上帝视角,我们只是人类观察者,怎么可能知道哪个值是真的呢(玻尔:我们怎么能支配上帝该怎么做呢)?所以参数空间里的每个值都有可能是真实模型使用的值,区别只是概率不同而已。接下来贝叶斯学派很自然地就主张除总体和样本两种信息外,还须利用试验之前有关总体分布的未知参数的信息即先验信息,并将此未知参数 θ 视为随机变量,且引入 θ 的先验分布和后验分布这样的概念来设法找出参数空间上的每个值的概率。将 θ 视为随机变量且具有先验分布在很多场合是合理的,是有实际意义的,因为在某些情况下我们可以利用我们的历史经验来确定先验分布,这能拓广统计学应用的范围。总而言之,贝叶斯学派与频率学派的分歧主要是关于参数的认识,频率学派视 θ 为未知常数,而贝叶斯学派视 θ 为随机变量且具有先验分布。这分歧的根源在于对概率的理解。频率学派视概率为事件大量独立重复试验后频率的稳定值,而贝叶斯学派赞成主观概率,将事件的概率理解为认识主体对事件发生的相信程度,当然,对于可以独立重复试验的事件,概率仍可视为频率稳定值。"

所以总的来说,频率学派试图描述的是事物本体,而贝叶斯学派试图描述的是观察者知识状态在新的观测发生时得到新的数据后如何更新,两派的差异是世界观的差异影响到了方法上的差异。关于以上的讨论,我们下面还会慢慢展开。有意思的是贝叶斯统计和频率统计都服从苏联数学大师科尔莫哥洛夫 1933 年提出的概率公理体系,两派的学说就这样被放到了同一个框架中,当然这是后话。

3.1

神秘的贝叶斯

　　1812年,法国大科学家拉普拉斯在他写的概率论教科书中第一次将贝叶斯的思想用贝叶斯定理的现代形式展现给众人,这也可见贝叶斯去世后发表的遗作在英国被冷落的程度。拉普拉斯声称是法国大革命时期的著名活动家、哲学家和数学家孔多塞重新发现了贝叶斯定理,但这无关痛痒,拉普拉斯的阐述比他俩都更为清晰,并且提出了"不充分推理原则"(注1),而且还用贝叶斯的想法来解决天文学、医学和法学问题。我们看到的"贝叶斯"似乎更多的是拉普拉斯以他的方式呈现出来的。拉普拉斯用一个应用解释了为什么1700至1710年在巴黎出生的男孩比女孩多。在收集了全世界30年的人口统计数据后,拉普拉斯得出结论说,男孩女孩的出生比例在全世界是共通的,是由生物学决定的。对于那些对大量数字感兴趣的人来说,婴儿是理想的研究对象。首先,他们的出生是二进制的,不是男孩就是女孩,18世纪的数学

图3-5　拉普拉斯画像

家已经知道了如何处理二进制。其次，新生儿数量众多，而这正是从大量数字中寻找细微差异的精细研究所需要的。拉普拉斯的方法不同于他的前辈格朗特，他用客观数据改进直觉，在为科学思考构建数学模型时，他提出了假说，然后用新的知识不停地对假说重估，拉普拉斯成了第一个现代的贝叶斯主义者。

然而，在当今贝叶斯方法大行其道的年代，仍有质疑贝叶斯定理究竟是谁发现的声音。在一系列史料研究中，真正发现贝叶斯定理的核心人物直指一位盲人天才桑德森。桑德森是剑桥大学第四任卢卡斯数学教授(牛顿是第二任)。桑德森以其教学优秀而著称，他平生未出版任何著作，但精通数学和自然哲学的各个领域。桑德森在12个月大时就不可挽回地双目失明，在那个盲人不被重视的年代，这个出身卑微且失明的学者却在30岁前就享有了英国最有声誉的职位。对此，法国哲学家狄德罗非常感动，在其早期的著作《一封致盲人的信》里花了很大篇幅来谈论桑德森。桑德森几乎讲授了当时的每一个数学话题。他虽然双目失明，专长之一却是光学，他被形容为一位自己不能使用眼睛，却教别人使用眼睛的教授。[5]这一切都不再重要，贝叶斯方法或许能推开那扇主观经验的沉重铁门，透出一丝微光。下面我们就开始一步步地接近"贝叶斯"先生的想法。

图3-6 桑德森

3.2
逆概率问题和正概率问题

　　棣莫弗未能解决的"逆概率"问题——求正概率问题的反问题，在早期的统计学家口中流传得比较多，现在已经没有人使用了。正概率问题是指已知某种事件的概率，可以计算出某种观测结果出现的概率是多少。而正概率问题的反问题是指给定了观测结果，据此可以揣度出事件的概率是多少。在贝叶斯之前，人们已经能够处理正概率问题，如"假设帽子里面有5个红球，4个绿球，你伸手进去摸1个，摸出绿球的概率是多大"。而它的反问题是："如果我们事先并不清楚帽子里面红球和绿球的比，而是蒙着眼睛伸手在帽子里面摸，摸出来1个或是几个球，然后睁开眼睛看到这些取出来的球是红球还是绿球之后，我们反过来猜测帽子里面的红球和绿球的比例是多少"。这个问题，就是所谓的"逆概率"问题。"正概率"问题是由原因推结果，是传统概率论能解决的问题；"逆概率"问题是由结果推原因，是数理统计里的统计推断。

3.3
什么是条件概率

　　大家对条件概率并不陌生，它是棣莫弗在《偶然论》里提出的，在某些前提因素约束下的概率，是解决逆概率问题的第一步。比如说，我有心脏病史，想预测一下来年病发的可能性。根据中国疾控中心的历史记录，中国每年大约有 100 万人猝发心脏病。2021 年根据人口普查数据中国有 14 亿人口，随机挑选一个中国人，其在来年心脏病发作的概率大约为 0.07%。但是就具体个例而言，"我"不是那个被随机选中的人。医学专家们已经明确了多种影响心脏病发作的风险因素，根据这些因素我的发病风险则有可能高于或低于平均值。本人男，家族心脏病遗传，有血脂异常，这些因素增加了我发病的可能性，然而血压低、不抽烟这些因素则降低了我患病的可能性。经过在线计算，我得知自己明年心脏病发病的概率约为 0.01%，低于全国历史平均水平。这是基于一系列前提条件约束的条件概率值[6]。

　　一般来说条件概率的写法是 $P(B|A)$，表示在条件 A 下事件 B 发生的概率。若只有两个事件 A, B，那么

$$P(B \mid A) = \frac{P(AB)}{P(A)},$$

分母是事件 A 的概率，分子是联合概率，联合概率可以有多种写法：

$P(AB)$ 或者 $P(A, B)$ 或者 $P(A \cap B)$。表示事件 A 和 B 一起发生的概率。用一幅图我们可以看清楚：

A 已发生的条件下 B 发生的概率：

$$P(B|A)=P(A \cap B)/P(A)$$

$$P(A \cap B)=P(B|A) \times P(A)$$

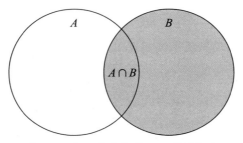

图 3-7　A 已发生条件下 B 发的概率

接下来很自然地，我们将之推广到贝叶斯定理。

3.4

因为对称而美丽的
贝叶斯定理

首先，联合概率是可交换的，即$P(AB)=P(BA)$ (1)

然后按条件概率的定义展开为乘法公式，$P(AB)=P(A)P(B|A)$

同理，$P(BA)=P(B)P(A|B)$

所以由(1)可得下面的表达式：

$P(B)P(A|B)=\mathrm{P}(A)P(B|A)$ (2)

式(2)变形得到：

$P(A|B)=P(B|A)P(A)/P(B)$ (3)

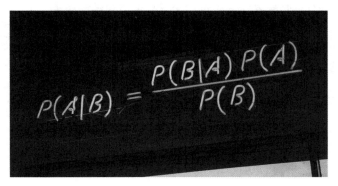

图 3-8 贝叶斯公式

我对贝叶斯公式感触最深的还是茆诗松老师在《概率论与数理统计教程》里的一道例题，《伊索寓言》里的《狼来了》。

图3-9 《伊索寓言》中《狼来了》的插图

一个小孩每天上山放羊，山里有狼出没。第一天，他在山上喊："狼来了！狼来了!"山下的村民闻声都去打狼，可到山上发现狼没来；第二天仍是如此；第三天，狼真的来了，可无论小孩怎么喊叫，也没有人来救他，因为前两次说了谎，人们不再信他了。这里A是"小孩可信"，B是"小孩说谎"。A是我们希望了解其发生概率的现象，B是我们希望与现象A联系起来的现象。

$P(A|B)$是发生A的后验概率，这就是计算所要取得的答案："后事件"B发生的情况下"前事件"A发生的概率。如具体问题是：在说谎的前提下，小孩可信度还有多大？

$P(B|A)$是发生A的情况下B发生的概率：如果小孩可信，那么之前他说谎的概率会有多大？$P(A)$是发生A的先验概率：在B出现之前，A现象出现的可能性(不管有没有说谎，可信的概率)。$P(B)$是发生B的先验概率：不考虑A现象的情况下，B现象出现的可能性(不管是否可信，说谎的概率)[7]。

这里假设村民对小孩的印象$P(A)=0.8$，$P(\neg A)=0.2$。我们现在来求$P(A|B)$，就是这个小孩说了一次谎后村民对他的可信度的改变。在求$P(B)$时用到全概率公式(注2)：

$$P(B)=P(A)P(B|A)+P(\neg A)P(B|\neg A)$$

不妨设"可信"(A)的孩子"说谎"(B)的可能性$P(B|A)=0.1$，"不

可信"（¬ A）的孩子"说谎"（B）的可能性 $P(B|¬ A)=0.5$，则
$P(B)=0.18$。第一次村民上山打狼，发现狼没来，就是小孩说
了谎（B），村民根据这个信息，对小孩的可信程度改变为：

$$P(A|B)=P(B|A)P(A)/P(B)=0.1 \times 0.8/0.18=0.444$$

这表明村民上了一次当后，对这个小孩的可信程度由原来的
0.8 调整为 0.444，也就是新的 $P(A)=0.444$，$P(¬ A)=0.556$。在
此基础上，我们再一次计算 $P(A|B)$，也就是这个小孩第二次说
谎后，村民对他的可信程度变为：

$$P(A|B)=P(B|A)P(A)/P(B)=0.444 \times 0.1/(0.444 \times 0.1+0.556 \times 0.5)=0.138$$

这表明村民经过两次上当，对这个小孩的可信程度已经从 0.8
下降到了 0.138，如此低的可信度，村民听到第三次呼叫怎么
会再上山呢？

这个故事用到的原理正是贝叶斯定理，当年贝叶斯在摆弄条件概
率公式时惊奇地发现，这些公式都是内部对称的！以"前事件"为条
件讨论"后事件"的概率一直以来都是有意义的，而以"后事件"为条
件计算"前事件"发生的概率居然也是可行的。这个定理看起来不起
眼，却一举解决了以"后事件"推测"前事件"的"逆概率"问题。下
面几节它会显示出更强大之处，且耐心听我一点一点慢慢道来。

首先改变一下定理的形式，将之推广到具有多个独立同分布（注 3）
的可观测随机变量 X_1, X_2, $\cdots$, Xn，每一个变量有概率密度函数 $f(x|\theta)$。
也就是说，f 代表了一个随机向量 X 的密度，它以另一个随机变量 $\Theta=\theta$
为条件。假定 θ 是不可观测的，而 θ 代表了 Θ 取定的值。$g(\theta)$ 为 Θ 的概
率密度函数。那么，贝叶斯定理变为：

$$h(\theta|x_1,\cdots,x_n)=\frac{f(x_1|\theta)\cdots f(x_n|\theta)g(\theta)}{\sum_\theta f(x_1|\theta)\cdots f(x_n|\theta)g(\theta)}$$

这里，h被称为θ的后验概率密度函数。

证明很简单，只需利用条件概率定义和全概率公式，在此不再赘述。

我们来看上式，由于分母只依赖于$x_i(i=1, 2, \cdots, n)$，而不是θ，上式可以表示为：

$$h(\theta \mid x_1, \cdots, x_n) \propto L(x_1, \cdots, x_n \mid \theta) g(\theta)$$

符号$\propto$表示成比例，而

$$L(x_1, \cdots, x_n \mid \theta) \equiv f(x_1 \mid \theta) \cdots f(x_n \mid \theta)$$

表示参数θ给定后数据的"似然函数"（"似然"的字面意思是"看起来像"。"似然"可以理解为"可能性"，"似然性"与"概率"意思相近，都是指某种事件发生的"可能性"，但是在统计学中，"似然性"与"概率"又有明确的不同。"概率"用于在已知一些参数的情况下，估计后面观测会得到的结果。而"似然性"则是用于在已知某些观测所得到的结果时，对参数进行估计），其中各数据$x_i(i=1, 2, \cdots, n)$是相互独立的。当L被看作θ的一个函数时，似然函数是唯一的，仅相差一个乘积常数，该常数在贝叶斯定理中不加区别。$g(\theta)$被称为Θ的先验概率密度函数，这是由于$g(\theta)$是在当下实验观察X之前确定的。也就是说，$g(\theta)$是以过去的实践经验和认识为依据的。$h(\theta \mid x_1, x_2, \cdots, x_n)$被称为$\Theta$的后验概率密度函数，这是因为$h$是在观察了当下数据之后才确定的。所以贝叶斯定理的等价表述为：

后验密度$\propto$似然函数$\times$先验密度

贝叶斯定理告诉我们，如果没有当下观测值可以利用，那么我们就必须根据以前的经验对θ做出一切判断，即我们仅使用先验概率密度函数$g(\theta)$。如果我们既有以前的经验，又有依据观察数据的当下认识，我们就可以利用贝叶斯定理修订$g(\theta)$[8]。

3.5
主观概率是什么

　　主观概率一般是指贝叶斯学派对概率的观点，它的源头就是贝叶斯及其工作。主观概率把概率定义为特定个体对合理信念的测度，即个体相信事件将会发生的可能性大小的程度。这种相信的程度是一种主观信念，但也是根据个体经验和各方面的知识，对客观事实所进行分析判断而设定的，与单纯的主观臆测不同。具有同样凭证的不同个体也有可能对同一假说具有不同的概率。

　　既然雅各布·伯努利已经用大数定律给概率下了频率学派的定义，也就是客观概率，为什么我们还要引入主观概率呢？引入主观概率主要是由于世界上有些自然状态无法重复试验或是试验代价过大，也就是没法得到客观概率。比如说人们可以估计上海未来某一天下雨的概率，但这是没法进行试验的。又比如，人们要预测新疆地区未来某年某月某日某时地震的概率，也没办法用多次重复试验来取得。再比如说，中国最新研制的导弹命中1000千米之外的目标的概率，在原则上可以通过重复试验来估计和证明，但事实上人们不会这样做，因为费用过于昂贵了。

　　主观概率的正式提出则是在20世纪，由拉姆齐和菲耐蒂先后独立地提出。拉姆齐1903年出生于英国，不幸的是，在1930年就英年早逝，仅仅活了27岁。虽然拉姆齐的生命如此短暂，但是他在许多科学领域

图 3-10 拉姆齐

都取得了卓越的成就。拉姆齐生前,当时的顶尖大师们就对他赞赏有加,他的名字出现在了维特根斯坦等人的著作中。布雷韦特甚至对他生前的论文和资料进行了整理,在1931年发表了《数学基础和其他逻辑论文》。匈牙利数学奇才爱尔特希也注意到了他的数学著作。

拉姆齐提出了著名的"拉姆齐理论",这个理论在离散数学中有着很重要的作用,而且它在数学中涉及的领域很广,包括数理逻辑、泛函分析等。

拉姆齐在1926年的论文《真理与概率》中诠释了主观概率的思想。拉姆齐认为,如果我们想要进行某种行动,通常源于我们对这个命题的相信度,并且认为相信度有可能被测定。拉姆齐提出"打赌"的方法,而且把他的主观概率理论建立在"打赌"的基础上,他认为我们在实际生活中经常"打赌",例如"无论什么时候我们去商店买东西,我们都在打赌商店是营业的。如果没有足够大的信任度认为商店没有关门,我们就会拒绝打这个赌而留在家里"[9]。

在拉姆齐之后,菲耐蒂对此也持有相同看法。他的观念是:"一个人对一个特定事件赋予的或然性程度可以通过他愿意接受的打赌的条件显露出来"[10]。

菲耐蒂1906年出生于奥地利,在意大利接受教育。1937年,菲耐蒂独立发表了论文《预见:其逻辑规律与主观根源》,这篇文章主要阐释主观概率理论。他也指出,可以用"打赌"的方式对概率进行测量。但菲耐蒂提出了一个新的概念,即"可换性概念"。他通过"可换性概念"把旧的客观频率论的方法和他的新的主观方法联系起来。以"可

换性概念"为基础，他得到了概率的特征定
理，给出了意见收敛定理(注4)，从而对
频率问题进行主观主义的解释，由此
架构起了完整的主观主义的概率理
论。菲耐蒂称自己的理论非常纯粹，
因为他使用了可换性概念，而这个概
念是主观的。建立主观主义的概念解释
是他的主要贡献。

图 3-11　菲耐蒂

　　总的来说，拉姆齐和菲耐蒂两人的概
率观是不同的．拉姆齐认为主观概率是概率的一种解释，而不否认客
观概率(用频率定义的概率)，而菲耐蒂却认为只有主观概率才是概率唯
一正确的解释，只有对概率进行主观的解释，才能弄清楚概率的概念。

　　我们现在知道，确定主观概率大致有三种方法：

　　(1) 比例法。XYZ集团下一家公司经营儿童玩具多年，现在公司
决策者要知道一个新玩具畅销(事件A)的概率是多少。决策者在给自
家孩子玩过之后，根据他孩子的反应，他认为该玩具畅销(A)比不畅销
($\neg A$)的可能性高出一倍，即$P(A)=2P(\neg A)$，由此根据概率性质$P(A)+P$
$(\neg A)=1$可以推得$P(A)=2/3$，即此玩具畅销的主观概率为2/3。

　　(2) 专家法。XYZ集团下一家公司经营儿童玩具多年，现在公司
决策者要知道一个新玩具畅销(事件A)的概率是多少。为此决策者决
定去请教这方面的专家，"如果向市场投入100个这种玩具，有几个会
被买走？"专家回答："大约70个会被买走。"这时$P(A)=0.7$是专家的
主观概率，可专家还不是决策者。决策者很熟悉这位专家，认为他的
估计往往偏保守。决策者更改了专家的估计，把0.7提高到0.8。这样
$P(A)=0.8$就是属于决策者的主观概率。

　　(3) 历史法。XYZ集团下一家公司经营儿童玩具多年，现在公司决

策者要知道一个新玩具畅销 (事件A) 的概率是多少。决策者查找了本公司的销售资料，把过去39种上市的玩具的销售情况分为3种：畅销 (θ_1)、一般 (θ_2) 和滞销 (θ_3)，而每一种销售情况具体对应的数字是29、8和2，于是决策者很容易地就计算出过去玩具上市后的3种销售情况的概率分别为：

$$29/39=0.74, 8/39=0.21, 2/39=0.05。$$

然而这次设计的新玩具创意十足，造型也很可爱，决策者理所当然地觉得这种新玩具会畅销，不大可能滞销，所以对上述的概率做了调整，提出自己的主观概率[11]：

$$g(\theta_1)=0.85, g(\theta_2)=0.14, g(\theta_3)=0.01$$

所以决策者认为玩具能畅销的主观概率为0.85。上面这个主观概率的分布可以称为先验分布。先验分布是对于总体分布的参数来说的。贝叶斯主义的观点是在数理统计的很多推断问题中，必须事先对总体分布的参数定下一个先验分布，当然解决问题的过程中也要用到样本所提供的信息。先验分布是一个最关键的要素，被贝叶斯学派解释为在试验之前就确定下来，表示总体分布参数的先验信息。先验分布的确定可以有一定的客观的凭据，也可以完全地仰赖于主观的观念。

根据样本X的分布及θ的先验分布$g(\theta)$，用贝叶斯定理可算出在已知$X=x$的条件下，θ的条件分布$h(\theta|x)$。因为这个分布是在新的试验以后才得到的，所以称为后验分布。比如上述公司的新玩具在经过几轮销售后，调整获得的关于产品畅销程度的信念就是后验分布。贝叶斯主义者认为这个分布综合了样本X及先验分布$g(\theta)$所提供的信息。试验的主要目的就在于完成由先验分布到后验分布的转换，然后所有的后续统计推断的依据都是这个后验分布。比如要找θ的贝叶斯估计一般有三种，分为后验中位数估计、后验众数估计以及后验期望估计。[12]所以根据以上对贝叶斯方法的描述，我们可以简单明了地总结：对某事新的信念水平=旧的信念水平+新数据带来的信息。

3.6
杰弗里斯发现地核组成

20世纪初的两次世界大战,使得旧大陆处于被毁灭的边缘。对这种自我毁灭的趋势,研究学者给出的解释是由于19世纪欧洲发生的巨大进步和变化制造了人内心的剧烈变化,从而制造了十分紧张的局势。宏观上,富于挑衅性的民族主义暂时抑制了内部矛盾,国与国之间喜欢采用威胁和武力。微观上,工业社会快速的变化,功利主义、享乐主义替代上帝的位置,使得许多人得上了心理疾病,尤其是尼采说"上帝死了"。此时在医学心理学界,弗洛伊德开始探索人的意识和潜意识,试图叩开人的主观精神的大门。而这股"精神分析"的思潮逐渐弥漫全球甚至席卷了艺术界,大多数超现实派画家多多少少都受弗洛伊德关于梦和潜意识的理论影响。

之后的20世纪二三十年代,统计学界的主流还是反对主观概率,反对贝叶斯主义。在这波浪潮中,杰弗里斯几乎一手撑起了贝叶斯方法的一片天,他把概率论作为理解科学方法的必要充分条件,指出源自贝叶斯的重要定理"后验概率 ∝ 先验概率 × 似然"对于概率

图 3-12　弗洛伊德

图 3-13 杰弗里斯

论的意义,一如毕达哥拉斯定理之于几何学。从而使概率论与科学推断自然地发生了联系。

杰弗里斯1891年出生于英格兰东北的诺森伯利亚,他从小就热爱自然,喜欢研究植物学和地质学。他毕业于阿姆斯特朗学院(现为纽卡斯尔大学),在那里学习了数学、物理、地质学以及化学。随后,他又进入剑桥的圣约翰学院学习数学,并在毕业后留校工作。在圣约翰学院,杰弗里斯受到了爱丁顿等物理学家的影响,开始投身地球物理学研究。剑桥大学的学生们戏称他们有两位世界级的伟大统计学家——费希尔和杰弗里斯,虽然一位是天文学家,另一位是生物学家。费希尔是生物学家(第6章的主角),而杰弗里斯是研究地震、海啸和潮汐的地球物理学家。但他调侃自己确实是个天文学家,因为"地球也是一颗行星"[13]。

虽然如此,贝叶斯学派在那个年代还是不得势,原因一是像费希尔这样的大统计学家对它持否定态度;二是那时正处于频率学派大发展的时期,一些有普遍应用意义的有力统计方法现世,在那种情况下,人们不会想要"另寻出路"。虽然杰弗里斯和费希尔是学术对手,两人曾经以写论文的方式一问一答进行了长时间的辩论,但杰弗里斯安静绅士的性格,使他和费希尔成了很好的朋友。除了学术观点相左,两人有许多共同点。他们都是擅长处理数据的科学家,而不是数学家或理论统计学家,他们都在剑桥受教育,此外两人性格都十分内向,都是糟糕的演讲者,他们演讲时声音微弱到几排开外就根本听不清。在某次讲座中,有一位学生数出杰弗里斯在短短5分钟里就喃喃自语说了

71 次 "呃"。

　　杰弗里斯的兴趣和几个世纪前的大科学家拉普拉斯有点类似，两人都为了理解太阳系的起源去研究地球的组成结构。杰弗里斯对地震波如何穿过地球这一问题陷入了深深的思考。因为一次大地震会产生传播几千千米的地震波，通过测量地震波到达不同台站的时间，杰弗里斯反过来确定地震的可能震中和地球的可能组成。这是一个经典的"逆概率问题"。1926 年，杰弗里斯利用贝叶斯方法推断出地核是液态的，可能是熔融的铁，还可能混合有微量的镍。正如一位历史学家所说，"也许在他的领域里，从来没有从如此模糊和间接的数据中得出如此显著的推断。信号往往难以解释，地震仪也大相径庭。地震常常在不同的条件下相距很远，几乎无法重复。杰弗里斯的结论比费希尔的育种实验涉及更多的不确定性，费希尔的育种实验旨在回答精确、可重复的问题。"像拉普拉斯一样，杰弗里斯花了一生的时间更新他最新的结果。他写道："有疑问的命题……构成科学中最有趣的部分；每一个科学进步都涉及从完全无知到一个基于证据的部分知识逐渐变得更加确凿的阶段，过渡到实际上已确定无疑的阶段。"

图 3-14　杰弗里斯通过贝叶斯方法推断出地核是液态的

3.7

图灵破译"恩尼格码"密码机

在第二次世界大战如火如荼地进行中的1942年,剑桥大学杰出的数学家图灵写成了论文《应用概率的加密》,但因战时的特殊原因被秘密封存。70年后,论文重见天日,很快被数学家"榨出了精髓",这里面提供了一个可以破译敌人密码的惊天方法,其核心就是贝叶斯方法。图灵及其同事在布莱切利园,这一盟军密码破译中心工作时大量运用了贝叶斯定理。他们利用贝叶斯定理从观测到的数据开始推导,这些数据就是拦截到的敌人信号,然后找出最可能的加密机制,最终他们破译了纳粹军队使用的"恩尼格码"密码机。"恩尼格码"密码机可以用1500亿种不同的方式为信息加密,以至于密码破译中心的负责人都怀疑那些信息是否真的能被破解,但他们轻视了贝叶斯定理的力量。破译人员不放过最细微的线索密码,他

图3-15 德国古德里安将军指挥车上的"恩尼格码"密码机

们根据贝叶斯定理,将这些线索与数据结合起来考虑,不停重复循环类似过程,直到敌方加密方式最终被破译。随后,盟军的密码专家们引入了计算机"巨人",结合贝叶斯定理,一举破译了更高端的洛伦兹密码机的加密方式——希特勒就是用这台机器与战地指挥官进行秘密通信。

1912年,图灵诞生于英国伦敦,他幼年时就十分喜好数学,并且在很多方面表现出了独特的创造能力。1931年,剑桥大学国王学院迎来了这位优秀的年轻人,由于图灵的数学成绩优异,他立即获得了奖学金。在剑桥,他的数学能力快速上升。1937年,图灵在英国最有威望的数学杂志上发表了题为《论数字计算在判断困难问题中的应用》的论文。该文一发表就立刻引起了学术界的高度注意。在论文的附录里他提出了"图灵机",这个机器第一次在数学符号的世界和物理真实的世界之间搭起了桥梁。当时的图灵只是将它视作一种可以帮助数学研究的机器,而现在我们所熟知的计算机和人工智能都是基于这个设想。这是图灵的成名作,他的这一创造是划时代的。二战打乱了图灵的科研工作,但战争中图灵对贝叶斯定理的应用取得了巨大的成就,其价值甚至超过他在密码破译中的直接收获。首先,图灵并不过分重视所谓的"先验问题",即设置初始信念水平的问题。他毫不犹豫地用客观事实与明智猜测相结合的方式解决问题。这种行为被当时学界最具影响力的统计学家认为是科学的魔咒,甚至直到今天仍有争议。对盟军而言,最幸运的是学界当时的这种思潮并没有影响到布莱切利园的密码专家们。即使他们都受了影响,

图 3-16　图灵

图 3-17　布莱切利园的图灵石像

我相信图灵这位以务实和藐视权威著称的数学天才也会是个例外。图灵指出，只要初始猜想不是太离谱，贝叶斯定理不会影响到它，因为随着新数据的加入，有用的观点终将显现。图灵利用这一原理破解了法西斯敌人的密码系统，加速了轴心国的溃败，拯救了无数生命。讽刺的是，贝叶斯定理的秘密使用为盟军带来了胜利，却也阻碍了贝叶斯定理在战后的推广传播[14]。

3.8
现代精算师和
贝叶斯统计学

　　1941年12月7日，日本在黎明时分突然袭击了美国海军太平洋舰队的夏威夷基地，太平洋战争爆发，美国正式加入第二次世界大战。当时，美国有一位资深精算师威廉森，他担任美国社会保障总署的总精算师一职。由于和美国联邦政府有着密切的联系，所以他代表美国精算师行业与政府相关部门进行了沟通，沟通内容包括通过战时生产委员会了解联邦政府和军队对专门技术人才的需求，以及向政府有关部门表达精算界为国效力的愿望。

　　1942年9月，经过威廉森的斡旋，一封来自美国国防研究委员会的信件转达到了各精算学会主席和每一位精算师手中。信中提到，政府现在非常需要受过精算训练的人参与一些重大而紧迫的军事研究项目，包括对军事数据进行统计分析，许多重要的军事行动决策都将依据这些数据分析。由于这些工作需要长时间保持专注，且强度很高，因此政府将优先考虑年龄在25—35岁、家庭责任和负担小的专业人士。在技能方面，除了需要受过统计学训练外，还将优先考虑有应用与实践经验，尤其是有物理和电子学实践经验的精算人士[15]。1943年6月，美国国防研究委员会给美国精算界写了第二封呼吁和邀请信，鼓励精算师们积极为反法西斯战争做出自己的独特贡献。正是在这

图 3-18　在珍珠港事件中受创的 3 艘美国战列舰

两封呼吁和邀请信的作用下，美国的一大批精算工作者纷纷投入到这场壮烈的反法西斯战争中。

　　二战中的精算师功勋卓著，但在数学家的眼里其实主要是"精于计算"。现代精算师都计算些什么呢？其实精算师的手法在某些模型下和计算贝叶斯统计学的方法是完全一致的。精算师在计算保费时，会以事故发生的概率(事故率)的估计值为基础。如果数据充足的话，实际的事故率自然就可以原封不动地作为今后事故率的估计值，但当需要计算一个地区的保费却完全没有这个地区的相关事故数据时，又该怎么办？这时只能使用可以用做参考的其他地区的数值。那么，当这个地区只能获得极少一部分数据时又该怎么办呢？因为是"极少一部分"，所以直接引用这些数据显然不合适。所以，在根据较少的信息设定保费时，必须灵活运用各种不依托于直接观测值的事前信息，精算师们自然而然地开始使用贝叶斯派的手法。1942 年左右，美国的一

位保险精算师贝利提出了一种现今被贝叶斯统计学所证明的简单又
精致的方法。随后,贝利发现,精算师们其实已经在用贝叶斯方法了。
贝利在1950年发表了具有历史意义的论文,论文主旨就是"精算师们
大可以光明正大地使用贝叶斯统计学"。在文中贝利认为,精算师们
领先了其他的统计学家一步,尽管跳过了数学证明,事实上精算师们
的方法完好地发挥着功用。精算师们凭经验已经反复证明了这一结
果。当时的精算师们未能完成的数学证明在1967年由毕尔曼实现[16]。

3.9
瓦尔德和萨维奇的贝叶斯决策论

图 3-19　瓦尔德

1902年，瓦尔德在罗马尼亚的克罗日出生。他是正宗的犹太人，先就读于克罗日大学，1927年进入了维也纳大学，在这里他进修了三门课程，其中包括统计学和经济学，1931年他获得了博士学位。因为政治上的原因，他没能找到很好的工作，只能给一位银行家当数学家教。不过正是因为这样，他对经济学产生了浓厚的兴趣。在第二次世界大战之前瓦尔德去了美国，后进入哥伦比亚大学学习数理统计学。

第二次世界大战是飞机战的开端，谁抢到了制空权，谁就占据了主动。战争期间，几乎每天都有大量飞机参战。于是问题就来了，飞机中弹乃至失事再正常不过，该怎么提高飞机的存活率呢？ 1943年，美国空军就如何加固飞机来咨询统计学家瓦尔德。因为飞机能够搭载的护甲有限，所以需要选择性地合理分配护甲。当时美国人一贯的做法是将护甲装在飞机机翼和尾部。空军负责人说,选择这些部位搭载护甲是因为那些顺利返航的飞机的这些部位布满了弹孔。瓦尔德意味深长地说:"这么做是不对的"。这些完成任务的飞机在机翼和尾部布满了弹孔,说明飞机被命中这些部位后,它仍然能工作,至少它返航了。瓦尔德随即问道:"那些被命中其他部位的飞机最终到哪里去了?"空军负责人哑口无言,显然它们一去不返。瓦尔德立刻给出了结论,应该在那些顺利返回的飞机没有弹孔的部位加固护甲。这就是有名的"幸存者偏差"。这一理论在今天仍然有着很强的现实意义,我们瞬间就可以理解幸存者偏差,比方说你发现一些没读过书的人很有钱,事实上是你发现的这些"不读书却很有钱的人"是幸存者,而大部分"死亡"的人你都见不到。

随着战争的深入推进,数理统计研究出现了一些重要的新方向,其

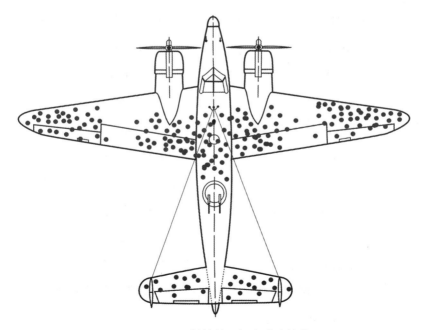

图 3-20 返回基地的飞机上弹孔的位置

图 3-21　萨维奇

中最有影响力的是瓦尔德的"序贯分析"和"统计决策理论"。瓦尔德之所以研究出序贯分析这种崭新的统计方法,是二战中军需验收工作的需要。1947年,瓦尔德发表了《序贯分析》专著,使得序贯分析成为数理统计学中一个新的重要部分。之前,人们在统计推断中一般使用的是"固定抽样方案",即事先确定抽样个数的抽样方案(注5)。而序贯分析则是分步抽样:先抽少量样本,根据结果再决定是停止抽样还是继续抽样以及抽多少样本,然后将得到的样本进行统计推断。在这个方法提出之前,抽样的多少一般在统计之前就已经被确定下来。应用"序贯抽样方案"可以节省很多资源,因为它可以在统计过程中根据具体情况对抽样的多少进行判断。比如,当统计推断得到的结果已经很精确的时候,可以停止抽样。1950年瓦尔德还发表了著述《统计决策函数》,标志着他创始了统计决策理论,即将统计推断所获得的论断会产生什么后果,应采取怎么样的对策或行动也纳入统计范围内,用与大自然博弈的观点看待数理统计问题。其基本思想是人们最初可以根据主观猜测来确定世界状态的概率分布,但是,随着对世界状态的客观知识的增加,人们应根据这些新知识并借助贝叶斯概率公式不断地修正主观概率,以使主观概率逐渐转化为客观概率,根据客观概率的大小进行决策分类,从而使人们的决策更为可靠。不过可惜的是,在出书的同一年,瓦尔德因为乘坐的飞机失事,不幸去世。

另一位和瓦尔德同时代的杰出贝叶斯主义者萨维奇把概率看成了是私人的事情,他拓展了拉姆齐和菲耐蒂的主观概率理论,建立了规范人们行动的主观期望效用理论。萨维奇指出,概率是决策理论中一个基本的概念，而效用则是另一个基本概念(注6)。由于概率反映了决策者实际的信念，这种概率是主观的，效用则反映了决策者的价值观念、向往或期望，因此效用也是主观的。萨维奇的主观期望效用理论是把贝叶斯学派的归纳理论应用于实际的结果。该决策理论主张个体的概率分布由行动的偏好决定，理性人的行动选择应该遵循主观期望效用的最大化。但是，该理论也遭受了不少批评和挑战，最著名的例子是阿莱斯悖论[17]和埃尔斯伯格悖论[18]。这两个悖论指出，在现实生活中，人们实际行动的选择并不总是和该理论的结果相一致，人们并不总是按照主观期望效用最大化进行决策。虽然阿莱斯悖论和埃尔斯伯格悖论不是严格意义上的逻辑悖论，但是它们表明了在不确定情形下，行动决策存在非理性。这使得经济学家开始对完全理性人假设进行重新审视，决策研究开始重视非理性因素的作用。因此，在萨维奇的主观期望效用决策理论遭遇悖论挑战后，主观决策理论开始朝两个方向发展。一是继续坚持理性决策宗旨，或对现有的期望效用理论进行改进，或研究更具普遍性的理性决策理论；一是质疑期望效用理论本身，开始研究行为人行动时的心理因素。毫无疑问，这对促进决策理论的发展起到了极大的作用[19]。

　　瓦尔德和萨维奇提出的这些理论与当时"统计学界的恺撒"费希尔的理念相违背。费希尔认为，统计学的任务是进行数据分析、获取相应的信息，而不是做出决策，他尽量避免使用先验分布。相反的是，瓦尔德在进行统计推断时，提倡使用先验分布和贝叶斯定理，由此引起了很多学者的关注。以至于在20世纪下半叶，统计学家们分成经典学派和贝叶斯学派，对贝叶斯统计及其先验分布进行了激烈的讨论。两派之间一直存在着各种争议，不过这对数理统计不仅没有坏处，还激励了其发展。

3.10
珀尔和他的贝叶斯网络

在目前的科学研究中，相对简单的问题已经解决得差不多了，剩下未解决的都异常复杂。台风的形成、大脑的运作、致病基因……要揭开潜藏在这些复杂现象背后的规律，就必须理解它们的成因网络，将纷乱如麻的事件梳理清楚。用基于穷举法的联合概率分布显然不可行。科学家为了从众多可想到的原因中确定那些他们认为最为匹配的原因，过去是依靠直觉在已经掌握的知识中搜寻，希望找到一个可以弥补数据空白的方法，而这恰恰就是贝叶斯公式能做到的。

现在科学家只需将所有假设代入贝叶斯公式，就能得到正确的概率。而要破解某种现象的成因，不必依靠直觉，只需要将公式编织成网络。公式网络化真的能解决难题？这一想法的提出经历了悠长的过程，直到20世纪80年代才终于被美国数学家珀尔证明，使用数百个贝叶斯公式结成网络真的就可以推测出复杂问题背后的成因。

珀尔1936年出生于以色列的特拉维夫，1960年他去美国深造。5年后，他如愿在罗格斯大学取得了物理学硕士学位。同时，珀尔又拿到了电气工程学博

图 3-22　珀尔

士学位。现在，珀尔在加利福尼亚大学担任计算机科学系的教授，兼任该校认知科学实验室的主任。1985 年他提出了贝叶斯网络的构想，1986 发表因果推断方面奠基性的论文《信念网络中的融合、传播和结构化》。2011 年珀尔教授由于这两项工作被授予了誉为"计算机领域诺贝尔奖"的图灵奖。

珀尔提出贝叶斯网络与概率推理是由于当时专家系统面临的困境。专家系统是一种智能计算机系统，其中含有特殊领域的具有专家水平的经验和知识，使得非此领域的人能借助计算机使用专家的经验，我们在后面第 11 章会说到。早期的专家系统中，基于规则的专家系统占有主要地位，它的知识库是由多个"If-then"语句构成，并且使用符号推理。但是这样的系统很难应对充满不确定性的真实环境。概率方法正是处理不确定性的数学方法，概率推理应运而生。在珀尔之前，人们普遍认为概率论不适用于专家系统，主要原因首先在于当时频率学派占据了支配地位，老一辈的统计学家坚持只有在相同条件下可以重复无数次试验的概率才有意义，这就排除了对一次性事件谈论概率的可能性。其次是当时人们还没发现可以将联合概率分布分解成多个较为简单的概率分布。　珀尔的贝叶斯网络关键是用到了变量间的条件独立关系，从而降低了运算的难度，使得人们可以用最简单的概率方法来解决大型问题。从此之后，能够运行大型贝叶斯网络计算程序的计算机也日益增多。

珀尔构建贝叶斯网络的操作原理

图 3-23　专家系统的早期平台

是这样的：如果我们并不清楚一个现象的原因，就首先根据我们认为最有可能的原因来建立一个模型——计算机程序。然后将每个可能的原因连接入网络，根据我们的主观概率给每条连接分配一个先验概率值。换句话说，网络中的每个节点都通过贝叶斯公式和其他节点相连。接下来，只需向这个计算机程序输入观测数据，通过网络节点间的贝叶斯公式计算出后验概率值即可。为每一个新数据、每一条连接重复这一计算——直到形成一个网络图，所有原因的连接都得出精确的后验概率值。最后挑选使得后验概率值最大的原因，这事便成了！现今，贝叶斯网络在医疗诊断中被用于对病人所患的疾病类别和程度进行确诊，在工业中被用于对产品故障的原因进行分析，在计算机系统中被用于比如在Windows和Office中嵌入打印机故障诊断程序和用户助手程序，在通信领域为iPhone的Siri语音识别奠定了基础。不过现在贝叶斯网络已有被马尔科夫网络取代之势。

现在让我们来说说贝叶斯网络的一个特例——朴素贝叶斯分类器。这属于当今机器学习的领域。

机器学习与数据分析有极广的交集和延伸。机器学习大致被分为符号学派和统计学派，早期由符号学派掌舵，现在被统计学派掌管。数据分析与机器学习相交的部分就是统计学派的机器学习。后文讨论的机器学习都是指统计学派的机器学习，即统计机器学习。机器学习、统计机器学习与统计学习也不再加以区别。机器学习是如今红透了的人工智能(具体什么是人工智能将于第7章介绍)的一个子领域，研究的是如何让计算机模拟人类的学习行为，从经验数据出发，通过学习不断提高自己完成某项任务的能力。机器学习的三大主题是预测、聚类和分类，朴素贝叶斯分类器属于其中的一个主题——分类，简单来说分类是从一系列给定类别的数据出发，为下一个未知类别的数据归类。朴素贝叶斯分类器最早由华纳等人于1961年提出，用于先天心脏病的诊断。它是一个包含一个"根"和多个"叶"的树,如下图。

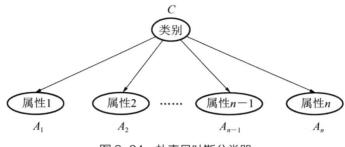

$$C$$

类别

属性1　　属性2　……　属性$n-1$　　属性n

A_1　　　　A_2　　　　　　A_{n-1}　　　　A_n

图 3-24　朴素贝叶斯分类器

其中叶节点A_1,…,A_n都是属性变量,表示待分类对象的属性,根节点C是类别变量,表示对象的类别。用此分类器进行分类就是给定一个数据点,即各属性变量的取值$A_1=a_1$,…,$A_n=a_n$,计算后验分布$P(C|A_1=a_1,\cdots,A_n=a_n)$,然后选择概率最大的那个$C$值作为这个数据点所属的类别。这个模型内含一个简单的局部独立假设,即给定类别变量C,各属性变量A_i相互条件独立(注7)。

实际上,朴素贝叶斯分类器经常用于文本分类,比如文章作者识别、文章主题分类以及办公时很常用的垃圾邮件过滤等[20]。继续看上面那棵树,以过滤垃圾邮件为例,其中的原理大致上就是把类别C分为两类:C_1是垃圾邮件,C_2是正常邮件。属性A_1,A_2,…,A_n就是邮件文本中的单词a_1,a_2,…,a_n(要去除没有意义的单词如and、but和or等,另外还要将单词如hello、HELLO和Hello都作为单词hello来处理,以及需要其他一些清理步骤)。然后根据这些出现在文本中的单词,用贝叶斯定理结合局部独立假设来计算后验概率$P(C|A_1=a_1,\cdots,A_n=a_n)$。最后概率较大的如果是$C_1$,那就是垃圾邮件,如果是$C_2$,就是正常邮件。更具体地,问题可以被描述为求:

$$P(C_1|A)=P(C_1)\times P(A|C_1)/P(A)$$

$$P(C_2|A)=P(C_2) \times P(A|C_2)/P(A)$$

其中$P(C_1)$和$P(C_2)$这两个先验概率都是很容易求出来的，只需要计算邮件库里面垃圾邮件和正常邮件的比例就行了。然而$P(A|C_1)$却很难求，因为A里面含有n个单词$a_1, a_2, \cdots, a_n$，即$P(A|C_1)=P(a_1, a_2, \cdots, a_n|C_1)$。我们用乘法公式将$P(a_1, a_2, \cdots, a_n|C_1)$展开为$P(a_1|C_1) \times P(a_2|a_1, C_1) \times P(a_3|a_2, a_1, C_1) \times \cdots$。利用局部独立假设，给定$C=C_1$时$a_i$与$a_{i-1}$是相互条件独立的，式子就简化为$P(a_1|C_1) \times P(a_2|C_1) \times P(a_3|C_1) \times \cdots$。而计算$P(a_1|C_1) \times P(a_2|C_1) \times P(a_3|C_1) \times \cdots$就简单了，只要统计$a_i$这个单词在垃圾邮件中出现的频率即可。这个所谓的局部独立假设却是朴素贝叶斯方法的"非凡"之处，一点也不"朴素"，虽然很理想化效果却出奇的好，原因有很大的可能性是由于各个独立假设所产生的消极影响和积极影响互相抵消，最终导致结果受到的影响不大，有兴趣的读者请参阅文献[21]。接下来用同样的方法计算正常邮件的概率$P(A|C_2)$，然后计算出$P(A)=P(C_1) \times P(A|C_1)+P(C_2) \times P(A|C_2)$，这在初等概率论中被称为全概率公式。搞定$P(C_1)$、$P(A|C_1)$和$P(A)$后就得出了垃圾邮件的后验概率$P(C_1|A)$。同样的方法可以计算正常邮件的后验概率$P(C_2|A)$，最后比较两者大小得出最终结论。

3.11
诠释思考的贝叶斯方法

科学家现今称贝叶斯方法为可以诠释思考的数据分析方法,并宣称人类大脑皮层就是贝叶斯网络搭成的金字塔,而思想就位于它的顶端。这一章的最后让我们放松一下,来看看一位逗趣的教授。

"我们每个人大脑里都有一个小贝叶斯!"法兰西学院实验心理学教授德阿纳总把这句话挂在嘴边。德阿纳于 2012 年在法兰西学院开设了一门"认知科学的贝叶斯革命"的课程。鉴于该主题的重要性,德阿纳最终决定把课程时间定为两年。对于这个决定,德阿纳解释道:"称其为一种革命,是因为出现了一种能够突然渗透到一切科学领域中的理论体系,着实让人惊讶。过去,我们很多人认为大脑是自然进化的产物,并处于不断演变之中,不可能存在关于认知的一般性理论。然而,当贝叶斯数据分析展示出它超常的适用性后,这一观点开始动摇了。"这也是他这门课程的开课引言。

贝叶斯方法不仅在自然科学

图 3-25　德阿纳

的传统领域(比如在量子力学中的量贝模型)掀起了革命,它的应用范围还不断延伸到人类行为,以及人类大脑活动的各种研究领域中。事实上,无论是心理学家还是神经学家都认识到,贝叶斯方法是他们期待已久的用来描述研究对象的有效工具!科学家们甚至开始期望它能够建立起关于大脑各个层次上的结构模型,直到最基本的单位——神经元。最终,这样一个小小的公式就可以将数以百计的描述大脑活动的模型整合,生成一个关于"整个思想"的理论的革命。

这个神奇的公式表面看起来和心理学并无相关,但就像德阿纳告诉学生们的,"贝叶斯公式虽然是数学,但它是诠释思考的数学"。在它抽象的外表之下,展现的是一个典型的类似于人类大脑的机制:在缺少数据和信息的情况下,不遗余力地追寻表面现象背后的本质原因。它不间断地对我们的已有知识(或预设)去伪存真,是一个实实在在的思考机器。这正是认知科学专家正在做的,希望最终我们可以用这一公式来描述人类的思想。[7]

现在,通过这一如此古旧的贝叶斯视角所展开的工作可以说是人工智能科学的重要一部分。同时,贝叶斯方法在理论上也打了胜仗。那些试图避免贝叶斯定理中"先验问题"的人,通常坚持原来的概率理论公式:假定知道原因,就可以给出预期的结果。例如,频率论者会假定抛硬币是公平的,再着手检验抛硬币是否公平,然后使用标准的概率公式去推论会得到何种结果。如果结果表明"抛硬币是公平的"这一论点可能性很低,那么频率论者会认为这就证明了其概率很低——有人在作弊!其实这里面的推理存在致命的缺陷:声称给定B得到A的概率与给定A得到B的概率是一样的!在这个例子中,特定的错误在于认可了下面的假定:

P(抛掷中得到证据 | 假设抛硬币游戏是公平的)=P(抛硬币游戏是公平的 | 假设抛掷中得到证据)[14]

但颠倒条件和结果是错误的,简单的概率问题就此也会导致完全错误的结果。以抽牌为例,已知一张牌是方块,那它是红色的概率为100%;而已知一张牌是红色,那么它是方块的概率是50%——颠倒条件后,两者的概率怎么可能一样呢?这么做的后果是灾难性的,因为我们犯了一个逻辑错误:为了得到一个推论,先假设某个条件成立,然后再推导以检验假设条件。这就是后来大名鼎鼎的"假设检验",在第5、第6章我们会一见其尊容。

贝叶斯定理表明,我们可以将条件概率颠倒的唯一方法是引入额外的信息。而从数据中树立的信念,要求有一些关于我们的信念是正确的先验概率。反过来,这又意味着我们必须面对"先验问题"。但是我们知道,这个问题不是最重要的。其实使用贝叶斯定理,随着证据的积累,最初的猜测往往变得不那么重要,证据会"自己站出来说话"。

随着频率论方法的流行,一些贝叶斯学派的统计学家多次警告,忽视真相存在着极大的危险。然而,几十年来,他们的警告似乎完全被无视了。即使在今天,还有不少研究人员在使用频率论的方法从数据得到结论。这导致无数经济学、心理学、医学和物理学等领域的主张实际上都值得商榷。令人庆幸的是,形势正慢慢发生改变。贝叶斯方法的使用近年来呈井喷之势!

注　释

注1: 不充分推理原则

拉普拉斯从一位同事口中得知了贝叶斯的论文,于是开始努力攻克贝叶斯方法里的"先验问题",也就是如果我们面对待解决的问题时没有初始想法时该怎么设置先验概率,用我们现代的数学语言描述就是:如果一个事件F因为n个原因发生,那么在没有理由说明哪个原因特别有优势的时候,每一个先验概率都应该取$1/n$。这被称为"不充分推理原则"。

注2: 全概率公式

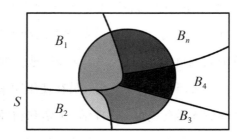

图3-26　全概率公式示意图

如果事件组B_1, B_2, $\cdots$, B_n满足

(1) B_1, $B_2\cdots$, B_n两两互斥,即$B_i \cap B_j = \emptyset$, $i \neq j$, i, j=1, 2, $\cdots n$,且$P(B_i)>0$, i=1, 2, $\cdots n$;

(2) $B_1 \cup B_2 \cup \cdots \cup B_n$=S,则称事件组$B_1$, B_2, $\cdots$, B_n是样本空间S的一个划分。

A为任一事件，则事件A就被事件AB_1，AB_2，$\cdots$，ABn分解成了n部分，即$A=AB_1+AB_2+\cdots+AB_n$，每一B_i发生都可能导致A发生，相应的概率是$P(A|Bi)$，由此全概率公式就是：

$$P(A)=P(AB_1)+P(AB_2)+\cdots+P(AB_n)$$
$$=P(A|B_1)P(B_1)+P(A|B_2)P(B_2)+\cdots+P(A|B_n)P(B_n)$$

注3：独立同分布

此时$P(X=x，Y=y)=P(X=x)P(Y=y)$随机变量互相独立，并且服从同一分布，那么就是独立同分布的。随机变量X和Y独立，是指X的取值不影响Y的取值，Y的取值也不影响X的取值。随机变量X和Y服从同一分布，是指X和Y具有相同的分布形状和相同的分布参数。同理可以推广到多个随机变量的独立同分布。

注4：意见收敛定理

意见收敛定理是指随着证据的不断增加，通过贝叶斯定理计算的后验概率越来越趋于一致，无论先验概率有多么大的区别。这表明，由贝叶斯方法得到的后验概率具有一定的客观性和公共性。

注5：抽样

抽样就是从要研究的全部样品中抽取一部分样品。同时要保证所抽取的样品对全部样品来说具有充分的代表性。抽样的目的是通过分析部分样品的性质来估计和推断全部样品的特性。

注6：效用

举个例子，同样一笔钱在人们心目中的价值是不同的，所以钱和钱的价值是不同的两个概念,随着个人收入的提高,钱在人们心中的价值变低,钱在人们心中的价值称为效用。如果用m表示收入,用U表示效用,则效用是收入的函数,即$U=U(m)$,这曲线被称为效用曲线。

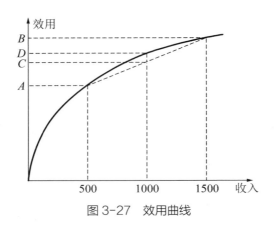

图 3-27　效用曲线

注7: 条件独立

条件独立是贝叶斯网络中最重要的概念(朴素贝叶斯是贝叶斯网的一个特例),因为利用条件独立可以化简联合概率分布。什么是联合概率呢? 简单来说就是一组事件同时发生时的概率。一般要得出联合概率分布就相当于穷举出每个随机变量取可取之值的所有情况,而这几乎是复杂到不可能完成的。

这里要说明随机变量间的条件独立,我们先来说说什么是统计学中的"事件独立"。如果两个不同事件A和B相互独立,则$P(AB)=P(A)P(B)$,当$P(B) > 0$时,由乘法公式$P(AB)=P(B)P(A|B)$,得到$P(A)=P(A|B)$。所以A和B相互独立意味着对于事件B是否发生的了解不影响对事件A发生的信念度。

然后我们推广出去,考虑三个不同事件A, B, C,假定$P(C) > 0$,如果成立$P(AB|C)=P(A|C)P(B|C)$,则称事件A与B在给定C时相互条件

独立。当 $P(B|C)>0$ 时, 由乘法公式 $P(AB|C)=P(A|BC)P(B|C)$, 可得 P $(A|C)=P(A|BC)$。$P(A|C)$ 是已知事件 C 发生时对事件 A 发生的信念度, 而 $P(A|BC)$ 是已知事件 B 和 C 都已经发生时对事件 A 发生的信念度。所以, 事件 A 与 B 在给定 C 时相互条件独立的直观意义就是: 在已知事件 C 发生的前提下, 对事件 B 是否发生的了解不会改变对事件 A 发生的信念度; 同样, 对事件 A 是否发生的了解也不影响对事件 B 发生的信念度。

同理, 我们可以继续推广到 "变量独立" 的概念, 就是针对随机变量的相互独立和条件独立, 原理与上文一致, 所以不做赘述。我们来看个例子加深理解。如果有一个装有两种硬币的口袋, 其中一些是均匀硬币, 掷出正面朝上的概率为 0.5, 另一些为非均匀硬币, 掷出正面朝上的概率为 0.8。现在从袋子中随机取出一个硬币, 抛掷若干次。令 X_i 表示第 i 次抛掷硬币的结果, Y 表示该硬币是否均匀。这里, X_i 与 $X_j(i \neq j)$ 之间不是相互独立的, 因为如果掷了 10 次硬币, 其中 9 次正面朝上, 那么有充足的理由相信这枚硬币是不均匀的, 从而增大了下一次掷出正面朝上的信念度。所以 X_i 的值给了我们关于这枚硬币的一些信息, 它有助于我们继续判断 X_j 的值。另一方面, 如果已经知道了 Y 的值, 例如该硬币是不均匀的, 那么不管前面结果如何, 以后每次掷硬币的结果为正面的概率都是 0.8, 我们将不能从前面的试验得到什么信息。所以给定 Y 的值后, X_i 与 X_j 之间就是相互条件独立的。这个例子里变量间的依赖关系如图 3-28, 变量 Y 切断了变量 X_i 和 X_j 之间的 "信息通道"。[22]

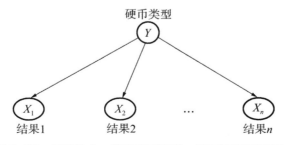

图 3-28　条件独立: 给定硬币类型, 各投掷结果相互独立

参 考 文 献

[1]DALE A I. Most Honourable Remembrance[M]. Berlin: Springer, 2003.

[2]孙建州.贝叶斯统计学派开山鼻祖：托马斯·贝叶斯小传[J].中国统计，2011(7):24-25.

[3]陈晓平.贝叶斯方法与科学合理性[M].北京：人民出版社,2010.

[4]陈希孺.数理统计学简史[M].长沙：湖南教育出版社,2002.

[5]斯迪格勒.统计探源[M].李金昌,译.杭州：浙江工商大学出版社,2014.

[6]唐尼.贝叶斯思维[M].许杨毅,译.北京：人民邮电出版社,2015.

[7]丰德,伊科尼科夫,贝尔生格,等. 解密世界的方程式[J].王佳,编译.新发现,2013(2):18.

[8]普雷斯.贝叶斯统计学：原理、模型及应用[M].廖文,译.北京：中国统计出版社,1992.

[9]季爱民. 概率即部分信念：拉姆齐主观主义概率观探讨[J]. 自然辩证法研究,2012,28(11): 8-13.

[10]季爱民. 菲尼蒂主观贝叶斯理论研究[J]. 统计与决策,2014(18): 4-8.

[11]韦来生,张伟平.贝叶斯分析[M].北京：中国科学技术大学出版社,2013.

[12]范金城,吴可法.统计推断导引[M].北京：科学出版社,2001.

[13]MCGRAYNE S B. The Theory That Would Not Die[M]. New Haven: Yale

University Press, 2011.

［14］马修斯.极简概率学［M］.潘丽君，译.广州：广东人民出版社，2017.

［15］SHELLARD G D. Actuaries in the Operations Research Group U.S. Navy, in the Proceedings of the Centenary Assembly of the Institute of Actuaries, Vol. III［C］. New Delhi: Springer, 1950.

［16］岩泽宏和.改变世界的134个概率统计故事［M］.戴华晶，译.长沙：湖南科学技术出版社，2016.

［17］ALLAIS, MAURICE. Le Comportement de L'Homme Rationnel Devant Le Risque：Critique des Postulates et Axiomes de L'EcoleAmerieane［J］. Econometrica, 1953, 21(4):503.

［18］ELLSBERG D. Risk，Ambiguity，and the Savage Axioms［J］.The Quarterly Journal of Economics，1961，75(4):643-669.

［19］季爱民.关于萨维奇统计决策理论的研究［J］.统计与决策，2013(23):4.

［20］兰茨.机器学习与R语言［M］.李洪成，许金炜，李舰，译.北京：机械工业出版社，2015.

［21］ZHANG H. The Optimality of Naive Bayes［R］. Miami Beach: International Flairs Conference, 2004.

［22］张连文，郭海鹏.贝叶斯网引论［M］.北京：科学出版社，2006.

第 4 章

数学王子高斯的误差分布

你，自然，是我的女神，我对你的规律的贡献
是有限的……

——高斯

∞

19世纪出现了人类历史上第一座工业城市：伦敦。英国的工业革命揭开了独具特色的近代史的序幕，经济通过不断的技术革命和社会转型实现迅速增长。渐渐成熟的自然科学影响了社会科学各领域的诞生或重构。但另一方面，英国及欧洲其他的新兴工业国家凭借强大的经济与军械实力，迫使世界上许多地区成为其殖民地，继而以强行入侵和倾销的方式威胁了许多文明古国，比如中国、印度、土耳其，给这些文明古国带来了巨大的灾难，从而让这些国家被迫走向"现代化"。在艺术领域里，欧洲受到了科学革命与工业革命的推动，19世纪后期摒弃了新古典主义和浪漫主义，开始朝写实主义发展。写实主义主要是透过表现现实生活的各种人物和情怀，揭示现实社会的种种不合理，后来又发展出最有名的印象派。

图4-1　高斯

　　19世纪初期出现了在现代统计分析中最重要的方法——最小二乘法。最小二乘法好比汽车，尽管它存在局限，偶尔发生事故，还伴随着污染，但这个方法以及由此产生的大量周边方法支撑起了统计分析这座大厦。用美国统计学家斯蒂格勒的话来说，"最小二乘法之于数理统计学，有如微积分之于数学"。这并非夸张之辞，但到底谁是统计学界的福特却一直有争议[1]。法国数学家勒让德在1805年公布了这一方法，美国人艾德里安在1808年年末发表了这一方法，本章的主角高斯则在1809年发表了这种方法。但是高斯出人意料地宣称他从1795年开始就一直在使用这种方法。高斯你不用急着蹚这浑水啊，你的正态分布曲线才是你最重要的发现！

　　在第2章中我们知道，天才数学家棣莫弗透过二项分布窥见了正态曲线。不过由于棣莫弗不是正牌的统计学家，他并没有进一步研究这个曲线，也没有从统计学的角度去引导别人思考这个发现。在当时，正态分布就像棣莫弗无意间所触碰到的那样，只是以二项分布的极限分布形式呈现在世人眼前，并没有和统计学以及误差分析的重要部分发生什么关系。所以正态分布最终没有被后人公认为是棣莫弗发现的分布。那高斯做了什么后续工作导致世人一致地把正态分布的发现归功于他呢？主要是高斯揭开了正态分布的庐山真面目，而这要从最小二乘法的发明一步步地说起。

4.1

最小二乘法的问世与它的主人勒让德

勒让德出生于法国巴黎,他在数学上贡献颇多,涉及的领域有椭圆积分、数论、初等几何和天体力学等等。勒让德家庭富裕,最初他可以全职从事科学研究,直到法国大革命的艰苦环境使他耗尽了家产,不得不以担任各种行政职务的小官为生。勒让德在马扎林大学接受教育直至1770年毕业。1775—1780年间,他在军校教授数学,这一时期勒让德出版的大地测量学著作相当重要,它被载入了托德亨特的《引力数学理论史和地球形状》。因此科学院委派勒让德进行重要的大地测量,比如1787年由格林尼治天文台和法国巴黎联合启动的一次工作。1791年,科学院再次提名勒让德和其他几人确定米的长度,以形成一个新的十进制测量系统的基础。然而,勒让德于1792年3月辞去了这个委员会的职务。1799年,拉普拉斯成为内政部长,勒让德接替他担任炮兵团学生的数学考官。在第三次反法同盟战争期间,年过半百的勒让德出版了他的《计算彗星轨道的新方法》一书,在书中他首次描述了最小二乘法的基

图 4-2　勒让德

本方法,他对最小二乘法的推导是完全属于代数的,没有统计的内容。总的来说,勒让德是一个杰出的数学家,而不是统计学家。1833年,勒让德于巴黎去世[2]。

从统计史上来说,最小二乘法问题的提出来自求解线性矛盾方程组。用现在的术语来说,线性矛盾方程组是源于线性模型参数的估值问题。至于线性模型本身,则是来自天文和测地领域的误差分析中的一系列问题。相较于测地学,天文学是首先出现许多关于测量的误差问题的学科,因为科学的起源就在这里。从开普勒时期的天文学革命至19世纪天文学,这里一直是数学应用最频繁的领域。到了18世纪末19世纪初,天文学迅速发展,在此过程中积累了大量的数据需要分析,应该如何来和数据中的观测误差打交道成为那个年代一个数学家要面对的重要问题。其中的一些数据分析问题可以描述于下:

有若干个我们想要估计其值的量θ_1,$\cdots$,θ_k,另有若干个可以测量的量$x_0,\cdots,x_k$。按理论,这些量之间应有线性关系

$$x_0 + x_1\theta_1 + \cdots + x_k\theta_k = 0 \qquad\qquad (1)$$

但是由于在实际工作中对x_0,$\cdots$,x_k的量测不可避免有误差,加上式(1)本来就只是数学上的近似而非严格成立,式(1)左边的表达式实际上不为0,其实际值与量测有关,可视为一种误差。现假设进行了n次观测,$n \geq k$,在第i次观测中,$x_0,\cdots$,x_k分别取值x_{0i},$\cdots$,x_{ki},按式(1),应有

$$x_{0i} + x_{1i}\theta_1 + \cdots + x_{ki}\theta_k = 0, \qquad i = 1,\cdots,n \qquad (2)$$

根据线性代数,我们知道,如果不多不少$n=k$,则由方程组(2)唯一地解出$\theta_1,\cdots,\theta_k$之值,可以取它们作为$\theta_1,\cdots,\theta_k$的估计值。但当$n > k$时该怎么办呢?如果式(2)严格成立,则只要从这几个方程中任挑出k个去解就行,但如上面所讲的原因,式(2)实际上并非严格成立。因此,取不同的k个方程可能解出不同的

结果。在实际问题中，n 总是大于甚至是远大于 k，这是为了多提供一点数据信息以便对未知参数 $\theta_1, \cdots, \theta_k$ 做出较精确的估计，这就是当时的天文和测地学家面临的数据分析问题。那应该如何操作？不同的数学家有不成系统的独到做法。

　　……

　　令人唏嘘的是，即使天才如欧拉和拉普拉斯这样的杰出数学家，也对解线性矛盾方程组这样一个貌似并非特别艰深的问题束手无策。个中缘由大概是，他们对数学的认识局限于求解那种一板一眼的纯数学问题，而并非像矛盾方程组这种在当时看来奇奇怪怪的问题。它的叙述方法和以往的数学问题不同，是一个新式的数据分析问题，需要一点新的想法。勒让德的成功在于他从一个新的角度来解决这个问题，他不像欧拉或是拉普拉斯那样致力于找出几个独立方程，其中最好的情况是方程的个数等于未知数的个数，然后再用现在本科生都熟悉的线性代数去求解，而是考虑误差在整体上的平衡分布，即不使误差大部分地集中在几个方程内，而是让它比较均匀地分布于各方程，这个考虑使他采取使

$$\sum_{i=1}^{n} (x_{0i} + x_{1i}\theta_1 + \cdots + x_{ki}\theta_k)^2 = \text{Minimum}$$

的原则去求解 $\theta_1, \cdots, \theta_k$。这段数学史也启发我们，历来数学观念上的突破、数学认识的革新、数学问题的解决是如何的不容易！但是一经点破，我们会感到事情是理当如此，我为什么会没有想到？但在没有发现以前，许多数学家大哲人努力了几十年也无功而返。[3]

4.2

众人探索误差分布

　　在17世纪以前，天文学家们一直对如何处理同一天文现象多次不同的观察结果感到困惑，人们一直用算术平均数的方法来解决这样的问题，多年来科学家们的数据处理经验告诉他们算术平均能够消减误差，提高一定的精度。为什么平均有那么好的功效，当时没有人做过理论上的证明。算术平均的优良性难题一直是天文学家最早关心的问题之一。天文学家可以算作是最早一代的数理统计学家，因为他们开始从数理统计的角度来考察这个问题：观测后得出的随机误差到底是遵循怎样的概率分布？另外这个概率分布和算术平均有怎样的关系？

　　在17世纪，当时的天文学家第谷、开普勒的思想中已经蕴含了误差测量的思想，但还没有提出建立随机变量误差测量的有效方法，1632年科学先驱伽利略在其著述《关于两个主要世界系统的对话》中第一次对误差进行了讨论。他当时的论述并没有涉及"随机变量"和"概率分布"这样的概念，而是使用了"观测误差"这个名称，但他所叙述的"观测误差"的性质表明它其实就是我们现在所熟知的随机误差分布。他说明了以下几点：

　　（1）所有观测值都可以有误差，其来源可归因于观测者、仪器工具以及观测条件。

　　（2）观测误差对称分布。

（3）小误差比大误差出现得更频繁。

也就是说误差来源于各种主客观观测条件，其概率密度函数关于原点对称，误差的概率密度值随误差值的减小而增大，这三个一般性的描述都很符合人们通常的认识。

于是许多天文学家、数学家和早期的统计学家开始投入寻找误差分布曲线的工作。辛普森率先得出的一个概率分布也叫三角分布，如图 4-3 所示：

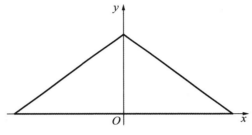

图 4-3　辛普森的误差分布曲线

辛普森的这个工作很简单粗陋但却是开了寻找误差分布曲线的先河。随后拉普拉斯也加入了寻觅的队列中。拉普拉斯求得的分布为

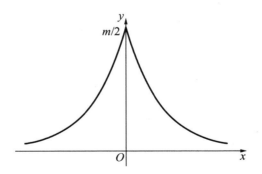

图 4-4　拉普拉斯的误差分布曲线

这个曲线以及下面的公式现在被称为拉普拉斯分布。

$$f(x) = \frac{m}{2} e^{-m|x|}, \qquad -\infty < x < \infty, \qquad m = \text{constant} > 0$$

拉普拉斯开始思考如何估计参数是从这个误差分布开始的。如前一章所述，拉普拉斯是一个贝叶斯主义者，后人惊讶地发现有些现代的贝叶斯方法和他当年的参数估计的原则非常相似[3]。

4.3
数学王子高斯登场

　　1777年4月30日这一天，被后世冠以"数学王子"称号的高斯登场了。高斯生长在布伦瑞克的一户普通家庭。在17世纪初，布伦瑞克还是德国的一个繁华的贸易中心，后来因为市民暴动和1618—1648年欧洲历时三十年的宗教战争而衰败。在高斯所诞生的18世纪，布伦瑞克和德国大多数城邦一样，经济状况远远落后于英国和法国，因为这两个国家正处于资本主义的蓬勃发展中。高斯幼年时的生活和别的孩子一样，就读于一所普通学校，但幸运的是他在10岁的时候和他的老师巴特尔斯(后来成了"非欧几何"创始人罗巴切夫斯基的老师)成为至交，一起学习数学。极为惜才的巴特尔斯为高斯介绍了布伦瑞克公爵，后者资助高斯完成大学学业，后来还帮助他出版《算术研究》，可以说在高斯陷入经济困难的时候，公爵总是不吝相助。这实际上体现了欧洲近代科学发展的一种主流模式，私人贵族的财力介

图4-5　高斯家乡布伦瑞克的高斯像

入推动了当时科学的发展。

有意思的是，高斯在学生时期对于古典文学也十分精通，一度难以抉择到底选择文科还是理科，直到他19岁时发现了正十七边形的尺规作图法才开始决定走数学研究的道路[2]。高斯性格内向，几乎没什么好友。他也是一个慢热的人，他总是考虑到自己某个理论想法还不够成熟就不予发表，为此他错过了许多登顶的机会。最著名的就是关于"非欧几何"的发现，他本来是早于罗巴切夫斯基的，但由于没有勇气面对数学界有可能的责难(一项新的数学发现往往伴随着保守派的猛烈攻击，这在数学史上屡见不鲜)，就一直藏着掖着。

但这一切得失都无法动摇高斯在数学史中公认的最高地位。数学家阿贝尔送给他"狐狸"的称号，虽然狐狸的形象并不好。为什么要这样说呢？因为他对高斯的评价是"他像狐狸一样，用其尾巴把其在沙滩上的踪迹清除掉"[4]。数学圈里有些大家甚至把高斯称为数学家中的佛陀，真的是对高斯顶礼膜拜。事实也确实如此，佛陀能顶天立地，而在数学家中既能仰望纯数学的星空，又能低头应用数学的人可不多见，高斯就是这为数不多的几位之一，他的大部分理论研究都基于他丰富的天文观察和土地测量的经验。

1801年元旦，这个新年的第一天很不平凡，意大利天文学家皮亚齐观测到一颗从未见过的小行星谷神星。但是因为这颗行星只能在日出前后短暂的时间里被观测到，所以留下的观测数据有限，难以分析出它的轨道，皮亚齐也因此无法预测这颗行星下一次会在哪里出现。这个问题迅速成了学术界关注的焦点。当年9月年仅24岁的高斯看到《地球和天体科学进展月报》上登出的皮亚齐的数据后极为感兴趣，他立即放下手头正在研究的月球理论，以其超越时代的数学才能在10月想出了解决之法，一个月后就计算出了行星的轨道，并预言它在天空中出现的时间和位置。在当时根本没有计算机辅助的条件下，预言天体的运行无论如何是件了不得的事。在这一年即将过去的最后一个晚上，一个天文学爱好者，德国人奥伯斯站了出来，在高斯所预测的那个时刻，用望远镜瞄准高斯所预测的那片天空。果然在大家的翘首企盼中，谷神星出现在夜空中。

　　高斯此举震惊了整个欧洲，但这一次他还是认为自己的方法还不够完美，所以不肯透露自己怎么分析谷神星的轨道的，直到8年后高斯系统地构建了整个相关的数学理论体系后，才将他的方法公之于众。这直接导致了科学史上又一次发明权之争，这或许就是高斯的性格决定命运吧，并没有孰是孰非。不管怎样，谷神星的发现使得高斯一算成名，这情形多少有点像10年后拜伦在其长诗《恰尔德·哈洛尔德游记》前两章所说的那样："美好拂晓，一觉醒来，我发现自己已名扬四海。"[5]

　　在这次解决谷神星问题的实战之后，数学王子高斯开始致力于完

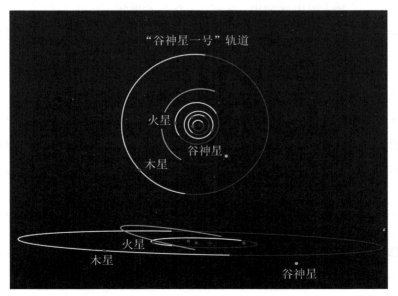

图4-6　谷神星以及木星和内行星的轨道。上图从上到下显示了谷神星的轨道。下图是侧视图，显示了谷神星轨道与黄道的倾角

善自己的误差理论。现在让我们看看高斯是如何总结并且推导出观测误差分布为正态分布的。首先设真值为θ, 而$x_1, \cdots, x_n$为n次独立测量值, 每次测量的误差为

$$e_i = x_i - \theta.$$

假设误差e_i的密度函数为$f(e_i)$, 则测量值的联合概率为n个误差的联合概率, 记为

$$L(\theta) = L(\theta; x_1, \cdots, x_n) = f(e_1) \cdots f(e_n) = f(x_1 - \theta) \cdots f(x_n - \theta)$$

但是高斯不采用早些的贝叶斯的推理方式——"后验密度 ∝ 似然函数 × 先验密度"的那套东西, 而是直接取使得$L(\theta)$达到最大值的$\hat{\theta} = \theta(x_1, \cdots, x_n)$作为$\theta$的估计值, 即

$$\hat{\theta} = \underset{\theta}{\operatorname{argmax}}\ L(\theta) \qquad (注1)$$

$L(\theta)$是样本的似然函数, 而值$\hat{\theta}$是极大似然估计。"似然"的表面意思是"看起来像", 极大似然估计也就是去估计那个使得观测结果有最大可能性在现实中出现的值, 也就是"看起来最像"。"极大似然"的思想真是了不得, 这其实是在说, 这个世界上出现的所有现象都是最有可能出现的现象。高斯是历史上第一个提出这一思想的数理统计学家, 这个思想后来被不断传承发展, 从费希尔一直到瓦普尼克。

高斯接下来的想法不是一般人能想到的, 他开始揣测自然女神的创世意图。这实属不易, 他反过来考虑了问题。既然几百年来大家都看到算术平均有其优良的特性, 那高斯测度女神创世时的原则就是:

"算术平均"就等于"由误差分布诱导出的极大似然估计值"

只要思想一经提出, 接下来就是数学上的事情了, 高斯立马去找误差密度函数$f(x)$以吻合这一点。即计算出概率分布函数$f(x)$, 使得极大似然估计值恰好等于算术平均值

$$\hat{\theta} = \overline{x}.$$

通过其高超的数学技巧(注2)高斯解出了这个函数, 并且顺带证

明了在所有的概率密度函数中，只有下面这个$f(x)$唯一满足上面那个性质

$$f(x) = \frac{1}{\sqrt{2\pi}\sigma}\exp(-\frac{x^2}{2\sigma^2}).$$

这样误差正态分布的密度函数$N(\mu, \sigma^2)$（上式中$\mu = 0$）被高斯以一种清晰精确的形式从大自然的纷繁复杂中挖掘出来了！

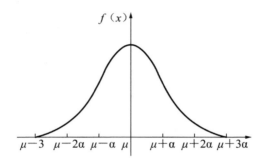

图 4-7　高斯正态分布的密度曲线

　　有了正态分布作为理论基础，高斯紧接着完善了最小二乘法，而最小二乘法成了当时甚至于现在统计学最重要的发明。我们大部分人都知道，科学史上有特斯拉和爱迪生关于电流发明之争，数学史上有莱布尼茨和牛顿关于微积分的争夺，而统计学史上的勒让德和高斯对于最小二乘法的发明权之争却不大有人知道。1805年勒让德向世人描述了最小二乘法，而高斯在1809年发表的天体力学名著《绕日天体运动的理论》里也讲到了最小二乘法理论，虽然落后勒让德四年但却是基于误差正态分布的，显然棋高一着。（注3）高斯在书中的三个伟大思想：极大似然的思想、误差的正态分布的思想以及最小二乘法的思想，使得今天的我们可以对误差之于测量的影响进行统计上的度量。虽然高斯的这项工作极大幅度地推进了数理统计学，但他本人当时并没有感到很稀奇，因为对高斯来说，他在数学上甚至物理学上的成就

已经多到几乎属数学家中之最了。德国1999年的10马克的钞票上仍画有高斯以及他发现的正态分布曲线,这足以表明他的发现在科学发展历程中的分量。

图4-8　德国1999年10马克纸币上展示的高斯画像和他发现的正态分布曲线

不过如果我们站在另一个阵营来看高斯,假使抛开其赫赫有名的正态分布的发现不说,关于最小二乘法的发现,他一直是声称自己在1795年就开始使用,甚至教授给自己的友人和门生,只是因为自己还不满意就不予发表,等他人发表了之后又说自己早就发现了,这令勒让德十分愤慨。口说无凭,按照论文发表的先后顺序,最小二乘法的发明权理应归于勒让德。而根据最近的统计史学研究结果可知,就算再怎么早,也很难说高斯的确在1795年就将最小二乘法当作"一种手段来使用"。既然如此,关于最小二乘法的争论,最公平的说法是发明权应该属于最初的发表者勒让德。

继续深入我们的问题,高斯的理论方法在逻辑上似乎有循环论证的味道。算术平均的合理性当时只是一个经验直觉,高斯的理论却暗示:因为算术平均是合理的,所以测量误差应该服从正态分布;同时又因为测量误差应该服从正态分布,从而可以推出算术平均的合理性以

及最小二乘法。这就好像坠入了一个逻辑怪圈。那么算术平均的合理
性在逻辑上到底有没有屹立不倒的来由呢？历史把这个问题抛给了
法国人拉普拉斯。

4.4
拉普拉斯的贡献

　　高斯的正态分布理论一经提出之后,拉普拉斯很快听闻了高斯的工作。拉普拉斯何许人也?之前大家也看到了他的多次出场,或许我们应该给大家先讲讲这位被泊松称为"法国的牛顿"的大科学家。

　　法国诺曼底地区的卡昂是一个历史悠久的城镇,它的科学和教育比较发达,在历史上有"北方的雅典"的美誉。在文艺复兴时期,卡昂就以盛产教育机构著称。到了18世纪,卡昂已有4个著名的研究团体,其中两个是法国皇家建立的。卡昂皇家科学院便是其中之一,其旁边还有一所由本笃会修士建立和领导的学校——耶稣会学校,它是一所成立于18世纪的教会学校。卡昂是一个人才辈出的地方,许多有名的诗人和科学家来自卡昂。可以说,卡昂是18世纪诺曼底地区所有城镇中人文气息最浓厚的。正是在这样一种浓郁的科学、文化氛围中,孕育和造就了科学史上的一代杰出大师——拉普拉斯。1749年3月23日,拉普拉斯出生于卡昂附近的博蒙昂诺日。很奇怪的是,拉普拉斯不愿提及他的童年,许多统计史学家也搞不明白,这位法国的数学大师应该是出生于"大有背景"的贵族家庭啊。无论如何有一点可以肯定的,那就是拉普拉斯从年幼开始就得到了一流的教育,在他6岁的时候就被送往了卡昂的本笃会学校。

　　1765年,拉普拉斯离开本笃会学校进入由耶稣会创办的卡昂艺术

学院。他和高斯很像，最初徘徊
于文理之间，然而在这所艺术学
院中遇到了两位数学教师吉伯德
和卡努后，他的数学突飞猛进。
有一个广为传诵的故事说：有一
天拉普拉斯偶然发现了老师的一
本高等数学书，他贪婪地将它读
完后，职业就被锁定了。大约 19
岁时，拉普拉斯带着卡努写给达
朗贝尔的推荐信，离开卡昂来到
巴黎一展身手。

图 4-9　拉普拉斯

　　在巴黎，几经周折后拉普拉斯用一篇关于力学原理的文章征服了
当时已经是法国科学院成员的达朗贝尔，他直接推荐拉普拉斯到军事
学院教书。从此拉普拉斯开始积极地投入到科学事业中，并取得了辉
煌的成就。拉普拉斯一生的成就主要是在天文学和数学中取得的，他
是"急于开拓新领域的自然科学家"，数学在他这里只是工具，但是他
对概率论情有独钟[6]。

　　在这个探索误差分布的故事末尾，拉普拉斯突然发觉，正态分布
既可以从棣莫弗抛硬币中作为极限分布产生，又被高斯巧妙地化作为
误差分布定律，这一切难道是偶然？作为概率论的大师，拉普拉斯为
了进一步发展高斯的工作，创立了他的中心极限定理，这一定理和高
斯的误差分布理论之间是有关联的，结合点就在"元误差"。他指出如
果误差是由许多"独立同分布"的微量误差叠加而成，即"元误差"之
和。那么根据中心极限定理，从另一个不同于高斯的角度可以证明误
差分布毫无疑问必定是正态分布。20 世纪中心极限定理在俄国彼得
堡数学学派的带领下得到了进一步发展，也给元误差解释提供了更多

的理论支持。有了这个解释作为起点，高斯循环论证的逻辑怪圈就可以打破。我们给出一个20世纪概率学家们的进一步研究结果，元误差不必具有相同的概率分布，当实验次数充分大后，它们求和的最终归宿仍然是正态分布。

这不禁令人神往，犹如万法归一，解释清楚了神秘的正态分布曲线的中心极限定理或许是概率论中最具有神圣光辉的核心定理。至此，误差分布曲线的寻找历程终于可以告一段落，正态分布在整个19世纪从最初的现世直至在统计学中超群绝伦，最终在当年傲视其他所有的概率分布。但其实在19世纪的前半程，以上的发展被认为只是误差论的范围，与统计学几乎不相干。当时普遍的观点认为误差论主要是对单个观测对象进行多次测量，而统计学是对一个群体中的不同个体的测量，两者在方法上有本质的不同。但当时有一位学者凯特勒注意到统计学中的数据也往往很接近高斯的误差正态分布，而主张误差论这套方法也可以用于统计数据并将两者统一了起来。

在这段被数学家们挖掘出来的正态分布历史中，棣莫弗、高斯、拉普拉斯都做了不同的工作，棣莫弗从掷骰子里初窥其真容，高斯把它变成了误差分布，拉普拉斯从原理上诠释它，大家异曲同工。正态分布被人们发现如此普遍和重要，使得欧洲各国都加入争抢它的冠名权的队伍中来。这个分布在当时的德国被称为高斯分布，而在当时的法国被称为拉普拉斯分布，其他欧洲国家的人称它为拉普拉斯-高斯分布。而随后下一章的主角统计学家皮尔逊建议大家叫它"正态分布"：

> "许多年以来我把拉普拉斯-高斯分布曲线称作正态分布曲线，虽然这一名称避开了一场关于发明权的国际争端，但缺点也明显是引导人们去相信所有的概率分布都是一个样子的，如果不是就不正常(不正态)了。"

4.5
社会物理学鼻祖——凯特勒

上文提到的凯特勒是第一个把概率论和统计学结合起来,又统一了误差论和统计学的统计学家。凯特勒1796年生于比利时根特市的一个小商人家庭,7岁时父亲去世,在1813年完成中学教育后,就不得不为谋生而到市里的一所中学担任数学教员。但当时凯特勒的兴趣在艺术而不在科学方面。他曾在一个画室当见习生,学习绘画和雕塑,还写过诗歌。1814年,他进入根特大学,在那里他受到数学老师加尼尔的影响,全身心地投入了数学的学习,1819年获博士学位。1820年,凯特勒被选为布鲁塞尔皇家科学艺术院成员,在此后一段时间,他在《新学术论文集》和《数学与物理学通讯》等杂志上发表了大量数学和物理学方面的论文,受到了学术界的注意。1823年他建议比利时政府设立天文台,为筹备天文台的工作被派往巴黎学习,结识了拉普拉斯、泊松、傅立叶等人。他跟傅立叶学习数学,跟拉普拉斯学习概率论。1829—1830年,还是为了

图 4-10 凯特勒

天文台的建立,凯特勒赴德国、法国、瑞士和意大利考察。在德国,他邂逅了著名数学家和天文学家高斯。当时高斯已经完成了划时代的正态分布理论,而拉普拉斯也已经紧跟高斯的脚步提出了他的中心极限定理,所以很有可能,凯特勒在此之上想更进一步。

凯特勒将他自己所从事的工作称为"社会物理学"。他的研究中最著名的就是"平均人"的概念。他认为"平均人"是人性的本质,美的典型。他说这种美是由肉体、道德品质等各因素的真正均衡所构成的。具备平均人各种特征的人,将显示世上所有的高贵、美丽和良善。具体地,他认为,例如在身高中,只有平均身高才是真值,脱离了它的值都是误差。"真值"的概念在当时虽然受到了批判,但他在统计学史上做出的最重要贡献,在于他首次发现了这些"误差"在各种各样的情况下服从正态分布,也首次发现了人类的身高几乎服从正态分布。因为身高取决于骨骼长度,而骨骼长度是健康、营养、基因等多重因素影响下的结果,所以可以预见其符合正态分布。他所分析的数据中有一项资料比较古老,是法国在勒令男性服兵役时收集到的10万人的身高数据。加以分析后,凯特勒发现这些数据的大部分都能很好地适用于正态分布。但是,157厘米前后的数据脱离了凯特勒所推测的分布。身高不足157厘米的人很多,但比157厘米只高一点的范围(157.0—159.7厘米)内的人数却很少。原来,身高不足157厘米的话是可以免兵役的,凯特勒对脱离了正态分布的数据进行了计算,发现大约有2000人在身高数据上做了手脚,借此躲过了兵役[7]。

凯特勒在国际上也备受瞩目,由于他的工作,世人认为正态分布无处不在,从人的身高、体重、智商,到工业产品的质量,以及物理学中气体分子的速度分量等等,他的工作据说还得到了马克思的肯定。

1834年，凯特勒成为英国皇家统计协会的创始成员之一。1853年他还主办了第一次国际统计会议。除此之外，凯特勒也参加了许多学会的创建和运营，为近代统计学的国际性推广发挥了极大的作用。

4.6
高尔顿提出"回归"概念

分类、聚类和预测是机器学习中的三个主题,而线性回归是当今机器学习中最基础的预测方法,其起源就是勒让德和高斯的最小二乘法。线性回归的数学原理就是利用最小二乘法作直线拟合,也就是从众多可能的直线中选出一条最优的拟合直线,在二维平面的情况下使得所有待拟合的数据点到这条直线的距离的平方和最小,用统计学术语来说就是最小化残差平方和:

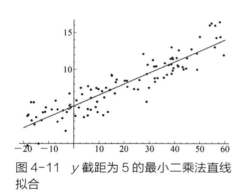

图 4-11 y 截距为 5 的最小二乘法直线拟合

$$\sum_{t=1}^{T}(y_t - \hat{y}_t)^2 = \sum_{t=1}^{T}(y_t - \hat{\alpha} - \hat{\beta}x_t)^2 = \text{Minimum}$$

(这里 y_t 为实际值即原始各点,$\hat{y}_t$ 为拟合值,也就是 $\hat{\alpha} + \hat{\beta}x_t$,找出拟合直线的方法是要使得两者之间差的平方和为最小)

这里或许有人会问,为什么要用误差的平方和作为最小呢? 其实我们可以看到,误差本身有正有负,求和之后会有抵消,而用平方可以保留

正号,那能不能用绝对值呢? 我们说也不是
不可以,这被称为最小一乘法,但是最
小二乘法的估计量有其优良的特性,
我们习惯上也一直使用最小二乘法。

　　说到"线性回归"的发展历程,历
史上最早开始使用"回归"这个词的是
一位生物统计学家——高尔顿,"回归"最
初是他在研究人类身高问题时发现的一

图 4-12　高尔顿

个生物学现象。高尔顿1822年2月16日出生在英国伯明翰,一家人都
是搞金融的,他的父亲也热衷于科学研究和统计调查。大名鼎鼎的进
化论创始人达尔文是高尔顿的表兄,也是他的共同研究者。高尔顿天
资聪颖,不到三岁就能读书写字,四岁学习拉丁文小成,小的时候他主
要靠家庭教育和在私塾读书。1835年高尔顿进入爱德华国王学校,在
那里住宿了两年,随后在伯明翰医院和伦敦英王学院学了两年医学。
1840年高尔顿进入剑桥三一学院,学习解剖学和植物学,并且花了很
多时间来学习数学,在这期间打下了深厚的数学基础。1843年高尔顿
大学毕业,但由于健康状况不好,于是他先到苏丹旅行,然后沿着多
瑙河一路探险,最后到达马耳他、埃及和非洲的一些人迹罕至的地方。
回国后,他开始静心从事研究工作。他所研究的问题和所写的论文,
涉及面十分广,包括地理学、遗传学、医学、心理学、气象学、生物统计
学、人体测量学和精神测定学等。他在人体测量学的研究中,发现了
指纹对于个人的识别极为有效,并对此进行了很多调查。他发表的《指
印》已成为这方面的经典书籍,这对罪案侦破等方面具有非常重要的
意义。他对遗传学和优生学尤其感兴趣,最喜欢去大自然里搜集各种
生物来研究。高尔顿最著名的是他对于豌豆遗传性能的探索,他擅长
应用各种统计方法来探讨各种遗传模型[8]。

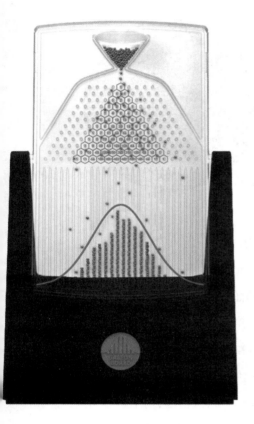

图 4-13　根据高尔顿"钉板实验"设计的高尔顿板

高尔顿很出名的是他的"钉板实验"。木板上钉了很多排距离相等的木钉子,这些钉子整体形成一个大的等边三角形。接下来我们把很多个小球从一个狭隘的入口处不断地投放进去,这些直径小于木钉子间距离的小球由于重力作用快速下降,会撞到木钉子,以一半对一半的概率滚向左边或是右边,然后撞到下一排木钉子时又是这样,一直继续下落,直到滚到底板。实验表明,只要小球足够多,它们在底板堆成的形状将近似于正态分布。因此,高尔顿钉板实验直观地验证了中心极限定理[9]。

1885年,高尔顿和他的学生,下一章的主角皮尔逊一起收集了一千多对夫妇和他们的一千多个成年子女的身高数据,并对数据进行了处理——自变量是每对父母的平均身高,总共一千多个数值,而因变量是每对父母的一个儿子的身高,总共也是一千多个,如果是女儿则把该女儿身高乘以1.08,全都折算成男子的数据来分析。通过作图,高尔顿惊讶地发现父母的身高和其后代的身高两者的函数关系接近于一条直线。高尔顿看到,父母的身高与其后代的身高有显著的关系:父母个子高的,其后代的平均身高也高；父母个子矮的，其后代的平均身高也矮。从而形成了父母与子女之间在身高方面的定量关系。他们将子女与父母身高的这种对应现象拟合成一种线性关系，通过最小二乘法分析出父母的身高x与其后代的身高y具体在数学上可定量为以下关系：

$$y=33.73 + 0.516x \qquad （单位为英寸）$$

根据换算公式1英寸=0.0254米，1米=39.37英寸。单位换算成米后得到：

$$Y=0.8567 + 0.516X \qquad （单位为米）。$$

这就可以根据父母的身高来预测子女的身高。假如父母的平均身高为1.75米，则根据以上公式可以预测子女的身高为1.76米。

这种趋势及线性方程表明父母身高每增加一个单位，其成年子女的身高平均增加0.516个单位。高尔顿将之称作"相关"。其实"相关"一词，最初是达尔文提出的。但是在高尔顿以前，对于如何测量两个有联系变量相关程度的研究是很不够的。在一篇论文《家属在身高体长方面的相似性》中，他又发展出"相关指数"，后被称为"高尔顿相关函数"。埃奇沃思1892年在《哲学杂志》上发表的文章，正式把高尔顿的"相关函数"更名为"相关系数"。相关系数一方面被用来体现变量之间相关关系的紧密程度，另一方面体现变量间相关方向，也就是正相关还是负相关，这一称号一直沿用至今。

有趣的是，高尔顿通过观察注意到，尽管两代人间的身高关系是一种拟合得比较好的线性关系——父母矮子女就矮，父母高子女就高，但仍然存在特殊情况：有时个子

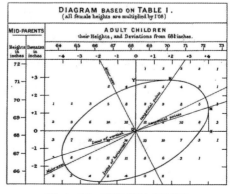

图 4-14　高尔顿的相关图

较矮的父母所生的后代比其父母要高一些,个子较高的父母所生后代的身高却回落到大多数人的平均身高。换句话说,人类随着不断地传承,其身高有返回到或称"回归"到平均值的趋势,这就是统计史上首次出现"回归"时的意义。高尔顿给这一现象起了个名字——"向平均值方向的回归"。比如套用上文的公式,当父母辈身高仅为1.5米时,其子女身高为1.63米;而当父母辈身高为2米时,其子女身高为1.89米。他对此进行了深入思考,发现实际情况只能如此,即使不进行这些观测,他也能预测到这个现象。他认为假如不存在均值回归现象,那么平均来说,高个子父亲的后代会和他们的父亲一样高甚至更高。而大自然如果没有一种强大的约束力,人类的身高就会产生两极分化,用不了许多代,人类中就会出现一些越来越高的人和越来越矮的人。当然这种情况并没有发生,人类的身高基本维持稳定。这里面的关键是依赖于模型的系数,不同系数的线性模型并不总是具有"向平均数方向的回归"关系,这一具体的生物学现象与用最小二乘法进行线性拟合的一般规则并不完全等同,但"线性回归"的术语却沿用了下来,是一种根据一个自变量预测另一个因变量的方法。在当今回归模型的研究中,如果有两个或两个以上的自变量,就称该模型为多元线性回归,比如有p个自变量的模型

$$Y = \beta_0 + \beta_1 x_1 + \beta_2 x_2 + \cdots \beta_p x_p + \varepsilon。$$

1889年,高尔顿的《自然遗传》一书问世,这标志着他的"相关"和"回归"理论基本完成,从而形成了自己的学派。在该书的序言中,高尔顿侃侃而谈:"某些人不喜欢统计学这个名词,但我却发现其中充满了乐趣。无论什么时候,统计学并不是难以接近的。它们是用较高级的方法审慎地处理事物,并详细地阐述。它们处理各种复杂现象的能力是非凡的。它们是追求科学的人从荆棘丛生的困难阻挡中,开辟出道路的最好的工具。"

4.7
计算机视觉里用于曲线
拟合的最小二乘法

　　关于最小二乘法，最后我们贯穿历史，能看见这一早年间用于计算行星轨迹的方法竟然在当今智能系统里也有应用(虽然智能系统中的计算机视觉领域现在已经逐步被深度学习占领，何为深度学习见第11章)。在天文地理和生物学的一番实践后，我们来看此法在当今计算机视觉中的应用。计算机视觉是人工智能学科的一个子学科，可以

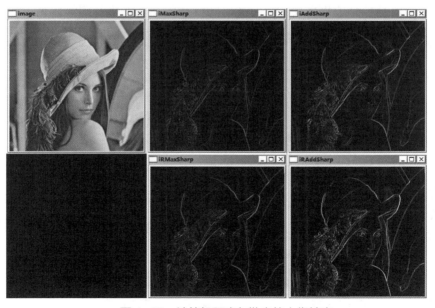

图 4-15　计算机程序勾勒出的人像轮廓

说是进入人工智能的一扇大门。我们知道计算机的屏幕是密密麻麻的所谓像素排列而成的点阵。像素的含义确切来说是指计算机屏幕离散显示的最小单元，因而有尺寸上的大小，不是数学意义上的"点"。像素通常是一个小矩形块，不同的矩形块被赋予不同的颜色。在一幅黑白图像中，如果从黑到白分为256个等级，全黑用0表示，全白用255表示，那么图像其实就是一幅以像素的数值为元素的矩阵。换句话说，计算机图像本质上就是一组数据。

我们知道，图像的边缘是信息最丰富的地方，漫画家只用寥寥数笔勾个轮廓，就可以把人十分传神地画出来。所以人类的视觉辨认对象的过程首要的一步就是把图像边缘从背景中剥离，单独识别出图像的轮廓。计算机视觉就是模拟人类的视觉系统。所以计算机视觉里的"边缘检测"方法是一类重要的图像处理操作，对旧图像进行边缘检测后得到的是边缘部分较亮的新图像。这些较亮的点(坐标)就是用来拟合出一条清晰的边缘曲线的数据点。一个图像可以理解为一个数据矩阵，但是拟合边界需要的是点集。边缘检测是帮助你从图像数据中抽取点的数据的一个步骤。计算机视觉里边缘检测后再用最小二乘法拟合曲线的方法有点像是让计算机看清世界，计算机自此被赋予了一定的视觉智能。但每种方法大多都有局限，最小二乘法只适合于误差较小的情况。假如根据一组异常值较多的数据建模，比如说只有50%的数据符合模型，最小二乘法就显得力不从心了。

这时计算机视觉领域里备有许多新式武器，比如1981年由菲施勒和博尔斯最先提出的RANSAC算法。RANSAC算法本质上和最小二乘法相差不远，不过是在最小二乘法的基础上筛选样本，去除某些远离的数据点对拟合的影响，这被称为稳健回归，是现代稳健统计的一部分。稳健性robust一词是英国现代统计学家博克斯提出的概念。稳健性意味着"强壮""健康"，不受离群值的影响。比如，我们会说，"样本平均数不稳健,但中位数稳健",这是因为当样本中混入极端大或极端小的值时,样本平均数会受到很大的影响,但中位数却几乎不受影响。

19世纪出现了一种坚定的哲学观念,这种观念被人们称为"按时钟前进的宇宙"。这显然是受18世纪大科学家牛顿机械唯物主义的直接影响。那时的科学家相信,他们可以用少量数学公式比如牛顿运动定律和波义耳气体定律描述"客观"现实,预测未来事件。这种预测只需要一组完整的公式和一组精度足够高的相关测量数据。作为牛顿最大的粉丝拉普拉斯曾写就一部权威著作,描述了如何根据地球上的少许观测数据预测行星和彗星的轨迹。据说,19世纪早期拿破仑

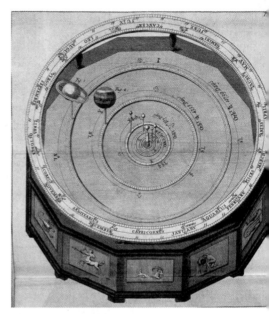

图 4-16　机械唯物主义下的天文馆模型

皇帝对拉普拉斯说:"拉普拉斯先生,为什么上帝没有出现在您的著述中?""我不需要上帝。"拉普拉斯傲慢地答道。

对于并不存在上帝,没有神圣力量推动,按照时钟永远运行下去,一切未来事件由过去所决定的观念,许多人感到恐惧。在某种程度上,19世纪的浪漫主义运动就是对这种冷酷精准推理的回应。不过,19世纪40年代,这种新兴的科学理念获得了一个证据,令普通民众惊讶不已。科学家用牛顿定律预测了海王星的存在,而且在预测的位置发现了这颗行星。几乎所有反对"时钟式"宇宙的声音都消失了,这种哲学观念成了大众文化不可分割的一部分。

不过,虽然拉普拉斯相信在数学公式不需要上帝介入,但他必定需要"误差函数"。天文学家在地球上观测到的行星和彗星的轨迹与

通过数学模型对它们位置的预测大多数时候并不完全重合，像前文所述的，拉普拉斯和高斯那辈人认为这一切都是因为"观测误差"。这种误差有时是由气候原因和天气条件引起的，有时是设备出差错引起的。科学家们把所有这些测量误差放在一个附加项——误差函数里。这种误差函数吸收了所有误差成分，让科学家们得到了预测天体真实位置的准确运动定律。人们相信，随着测量精度的提高，误差函数终会消失。有了用于解释观测值和预测值之间微小偏差的误差函数，人们相信一切事情的发生都是由宇宙初始条件和描述宇宙运动的数学公式事先决定的，如果有一个聪明无比的妖怪——"拉普拉斯妖"掌握了所有这些细节，那过去未来一切皆可知晓，于是决定论哲学主导了19世纪早期的科学。

到了19世纪末，这种误差不但没有消失，反而变大了。随着测量精度的提高，人们发现了越来越多的误差。时钟式前进的宇宙开始松动。人们试图在生命科学和社会科学领域发现精确定律的努力失败了[10]。在已经比较成熟的学科如物理学和化学中，人们发现，牛顿和拉普拉斯使用过的定律只是一种粗略的估计，此时的热力学到后来的量子力学和混沌理论都否定了拉普拉斯妖的存在性，科学逐渐开始使用一种新的模式，非决定论的而是统计模型。第一次统计学革命即将拉开序幕！

注　释

注1：

数学符号arg的含义：

$\arg \max f(x)$：当$f(x)$取最大值时，x的取值；

$\arg \min f(x)$：当$f(x)$取最小值时，x的取值。

注2：

高斯求解的起点：误差分布导出的极大似然估计=算术平均值。

设真值为θ，而x_1，$\cdots$，x_n为n次独立测量值，每次测量的误差为$e_i = x_i - \theta$，假设误差e_i的密度函数为$f(e_i)$，则测量值的联合概率为n个误差的联合概率，记为

$$L(\theta) = L(\theta; x_1, \cdots, x_n) = f(e_1) \cdots f(e_n) = f(x_1 - \theta) \cdots f(x_n - \theta) 。$$

为求极大似然估计，令

$$\frac{\mathrm{d} \lg L(\theta)}{\mathrm{d} \theta} = 0,$$

整理后可以得到$\displaystyle\sum_{i=1}^{n} f'(x_i - \theta) / f(x_i - \theta) = 0$。

令$g(x) = f'(x) / f(x)$，由上式可以得到

$$\sum_{i=1}^{n} g(x_i - \theta) = 0$$

由于高斯假设极大似然估计的解就是算术平均 $\bar{x}$，把解带入上式，可以得到

$$\sum_{i=1}^{n} g(x_i - \bar{x}) = 0 \qquad (1)$$

在上式中取 $n=2$，有 $g(x_1 - \bar{x}) + g(x_2 - \bar{x}) = 0$。

由于此时有 $x_1 - \bar{x} = -(x_2 - \bar{x})$，并且 x_1，x_2 是任意的，由此得到：

$$g(-x) = -g(x)$$

在式 (1) 中取 $n = m+1$，并且要求 $x_1 = \cdots = x_m = -x$，且 $x_{m+1} = mx$，则有 $\bar{x} = 0$，并且

$$\sum_{i=1}^{n} g(x_i - \bar{x}) = mg(-x) + g(mx)$$

所以得到 $g(mx) = mg(x)$。而满足上式的唯一的连续函数就是 $g(x) = cx$，从而进一步可以求解出

$$f(x) = Me^{cx^2}$$

由于 $f(x)$ 是概率分布函数，把 $f(x)$ 正规化一下就得到正态分布密度函数 $N(0, \sigma^2)$。

注3：

高斯把最小二乘法、正态分布和极大似然法联系了起来。具体见下：

为了确定 t 个不可直接测量的未知量 X_1，X_2，$\cdots$，X_t 的估计量 x_1，x_2，$\cdots$，x_t，可对与该 t 个未知量有函数关系的组合量 Y 进行 n 次测量，得测量数据 l_1，l_2，$\cdots$，l_n，并设有如下函数关系：

$$\begin{cases} Y_1 = f_1(X_1, X_2, \cdots, X_t) \\ Y_2 = f_2(X_1, X_2, \cdots, X_t) \\ \vdots \\ Y_n = f_n(X_1, X_2, \cdots, X_t)。 \end{cases}$$

若$n=t$,则可由上式直接求未知量。由于测量数据不可避免地包含着测量误差,所求得的结果x_1, x_2, $\cdots$, x_t也必定包含一定的误差。为提高所得结果的精度,适当增加测量次数n,以便减小随机误差的影响,因而一般取$n>t$。但此时不能直接由如上方程组解得x_1, x_2, $\cdots$, x_t。在这种情况下,怎样由测量数据l_1, l_2, $\cdots$, l_n获得最可信赖的结果x_1, x_2, $\cdots$, x_t呢?最小二乘法原理指出,最可信赖值应在使得残差平方和最小的条件下求得。请看下面的详细说明。

设直接测量Y_1, Y_2, $\cdots$, Y_n的估计量分别为y_1, y_2, $\cdots$, y_n,则有如下关系:

$$\begin{cases} y_1 = f_1(x_1, x_2, \cdots, x_t) \\ y_2 = f_2(x_1, x_2, \cdots, x_t) \\ \quad\quad\quad \vdots \\ y_n = f_n(x_1, x_2, \cdots, x_t) \end{cases}$$

而测量数据l_1, l_2, $\cdots$, l_n的残差应为

$$\begin{cases} v_1 = l_1 - f_1(x_1, x_2, \cdots, x_t) \\ v_2 = l_2 - f_2(x_1, x_2, \cdots, x_t) \\ \quad\quad\quad \vdots \\ v_n = l_n - f_n(x_1, x_2, \cdots, x_t) \end{cases}$$

此式被称为误差方程式,也可称为残差方程式。若数据l_1, l_2, $\cdots$, l_n的测量误差是无偏(即排除了测量的系统误差)、相互独立、且服从正态分布的,并设其标准差分别为σ_1, σ_2, $\cdots$, σ_n,则各测量结果l_1, l_2, $\cdots$, l_n出现于相应真值附近$d\delta_1$, $d\delta_2$, $\cdots$, $d\delta_n$区域内的概率分别为

$$P_1 = \frac{1}{\sigma_1\sqrt{2\pi}} e^{-\frac{\delta_1^2}{2\sigma_1^2}} d\delta_1$$

$$P_2 = \frac{1}{\sigma_2\sqrt{2\pi}} e^{-\frac{\delta_2^2}{2\sigma_2^2}} d\delta_2$$

$$\vdots$$

$$P_n = \frac{1}{\sigma_n\sqrt{2\pi}} e^{-\frac{\delta_n^2}{2\sigma_n^2}} d\delta_n$$

由概率的乘法定理可知，各测量数据同时出现在相应区域$d\delta_1$，$d\delta_2$，$\cdots$，$d\delta_n$的概率应为

$$P = P_1 P_2 \cdots P_n = \frac{1}{\sigma_1 \sigma_2 \cdots \sigma_n (\sqrt{2\pi})^n} e^{-\frac{1}{2}(\frac{\delta_1^2}{\sigma_1^2} + \frac{\delta_2^2}{\sigma_2^2} + \cdots + \frac{\delta_n^2}{\sigma_n^2})} d\delta_1 d\delta_2 \cdots d\delta_n。$$

根据极大似然原理，由于事实上测量值l_1，l_2，$\cdots$，l_n已经出现，因而有理由认为这n个测量值同时出现的概率p应为最大。根据上式不难看出，要使P最大，应满足

$$\frac{\delta_1^2}{\sigma_1^2} + \frac{\delta_2^2}{\sigma_2^2} + \cdots + \frac{\delta_n^2}{\sigma_n^2} = \text{Minimum}.$$

当然，由此给出的结果只是估计量，它们以最大的可能性接近真值而并非真值，因此上述条件应以残差的形式表示，即

$$\frac{v_1^2}{\sigma_1^2} + \frac{v_2^2}{\sigma_2^2} + \cdots + \frac{v_n^2}{\sigma_n^2} = \text{Minimum}.$$

在等精度测量即等比例的情况下，即

$$v_1^2 + v_2^2 + \cdots + v_n^2 = \sum_{i=1}^{n} v_i^2 = \text{Minimum},$$

此即建立在误差正态分布和极大似然之上的最小二乘法。至于最小二乘法的求解问题，则是利用求极值的方法将误差方程转化为有确定解的代数方程组，被称为最小二乘法估计的正规方程，然后解正规方程得出估计量，给出精度估计。另外，也可以使用多种数值方法比如梯度下降法[11]。

参 考 文 献

［1］斯蒂格勒.统计探源［M］.李金昌,译.杭州:浙江工商大学出版社,2014.

［2］CREPEL P, HEYCLE C C, FIENBER G S E et al. Statisticians of the Centuries［M］. Berlin: Springer, 2011.

［3］陈希孺.数理统计学小史［J］.数理统计与管理,1998,17(2):6.

［4］靳志辉.正态分布的前世今生(上)［EB/OL］.(2013-01-28)［2020-3-1］. https://cosx.org/2013/01/story-of-normal-distribution-1/.

［5］沈永欢.高斯数学王者科学巨人［M］.哈尔滨:哈尔滨工业大学出版社, 2015.

［6］王幼军.拉普拉斯概率理论的历史研究［M］.上海:上海交通大学出版社, 2007.

［7］岩泽宏和.改变世界的134个概率统计故事［M］.戴华晶,译.长沙:湖南 科学技术出版社,2016.

［8］龚鉴尧.世界统计名人传记［M］.北京:中国统计出版社,2000.

［9］张天蓉.趣谈概率［M］.北京:清华大学出版社,2018.

［10］萨尔斯伯格.女士品茶［M］.邱东,译.北京:中国统计出版社,2004.

［11］吴石林.误差分析与数据处理［M］.北京:清华大学出版社,2010.

第 5 章

统计学之父
皮尔逊

这个人没有决意过日子，

而是决定去认识，

这个人葬在哪里？

在这里——这里是他的归宿。

这里浓云密布，

电光闪闪，

星转斗移。

让欢乐驱除风暴，

让平和普降甘霖！

高超的设计必须通过相同的结局，

高尚地安息。

永别了——难道还有比人间更崇高的生与死。

——皮尔逊生前最爱的诗

∞

　　在皮尔逊生长的年代，正是历史上英国的最鼎盛年代，整个大英帝国处于维多利亚女王的治下。由于在全球殖民，它的疆域达到了35 500 000平方千米。经过工业革命，大英帝国的经济总量一下子占到全球经济的70%，贸易方面其出口总量更是遥遥领先当时的其他国家。在艺术领域，各种新兴流派涌现，这些新派画家不但扩大主题描绘自然和生活，也探索绘画的各种新式风格和技法。这一时期是英国艺术史上的黄金时期,百花齐放百家争鸣,大量风格迥异的优秀艺术作品层出不穷,现在回过头来看那正是在酝酿20世纪现代前卫艺术的时期。在英国所有的国王中,维多利亚享有很高的声誉,这只是因为她守住自己立宪君主的本分,不刻意去做什么轰动世界的政绩和事迹,简而言之是统而不治。这样的社会环境也为近代英国出统计学大师的传统做了铺垫。

这一时期,英国人首次运用统计学来对大量数据做研究,政府团体、私人公司和许多个人都热衷搜集数据,他们收集如贫困、疾病和自杀等各种社会现象的数据。但是他们处理数据的方法还很幼稚:

(1)制表,简单地将数据列在长长的表格中。

(2)制成饼状图。

(3)将数据整理成小的组块。例如处理大样本的数据时将数据整理成100组,利于计算百分比。

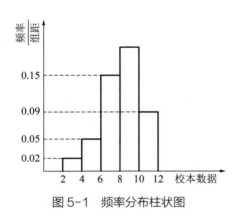

图5-1 频率分布柱状图

但是由于这些数据表格没有统一的标准,因此不同数据不具备可比性。另外,虽有"均值"的概念但当时还没有"方差"(注1),也就体现不出数据的复杂性。这时,被后人称为统计学之父的英国数学家皮尔逊发明了一种系统处理数据的方法:标准频率分布,也就是今天高中学生都熟悉的频率分布图。

这种方法为对不同数据做对比和汇总分析提供了可能。皮尔逊提出的数据处理方法以及他修改的统计方法构成了数理统计研究的基础。皮尔逊和埃奇沃思都是高尔顿的得意门生,师生三人在统计学中掀起了一场风暴,但风暴的主角是皮尔逊。之后统计学在他们的推动下一步一步达到了描述性统计的巅峰。让我们先从埃奇沃思说起。

5.1
埃奇沃思——一位喜欢文艺的理科男

1845 年 2 月 8 日，埃奇沃思出生在埃奇沃思镇，这是爱尔兰的一个小镇。埃奇沃思在长期且多变的职业生涯中对数理经济学和数理统计学做出了巨大的贡献。埃奇沃思的许多祖先曾经在文学领域非常杰出，他的姑妈玛丽娅是颇有名气的小说家，诗人贝多斯是他嫡亲的表兄，他的父母都学习和研究哲学，并且喜欢写诗。由于这样的家庭背景，埃奇沃思的注意力和兴趣自然而然地会被引入文学和哲学领域。1862 年，他进入了都柏林的三一学院，之后几年他专注于研读经典名著并取得了杰出成就，他在希腊语散文和诗歌创作比赛中获得了一等奖。在老师和同学眼里，埃奇沃思是天才型的学生，但在 1867 年他进入牛津大学后，却成了周围人眼里"因勤奋而成功的"学生，这使得他有点泄气。在发现自己注定无法在文学领域取得一流成就后，埃奇沃思调转方向去研究商业法。在 1877 年获准当律师之前，埃奇沃思又意识到律师这个职业并不适合他，因为这既不能满足他对知识的渴望，也不符合他想成为一名备受敬仰的学者的雄心壮志。

图 5-2　埃奇沃思

1877年,埃奇沃思得到了他的第一个学术职位,在贝德福德学院担任临时希腊语教师。在离开牛津大学后,他出人意料地自学了相当于当时大学课程的数学内容,并发表了一系列论文,尝试把数学应用于伦理学。1880年埃奇沃思来到伦敦国王学院担任逻辑学讲师。1881年初发表了使他第一次广受关注的论著《数理心理学:关于把数学应用于道德科学的论文》。这是埃奇沃思把伦理学里的数学方法(主要是概率论)扩展至经济学的一次勇敢尝试,得到了当时最著名的经济学家的高度评价。埃奇沃思的文章中充满了类比和隐喻,例如在一些论文中,他把正态分布曲线比喻成法国宪兵帽子的轮廓,一个有偏的密度分布则是"一边被风吹歪的帽子"。机会在他笔下是"概率的蜂群各处奔飞,忽此忽彼,从不会停在某个特定的地方"。他还用政治的术语来描述中心极限定理,"构成正常波动平均数的选民必然组成一个共和政体,但并不需要完全的民主"。埃奇沃思的文艺风格使得他的统计学书籍变得有趣而优雅。

一个更有意思的例子是关于蜂巢的。1884年9月4日,埃奇沃思收集了埃奇沃思镇一个蜂巢早上8点和正午时刻的进出流量数据。埃奇沃思亲自收集这些数据的动机是展现如何类推处理进出口数据。中午的流量比早上略低一点,他评论说:"如果在昆虫共和国也存在如同工业类的贸易理论家,我可以想象,一些贸易保护主义者雄蜂会根据最近的统计表来表达其关于9月4日12点贸易量的观点,并会得意扬扬地说,贸易量下降了2.5%。"1886至1889年,埃奇沃思的研究工作主要集中在统计指数方面[1]。

1891年,埃奇沃思开始担任牛津大学政治经济系德拉蒙德纪念讲座教授,之后被委以该校万灵学院研究员,一直到1922年退休,被聘为牛津大学名誉教授。1912年,埃奇沃思被选为英国皇家统计学会会长,连任14年之久。1926年他死于肺病,享年81岁,终身未婚。在八十多年寂寞的学术生涯中,他还同时担任过许多要职,诸如英国科学院院士,科学促进协会经济组组长等,许多美好的事业都等待着他去完成,或许这样的他不会感到太孤独吧[2]。埃奇沃思是一位把概率统计引入社会科学尤其是经济学的幕后英雄,他本人多是受凯特勒和高尔顿的影响,而后人如皮尔逊和费希尔的许多想法大多都能在埃奇沃思这里找寻到。在这方面,他的地位与他的一位祖先——法国大革命中的阿贝·埃奇沃思类似。阿贝·埃奇沃思(他祖父的堂兄弟)曾作为神父站在绞死路易十六的绞刑台上。弗朗西斯·埃奇沃思也同样见证了继往开来的统计学现代革命,但与阿贝不同的是,弗朗西斯在推动革命过程中的作用更为重要,他是描述统计学的创始人之一。

5.2
后正态分布初期使世人盲目

话说高斯发现的正态分布为 19 世纪的数学家、哲学家以及统计学家的科学研究提供了强有力的帮助。特别是上一章提到的凯特勒和高尔顿两位学者，他们认为世界上所有的数据都应该服从正态分布。凯特勒更是坚信所有的观察数据都符合且只能符合正态分布，他沉醉于这种偏执信念不能自拔，以至于后来人们把这种教条主义戏称为凯特勒谬误。凯特勒谬误显然是过分夸大了正态分布曲线的优越性。受凯特勒启发，高尔顿也深信正态分布是普遍存在的，他利用正态曲线研究生物现象和社会现象，为此他还发明改进了一种比例绘图器，这个器械可以在两个方向上延伸或者压缩任意分布曲线，这意味着任意形式的曲线经调整后都符合正态分布。这种对于正态分布的不可动摇的信任导致了古典生命统计学派和新兴的纯数学统计学派的分裂和冲突。20 世纪初有统计学家认为"唯正态"这一现象妨碍了学者们对统计学问题做深入的考虑。他们认为这一切都是高斯的错，因为高斯主张数据的体量不够，才使得在数据组中观察到的实际情况与正态分布出现偏差。现在看来，我们不能抹杀掉高斯的功绩，正态分布在 19 世纪的流行有其历史原因，在《数理统计学简史》中有这么一段话：

（1）确实有许多从实际中来的数据，可以很好地用正态分布去拟合，拉普拉斯和高斯的理论是这一现象的强有力的根据。

（2）在 19 世纪也还是有一些学者注意到一组数据的正态性并非一个想当然的事实，而需要通过某种方法去检验。比如科纳特在 1843 年提出通过比较数据组的均值与中位数去检验。凯特勒则引进了一种用正态分布去拟合数据的方法，通过对比各数据区间的观察频数与拟合频数，去判断拟合的效果如何。高尔顿虽然是正态分布的信奉者但也指出在某些情况下非正态的可能。1879 年他曾引进对数正态分布以刻画某些数据，但所提的检验方法以现在的眼光看都比较粗糙，且缺乏可信的概率分析。因此在多数情况下，使用这些方法去检验数据的正态性，结果要么是拟合比较好，要么是疑似比较好，起不了多大作用，甚至可能还夸大了正态的无所不在性。

到了 19 世纪后期，数据与正态分布拟合不佳的情况逐渐显露出来，因而一些统计学家面对现实、转变思路，开始一门心思研究这种所谓的"偏态分布问题"。这时，皮尔逊接过前辈的接力棒，被推到

图 5-3 皮尔逊

由描述统计学向推断统计学转变的历史聚光灯下，成为不曾想象过的承前启后的角色，打破了"唯正态"的观念，也和其弟子们一起成就了统计学在 20 世纪的一条主线。

卡尔·皮尔逊 1857 年 3 月 27 日出生于伦敦，父亲威廉·皮尔逊是一位智慧超群的王室法律顾问。在父亲潜移默化的影响下，卡尔从小就兴趣广泛。但他的体质却很差，在 9 岁前，卡尔和他的哥哥亚瑟都是

图 5-4　剑桥大学国王学院旧时庭院

在家里由家庭教师授课。9岁时他进入伦敦大学学院学习,然而16岁时却因病退学,接下来的一年里卡尔又在家由家庭教师上课。虽然卡尔不喜欢这种受教育的模式,但是有意思的是,受家庭教师的影响,他对应用数学和力学产生了浓厚的兴趣。卡尔的父母希望孩子们去剑桥念书,并且至少有一个孩子学习数学,因为他们认为数学是一门充满智慧的学科。亚瑟选择了他所喜欢的文学专业,所以学习数学的希望就落到了卡尔身上。

1875年卡尔取得了当时考入剑桥大学所有学生中排名第二的成绩,如愿获得了剑桥大学国王学院奖学金。4年后他顺利毕业,获得了数学学士学位。更令全家欣喜的是他在剑桥数学荣誉学位考试中拿得了第三名,要知道当时剑桥的这个考试在英国大学中甚至世界上都是最有威望的。凭借此成绩他得到了国王学院研究员的身份,经济上已然独立,衣食无忧,于是他尝试了很多事情。1879—1884年,正如牛顿当年发现微积分的历程一样,这是卡尔在寻觅可以为之奋斗终生

的事业之前不断积累、耐心酝酿
和勇于尝试的时期。在这段时间
里，卡尔大部分时间停留在德国，
他涉猎的领域极为广泛，曾跟随
昆克学习物理，跟随菲舍尔学习
形而上学和玄学，在柏林大学学
习古罗马的律法，还参加了对于
达尔文主义的演讲报告和辩论。
另外，他还对德国风俗学、德国
人文主义、文学、宗教改革史等

图 5-5　高尔顿和皮尔逊

社会科学问题兴趣盎然，并且发展成为一位热血澎湃的社会主义者。
现在饱受批评已经陨落的社会达尔文主义，就是卡尔最早创造出的名
词，是他把社会主义和达尔文主义融合在一起的，并把自己的名字Carl
改为了Karl，卡尔·马克思的Karl。这段青年时期的卡尔思想活跃，好
奇心强，但也迷茫，因为他在成长的过程中常常因为以为自己找到了
实际上却并没有找到真正想从事的事业而烦恼。1880年他在自己的
处女作《新维特》中向世人描述了他当时的心境和具体情况。好在他
没有虚度光阴，充分利用了这段时间按照自己的爱好读书学习，通过
和友人的通信邮件，对当时时事批判性的思考评论，在诗歌、散文、杂
文、随笔和讲演中展示了自己的才华。

　　在戴久永的《现代统计学的发展》一文中，说到当代统计学家沃
克在叙述卡尔小时候的一则轶事时，生动活泼地展示了他后来在事业
中所表现出的特色：

　　　　有人问卡尔他所记得最早的事，他说：“我不记得那时是
　　几岁，但是我记得是坐在高椅子上吸吮着大拇指，有人告诉
　　我最好停止吮它，不然被吮的大拇指会变小。我把两手的大

拇指并排看了很久,它们似乎是一样的,我对自己说:我看不
出被吸吮的大拇指比另一个小,我怀疑她是否在骗我。"

在这个简单却有趣的故事中,沃克指出"不盲信权威,要求实证,
对于自己关于观测数据的意义的解释深具信心,怀疑与他的判断不同
的人态度是否公平",这就是卡尔·皮尔逊一生所独具的人格特征。

在任伦敦大学学院的应用数学力学教授时,卡尔开始研究在后人
看来造就了统计史中一个时代转折点的"偏态问题",最初他的目的是
找一下分布,以适用那些非正态分布的实际数据。1892—1895年,他
全身心地投入到这项工作中,最终发表了《进化的数学理论》,在论文
中阐述了这类问题。要说把卡尔导向这一切的源头,还是来自当时的
一个偶然事件。

1892年,高尔顿和卡尔共同的好友,动物学家兼生物统
计学家威尔登测量了一些"那波里蟹"的体宽,得到一个双
峰分布,这不是以往的正态曲线,他觉得有些不同寻常,将其
发现告诉了卡尔·皮尔逊等人。卡尔还是回到正态的老路子
思考,认为可能是两个正态分布的混合,他企图用形如:

$$f(x) = c \frac{1}{\sqrt{2\pi}e_1} e^{-(x-a_1)^2/2e_1^2} + (1-c) \frac{1}{\sqrt{2\pi}e_2} e^{-(x-a_2)^2/2e_2^2}$$

的函数去拟合该组数据,这里要求5个未知参数,他使用自己
发明的"矩法"来解决这个问题,即计算实际数据的前5阶样
本矩,让它们等于用以上那个双峰分布的公式算出的对应阶
总体矩,从而用得到的方程组解出这5个参数,可是这涉及很
高阶很复杂的方程,在当时的条件下不易处理。值得注意的
是:这是卡尔第一次使用样本矩去估计分布的参数,这个方
法也被称为"矩估计",至今在数据分析中占有重要地位,是
皮尔逊对数理统计方法的主要贡献之一[3]。

我们都知道"矩"一词来源于物理学,是力与距离的乘积,用来描述旋转的趋势。在统计学里,矩(一阶)是平均的含义。求矩(一阶)的计算过程和求算术平均值类似。

$$a_i = \int_{-\infty}^{+\infty} y(x)x^i \mathrm{d}x \qquad (i=1, 2, 3, 4)$$

在此式中,卡尔将概率的分布类比为力的分布。一阶矩(i=1)$E(x)$计算的是加权平均(期望一般用于预测,加权平均用于已知)。他将均值比喻为一个杠杆平衡时支点的位置,当支点处于杠杆的重心位置时,它就平衡了。如果在杠杆上施加力,计算一阶矩就得到了力矩);二阶矩(i=2)的中心矩(即x减去中心$E(x)$)计算的是方差($\mathrm{Var}(x)=\int_{-\infty}^{+\infty} y(x)\left[x - E(x)\right]^2 \mathrm{d}x$);利用三阶矩($i$=3)的中心矩可以计算的是偏度,表示偏斜状况;利用四阶矩(i=4)的中心矩可以计算的是峰度,表示的是尖削或平坦。

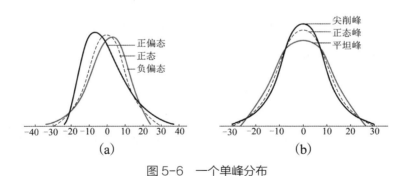

图 5-6 一个单峰分布

5.3

皮尔逊用矩法导出
皮尔逊曲线族

　　皮尔逊考察了许多生物学方面的数据,发现不少数据是显著偏倚的。在1894年,他在"关于不对称频率曲线的分解"中根据大量的数据特征,提出创立曲线族的两个条件:

　　(1)在峰顶处,即众值处切线的斜率为0。如坐标原点取在均值的位置,则当$x=d$时,$\mathrm{d}y/\mathrm{d}x=0$($d$是均值与众值之间的距离)。

　　(2)曲线两端或一端以横轴为渐近线,或与横轴相切。则当$y=0$时,$\mathrm{d}y/\mathrm{d}x=0$。根据上述条件,建立出下列的概率密度曲线的微分方程:

$$\frac{\mathrm{d}y}{\mathrm{d}x} = \frac{(x-d)y}{g(x)},$$

这里$g(x)$是可以按照泰勒公式展开成无穷级数的,但是为了简化问题,卡尔仅仅保留到二次项。即

$$\frac{\mathrm{d}y}{\mathrm{d}x} = \frac{(x-d)y}{b_0 + b_1 x + b_2 x^2}。$$

　　皮尔逊注意到参数d, b_0, b_1, b_2是密度函数前四阶矩的函数。因此,他再次使用矩法(关于矩法的可行性证明请见注2),提出用已知的样本矩去估计一至四阶矩,并且把它们代入到这些函数中去,可以解得参数d, b_0, b_1, b_2的估计值,然后解出这一微分方程$y(x)$,所得的所有$y(x)$

就构成了皮尔逊曲线族[4]。皮尔逊曲线族当时就被认为是包罗万象的曲线族,当$b_1=b_2=0$,$b_0=-1$,可得正态分布族;当$b_0=b_2=0$,$b_1=-1/\alpha$,$d=\beta/\alpha$,可得γ分布族。其他统计学中重要分布如我们熟知的指数分布,χ^2分布,t分布,甚至于后文第8章会介绍的帕累托分布等无不包罗其内。

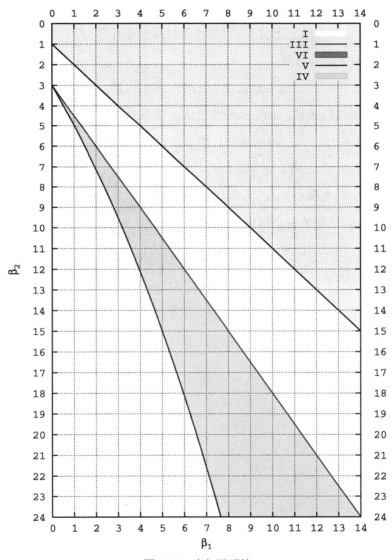

图 5-7　皮尔逊系统

　　不过有意思的是,在20世纪30年代末期,当皮尔逊逐渐走向他悠长岁月的尽头之际,一位初出茅庐的波兰年轻数学家,下一章会着重介绍的奈曼声称,皮尔逊的"偏态分布体系"并没有包含所有可能存在的分布,许多重要问题不能用皮尔逊的体系解决。后人针对各种日益发展的统计需求,引进了一些新的、不被皮尔逊偏斜分布族所囊括的分布,比如对数正态分布,可靠性统计里的韦布尔分布,处理极值数据问题的极值分布等。

　　今天我们回想这一段历史,更耐人寻味的是,矩估计一直到如今都具有很高的价值,而皮尔逊当时认为很重要的这族曲线,其作用倒显得有限得很。其一是因为在这个族中,除正态分布外,唯有β分布与γ分布(Ⅲ型)在应用上较多地作为分析数据的模型,β分布在18世纪已经被贝叶斯所揭示。其二,提出一个新类型的分布,还需要一些实际背景,不能单单从拟合数据的角度去考虑,因为统计学毕竟不是数学。只有那些有应用场景,形式比较简单可以用历史传承下来的统计方法去处理的模型,才能够被广泛使用[5]。

5.4
1900年诞生的χ^2统计量

故事还在继续,为了估计上面皮尔逊曲线族的拟合程度,即检验观测数据是否服从某分布,皮尔逊引入了一个重要的统计量——χ^2统计量。1900年,皮尔逊在一篇著名的论文中,提出一个准则:

$$\chi^2 = \sum_{i=1}^{n}\left[\frac{(f_i - F_i)^2}{F_i}\right]$$

这个准则是观测f_i和假设F_i之间一致性的度量,皮尔逊指出当样本数越来越大最后趋于无穷时,这个统计量肯定收敛于χ^2分布,他对此还给出了数学证明。χ^2准则定义了一个反映拟合程度的优劣指标,进一步就可以转化为假设检验的形式:

假设H: X_1, X_2, $\cdots$, X_n是从服从分布$F(x)$的总体中抽样而得的样本。检验方法是:指定阈值α,根据统计量的大小及其分布计算出判断显著性的概率P-value,当P-value$\leq\alpha$时,必须拒绝原假设H;当P-value$>\alpha$时,表示没有充足理由拒绝原假设H。假设检验主要就是来来回回地说:"小概率的事件是不太可能发生的",这在下一章中我们还要详细说明。

其意思显而易见:χ^2统计量的值是所有实际观察频数和理论期望频数差值的平方与理论期望频数之比的总和。如果χ^2统计量的值充分大,也就是P-value充分小,则肯定可以明确一点,即现在有充分而确切的证据说明了假设H中的理论分布$F(x)$与实际由观测样本$X_1, X_2, \cdots, X_n$得到的统计分布并不相同,从而应该否决所做的原假设H。[6]

这就是现代推断统计学的开始,统计方法中很重要的假设检验的开端。这一理论成为当今科学实验领域的常用检验方法。这无疑又是皮尔逊一生在统计学领域做出的最大贡献之一,为什么要说又呢?因为除此之外,他还提出或是发展了相关性、回归、极差、标准差、变异系数、积矩相关、多元统计、二列相关(注3)等诸多统计学领域的武器。客观来说,是高尔顿和他的两位徒弟,埃奇沃思和皮尔逊共同开创出了近代描述统计的新纪元。虽然在现代人看来埃奇沃思的锋芒被皮尔逊盖过,但其实当时两人旗鼓相当,只不过埃奇沃思不热衷于自我宣传,皮尔逊也承认埃奇沃思对他的第一篇论文有很大影响。但被誉为统计学之父的皮尔逊更胜一筹的是,他敲开了推断统计的大门。

5.5

1901年主成分分析
被引入统计学

　　主成分分析是由皮尔逊于1901年提出并引入生物学领域,再由霍特林于1933年加以发展并引入心理学的一种多元统计方法。20世纪30年代末40年代初,这方面大量的工作风起云涌,计算机技术的突破也促进了主成分分析的研究。在概率论建立的同时,主成分分析又单独出现。近年来,主成分分析的理论日趋成熟,在许多实际的工业过程中,尤其是化工过程中得到了广泛应用。

　　所谓主成分,就是在某个统计问题中对整组数据贡献率最高的少数几个成分,这里成分就是指"特征"或者说"属性",主成分分析旨在把它们从众多旧特征中抽调出来,当然很多情况下提取出来的新特征对人类而言并没有明显的含义。这项技术现在被用于机器学习的数据预处理,用于数据降维,处理完了就用新得到的主成分去建立多元线性回归。

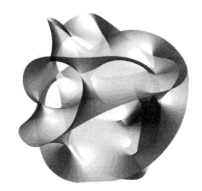

　　那皮尔逊怎么会和抽象的、看不见摸不着的高维度打交道呢? 我们生活的空间不是只有3维吗? 加上时间

图 5-8　从弦理论推导出的 6 维卡拉比-丘流形

也才四维。现代弦理论说空间是9维,霍金所认同的M理论则认为空间是10维。它们解释说人类所能感知的四维外的维度都被卷曲在很小的尺度内。但大家不要以为只有数学、物理学里面有高维空间,统计学里也可以有,而且更接地气,比如考察一个人的"身高、体重、胸围、坐高、血压、肺活量"这六维数据。当时人们在一个统计模型中需要同时考察分析的特征变量越来越多,这使得皮尔逊引入了高维数学。这种模式的引入也为数理统计学在19世纪末20世纪初成为专门的学科起了强大的推力作用。皮尔逊的高维数学是师从于西尔维斯特和凯莱,两者在19世纪中期研究了不变量理论,并从中发展出矩阵代数。

这里貌似要精通高维数学才能理解主成分分析,其实说得通俗点,主成分分析(PCA)就是在高维空间中选择能够保持数据中大多数方差的超平面,然后将数据投射到这些高维平面上,从而得到一个低维的数据空间。

主成分分析应用在机器学习中最著名的当数人脸识别,最早是在1991年由图克和蓬特兰将主成分分析引入此领域。

在人脸识别中人们总是遇到很大的数据量,打个比方,输入一幅300×300像素的黑白人脸图像,在把矩阵中数值按列首尾相连变成向量后,这个可表示原始图像的向量将达到90000维,这给分类器的数据处理带来极高的难度。

这时候计算机科学家发现人脸图像各像素点之间存在很强的相关性,很自然地想到可以用PCA算法来降维,可见其基本思想就是从人脸图像中提取出最能代表人脸特征的特征空间,去除一些不能代表人脸特征的属性以减少计算量,然后在识别过程中使用距离度量(请见第7章)来判断两张人脸图像是否是同一个人。当然这一领域现在已经逐步被深度学习占领(何为深度学习见后文第11章)。

注　释

注1:

方差的概念是后一章要介绍的费希尔最先提出的,公式如下。方差是用来衡量随机变量或一组数据之间的离散程度,

$$\sigma^2 = \frac{\Sigma(x_i - \bar{x})^2}{n}$$

注2:

1902年,皮尔逊在《生物计量》上发表了一篇文章,解释了他为什么使用矩法。《生物计量》是他自己创办的国际知名刊物。皮尔逊的论据如下:把曲线方程写成 $y = f(x, c_1, \cdots, c_p)(p \leqslant 4)$。假设函数 f 有 p 阶的导数,将 f 在 $x=0$ 的邻域内展开成为泰勒级数,有

$$y = T_0 + T_1 x + \cdots + T_p x^p + R$$

R 是余项,T_0, $\cdots$, T_p 都与 c_1, $\cdots$, c_p 有关,根据数据作出直方图,记为 $\tilde{y}(x)$,可以视为对 y 的估计。参数 c_1, $\cdots$, c_p 有 p 个,T_0, $\cdots$, T_p 有 p 个。假定这两者之间连续一一对应,则 T_0, $\cdots$, T_p 可自由变化,现考虑怎样选择 c_1, $\cdots$, c_p,即选择 T_0, $\cdots$, T_p,使表达式

$$H = \int_{-\infty}^{\infty} (y(x) - \tilde{y}(x))^2 \mathrm{d}x$$

最小,考虑 $\partial H / \partial T_i$,并设可交换符号,在积分号下求导,则决定 T_0, $\cdots$,

T_p的方程为

$$0 = \partial H / \partial T_i = \int_{-\infty}^{+\infty} (y(x) - \tilde{y}(x))(x^i + \partial R / \partial T_i)\mathrm{d}x$$

即

$$\int_{-\infty}^{+\infty} y(x)x^i\mathrm{d}x = \int_{-\infty}^{+\infty} \tilde{y}(x)x^i\mathrm{d}x - \int_{-\infty}^{+\infty} (y(x) - \tilde{y}(x))\partial R / \partial T_i\mathrm{d}x$$

上面公式的左边是分布曲线的i阶原点矩,右边第一项近似就是样本的i阶原点矩。$\tilde{y}$是y的估计值,从而右边第二项很小甚至可以忽略,所以我们推断得到:

分布的i阶原点矩"约等于"样本的i阶原点矩,$i=1$,$\cdots$,p。

这表明:选择参数值得近似地符合总体原点矩等于样本原点矩的原则,矩很好地浓缩了分布函数的信息。但从数学必须严谨的角度看,上述论证很多地方都有问题。但皮尔逊做得很漂亮的是:他在这里也用了最小二乘法则,即要使得H最小,这样就把矩法和最小二乘法联系了起来。

注3:

1891年,皮尔逊第一次提出"柱状图"一词。当时他在做一个关于统计图表的讲座。

1892年,皮尔逊的好友,生物统计学家威尔登在做海洋生物观测的时候第一次使用了"样本"一词,4年后卡尔第一次使用了"总体"一词,并于1903年将总体和样本联系在一起。总体是表示一个群体全部成员的术语,这些成员可以是猫或薄荷花,也可以是其他适宜的群体。总体代表了一个特定类型事物的全部可能的结果和成员,而样本只是从总体中抽取的有限的一部分。最典型的总体的例子就是中国每十年一次的人口普查所记录的所有人。

　　1892 年，皮尔逊在格雷沙姆举办的一次讲座中提出了"极差"的概念，这是考察波动最简单的方法。极差计算的是一组数中最大值和最小值的差，它可以很好地度量数据的离散情况。极差的优势在于它的计算极为简单，比如上海春夏季每月的最高气温数据（℃）：13，19，24，27，32，32。极差为 32-13=19℃。但是它没有充分利用所有数据，而且易受异常值的影响。

　　1893 年 1 月 31 日，皮尔逊再次来到格雷沙姆举办讲座，并提出"标准差"和"协方差"的概念。前者等于"方差"的平方根，是对数据波动的一种描述，综合体现每一个数据对于均值的偏离程度，很重要的是标准差和原始数据具有相同单位，这一点比之"方差"更加优越。"协方差"则表明的是两个随机变量之间的关系，如果两个随机变量的协方差是正值，说明它们是一起变化的；如果两个随机变量之间的协方差是负值，说明它们的变动趋势相反。皮尔逊把标准差与物理学中的惯性矩作类比，而协方差则和动力学的动力矩相对应。

　　1894 年，皮尔逊设计出变异系数。变异系数=标准差/平均值 × 100%。变异系数是一个相对的量，而标准差是一个绝对的量。一个量的绝对数值大小不仅影响均值，而且也影响标准差，但相对量则不受影响。应用皮尔逊的这一设计，不同组别的数据之间的相对波动大小就可以相互比较了。

　　1895 年，皮尔逊提出部分相关来进行特定变量的控制研究，它适用于多元相关分析，变量一般在 3 个以上。具体过程是：研究者在分析中去掉一部分无法通过实验确定的自变量，然后研究因变量与其他自变量的关系。这样就可以用数学方法排除一些未知变量的影响。基于多元相关分析，皮尔逊又开创了多元回归，多元回归与一元回归类似，可用于线性预测。

　　1896 年，依据自己的矩法，皮尔逊推导了相关系数计算公式，他当

时称它为"最优积矩相关"。公式为：$r=$协方差$/[(x$的标准差$)\times(y$的标准差$)]$。$|r|\leq 1$，$|r|=1$的充要条件是，(x,y)以概率1分布在一条直线L上。他提醒自己的学生相关性不能直接解读为因果关系，事实上，在互不相干的其实根本没有因果关系的两个变量之间也可以计算相关系数，因为两个变量间可能同时受潜在变量的影响。例如，学生的大学成绩越高，则他们的工资越高，两者并非因果关系，而可能由于某个潜变量决定，比如成绩好的学生工作可能更努力。

从1899年起，皮尔逊开始研究离散变量的统计量问题。他在观察人眼的颜色、马和狗的毛色等问题时发现，这些量都不是连续变量。它们都是不可测量的，我们只能进行简单的分类。颜色并不像身高、体重和时间那样可以测量。皮尔逊将这种变量称作类型变量，比如褐色、黄色、蓝色、红色。还有一种可以排序的量，皮尔逊称其为顺序变量。

1900年，皮尔逊提出了四项相关，采用2×2的表格。相关系数记为r_t，他还提出了phi系数。其中phi相关系数是用于计算离散变量的。这两种相关系数都是用来反映两个二分变量间的关系，比如"对""错"两类，或是"患者""正常"两类。

1900年，皮尔逊提出χ^2拟合优度检验，即χ^2分布。皮尔逊的工作动机是为生物学家和经济学家找到一个不对称曲线拟合的方法。同年和自己的学生李完成了χ^2分布表。

1901年，皮尔逊利用高维数学的矩阵工具提出主成分分析。

1905年，皮尔逊提出相关率来测量曲线关系。

1909年，皮尔逊提出二列相关。它与积矩相关有相似之处，后者针对两个连续变量，而它只有一个连续变量，另一个是人为二分化的，比如考试中的通过和失败。

1920年，皮尔逊的得意门生约尔提出了时间序列分析。时间序列就是按照时间顺序排列的一组数据序列。时间序列分析就是发现这组数据的变动规律并将之用于预测的统计技术。

1922 年，卡尔·皮尔逊和他的儿子艾贡·皮尔逊提出多分格相关。它与四项相关类似，但这里变量可以有三个或更多取值，采用 $n \times n$ 的表格[7]。

参 考 文 献

[1]斯蒂格勒.统计探源[M].李金昌,译.杭州:浙江工商大学出版社,2014.

[2]龚鉴尧.世界统计名人传记[M].北京:中国统计出版社,2000年.

[3]PEARSON K. On the Dissection of Asymmetrical Frequency Curves[D].
London: the Royal Society, 1894.

[4]章志敏.卡尔·皮尔逊与生物统计学[J].数理统计与管理,1992,11(3):3.

[5]陈希孺.数理统计学小史[J].数理统计与管理,1998,17(2):6.

[6]张红艳.现代统计学发展的一条主线[D].石家庄:河北师范大学,2007.

[7]玛格内利奥.统计学[M].唐海龙,译.北京:当代中国出版社,2014.

第 6 章

第一次统计学革命

　　　　　费希尔是使统计学成为一门有坚实理论基础
并获得广泛应用的主要统计学家之一。

　　　　　　　　　　　　　　——《中国大百科全书》数学卷

∞

　　20世纪初，世界风云变幻。先是当时名不见经传的爱因斯坦在他的"1905奇迹年"发表的五篇物理学论文叩开了现代科学之门。然后由"哥本哈根学派"诠释的量子力学将人类对世界确定性本质的幻想无情地打倒在地。第4章提出的"按时钟前进的宇宙"的世界观也就受到巨大的冲击。这源于人类对电子及其他粒子的观察，它们的表现令人不解，且明显矛盾。这些观察累积起来形成的不确定性就隐藏在物理观察最深刻的观点中。这一观点有违我们熟悉的见解，即只要有足够精确的测量仪器，我们就能测得"真正"的数值。放射性衰变及亚原子转变成其他粒子就是例子。我们无法预测衰变的时间，并非因为我们不知道初始条件或者粒子的性质，只是因为衰变本身是无法预测的。你能做的就是计算出粒子在某个特定时间发生衰变的概率。

　　著名的"海森伯不确定原理"也强调了这种固有的不确定性：对于微观物质某些成对属性，我们无法同时掌握这两种属性的实际精确度。如粒子的位置和动量，我们越是确定粒子的位置，就越难把握它的动量，反之亦然。关键是这种局限性与测量行为和测量仪器无关，它是自然界的一种基本属性。为了研究这样的属性，科学家开始用概

率分布或者概率"云"来描述电子等粒子，由此产生了一种关于宇宙本质的概率观。

图 6-1　德国海森伯百年纪念邮票，上面有不确定性关系图

但是从预定论的经典物理思想到由随机性主导的量子物理思想的转变其实是渐变的，而不是突然的过程，那是因为概率论和统计学从 19 世纪起就通过热力学和对布朗运动的研究逐渐被科学家们所习惯。第一次真正把量子思想带入物理学的不是别人，正是爱因斯坦。之后玻尔顺着爱因斯坦的工作，提出"原子能级跃迁"，彻底把"掷骰子式法则"带入了物理学的丛林深处。而与此同时由皮尔逊和费希尔在争论中领衔的第一次统计学革命也已经悄悄渗入了科学的各个领域。

这一世纪初，人类意识从呆板的机械世界观中逐渐清醒过来，这里头概率和统计思维功不可没。随着爱因斯坦打开了潘多拉的魔盒，艺术领域的思路也随之打开了，开始出现各种奇形怪状的流派。最著名的是追随爱因斯坦四维时空理论的立体主义画家毕加索，他试图用高维的视角看这个世界上的事物。其他还有比如野兽派的马蒂斯，表现主义的蒙克，以及抽象主义的康定斯基等等。

另一方面，科学研究自培根起就高度地依赖实验，在实验中大有用武之地的数理统计学也就顺理成章地成为验证现代科学的必不可少的手段。从文艺复兴以来人们就发现所有的实验都有误差，而探索科学实验中的误差的分布理论已经由高斯那代人基本完善，现在万事俱备只欠东风，只需要一点点观念上的革新。

在皮尔逊之前，科学研究都讲究眼见为实，研究对象都是看得见摸

得着的。开普勒试图研究在太空中运行的恒星和行星；哈维通过实验试图研究动物静脉和动脉中血液的流动方式；化学家们则研究各种化学元素和具体的化学物质。不过，所谓的恒星和行星在开普勒那儿实际上只是一堆数据，而他追求的是隐藏在数据背后的行星运动遵循的数学公式，用来给地球上的观测者根据天空中的星体定位。血液在一只猫的静脉中的准确流动路径与另一只猫不同。没有人能制造出纯粹的铁单质，尽管人们知道铁是一种元素[1]。皮尔逊转而想到，这些可以观察到的现象或许只是一些随机的来自"客观"的映像，概率分布才是"客观"本身。误差并不是观测仪器的精度不够、观测者的失误或者实验环境的复杂性所致，而是观测值所固有的。科学研究的真正对象不是我们可以看得见摸得着的所谓物质实体，而是一种用来描述我们观测到的关于物质实体的随机性的数学对象，是某种信息而不是真实的东西（之后测量值的概率分布进一步地被图6-2的那位白胡子老爷爷看作只是某种所谓的"模型"）。

如此具有革命性的创想的提出为皮尔逊带来了荣耀和争议，还有就是一位更伟大的对手——白胡子、高度近视、抽着烟斗、衣衫褴褛、一个古怪的人、一个善良的人、一个好好先生、一位心不在焉的教授——天才费希尔。费希尔热衷于教实验者如何设计实验。随机、方差分析、零假设、极大似然估计理论——所有这些都是今天每个科学家所使用的标准工具，虽然有些想法颇受争议，但我们都很钦佩他，他几乎一手创建了现代推断统计学[2]。

费希尔1890年2月17日出生于伦敦，他幼年时期体弱多病，孤苦伶仃，他母亲在他14岁的时候就因为急性腹膜炎去世，也许只有他在六七岁时就喜欢上的数学和天文学能在母亲去世后给他些许慰藉。也是在1904年夏天，费希尔进入了英国著名的哈罗公学。这是一所选拔极为严格的私立中学，他在这里表现出了惊人的数学才华，1906年在向全校开放的数学征文比赛中赢得了尼尔德奖章。1909年费希尔在

图6-2 费希尔

被授予80英镑奖学金后进入剑桥大学学习数学和物理,1912年他获得了受人尊敬的"牧人"头衔。在剑桥大学,学生只有通过一系列极高难度的口头和书面数学考试才能成为"牧人",每年能得到此头衔的尖子生不过一两个,有些年甚至空缺。费希尔在本科时期就发表了论文,用高维几何来解释复杂的迭代公式。可是1913年毕业后,他工作上并不是很顺利,曾经做过私立中学的教师,开办过小农场,到1919年已经没有了工作。1919年皮尔逊曾经打算给他在统计实验室安排一个博士后的职位,但是"只能讲授与发表皮尔逊本人同意的东西"。费希尔拒绝了这一"阉割性"的条件,转而接受了拉塞尔爵士的邀请去洛桑农业实验站做统计工作。正是在这里,费希尔开创了统计学的新时代。费希尔最大的贡献是变换了数据分析的视角。他不再试图从完整的群体数据中获得结论,而是把少量数据当作从一个理想群体抽样,然后用概率的方式"猜测"这个抽样告诉我们什么样的群体信息。用样本来推测群体的信息,这被称为"统计推断"。

然而这只是他辉煌人生的一半,他也奠定了我们现代遗传学的基础。他被称为自达尔文以来最伟大的生物学家。他的《自然选择的遗传理论》被赞为自《物种起源》以来在进化方面最具有深度的书。他是进化论三巨头之一——另两人是莱特和霍尔丹——他们为进化论奠定了数学基础[2]。1933年费希尔任伦敦大学优生学高尔顿讲座教授,1943—1957年任剑桥大学遗传学巴尔福尔讲座教授,1956年后任剑桥冈维尔-科尼斯学院院长。1959年他退休后去了澳大利亚,于阿德莱德过世[3]。

6.1
费希尔与皮尔逊令人唏嘘的争论

　　说来费希尔与皮尔逊的不同禀性以及因对统计学持不同看法而起的争论至今仍令人唏嘘。费希尔认为，统计模型的提出不能被数学思维限制，要考虑到实际问题的背景和应用场景。追溯起来，这一想法与费希尔早年经历或许有关。他的眼睛曾受过极为严重的视力损伤，所以现在留存下来的费希尔的照片里他都戴着深度近视眼镜。为了保护视力，当时医生不允许他在电灯下阅读。由于不允许使用人工灯光，他的数学导师在晚上教他时，不用铅笔、纸张和任何其他视觉辅助品。久而久之，培养了费希尔一种很强的几何直觉，他能跳过数学题的中间推理过程而直接得出正确的结论。这与擅长逻辑思考的皮尔逊实在是有太大的差异，可以说两人用脑习惯明显不同。

　　思维习惯上的分歧以及哲学观上的分歧使得费希尔与皮尔逊研究统计分布的方法也有明显的差异。在哲学观上，皮尔逊把概率分布视为对他所分析数据的集合的"真实"描述。而按照费希尔的观点，真实分布不可得，搜集的数据只能用来估计这个真实分布的参数。所有的估计都有误差，费希尔提出来的一些分析手段，可以把这种误差的程度降到最低，或者总是可以得出比其他任何手段都更接近真实分布的答案。在 20 世纪 30 年代，很明显费希尔在这场辩论中获胜，但到了 20 世纪 70 年代，皮尔逊学派的观点则悄然地余烬复起。现今的统计学界

图6-3 剑桥大学冈维尔与凯斯学院宴会厅里的染色玻璃窗,下方的白色文字则是为了纪念罗纳德·费希尔

在这个问题上已经分成两个阵营,尽管皮尔逊几乎不接受他的天才继承者的观点,费希尔用他条理清晰的数学头脑厘清了残存在皮尔逊观点中的大量混淆,正是这些混淆使得他没有意识到自己观点的深层本质,因此,后来东山再起的皮尔逊方法已经无法回避费希尔的理论成果。

总的看来两人对于统计分布的观点有那么点相似,可实则大相径庭。皮尔逊把测量值的分布视为真理般的信息,即一个"终极真理"的分布。在他的方法里,对于一个给定的情况,有一个巨大然而却是有限的观测值的集合。在这种情况下,科学家会尽力采集所有这些观测值,并确定其分布参数。如果无法采集到全部的观测值,那么就采集一个很大的但具有代表性的数据子集。由这些体量很大的且具代表性的数据子集计算出来的参数会和整个集合的参数相同。此外,那些用来计算完备集合参数值的数学方法也适用于有代表性的子集的参数估计,而不会有严重的误差。

但依照费希尔的观点,通过测量我们只能得到关于这个世界的"模型"的分布,我们不可能得到"终极真理"的分布。这一观点和现代物理学大师霍金的

"依赖模型的实在论"不谋而合,感兴趣的读者可以参考霍金的《大设计》。费希尔认为,我们现在得到的观测值是从所有可能出现的观测值中随机选出来的,拿随机选出来的数值去估计的这个参数值,其自身也有随机的性质,因此,估计值也会服从一种概率分布。为了能清楚地区分参数的估计值与参数本身这两个不同的概念,费希尔把这个估计值称为"统计量",不过现代术语往往称其为"估计量"。假设我们有两种不同的方法可以得到一个统计量以估计某个特定的参数,例如老师想了解一个学生对知识掌握到什么程度(参数),就在全班进行了几次测验(测量),并且计算出测验的平均分(统计量)。那么,究竟是用中位数作统计量"更准确"呢,或是取这几次测验中的最高分与最低分的平均值"更准确"呢,还是去掉最高分与最低分然后把其余的测验成绩取平均值"更准确"?

既然统计量是随机的,那么讨论这个统计量的某个值的准确性到底有多大是毫无意义的。我们需要的是一个判别的准则,这个准则以统计量的概率分布为依据,就像皮尔逊所指出的那样,对一组测量进行估计,必须根据它们的概率分布,而不是根据个别观测值。评判哪一个是好的统计量,费希尔提出了如下三个准则:

一致性,得到的数据越多,计算出来的统计量接近参数真值的概率就越大;

无偏性,如果用很多组不同数据集多次测量某一特定的统计量,那么该统计量的这些测量值的平均数应该近似于这个参数的真值;

有效性,统计量的值不会完全等于该参数的真值,但是用来估计一个参数的大多数统计量应该与真值相去不远。

所以说关于这个世界的真理只能通过模型去无限逼近,虽然这些阐述似乎有点模糊,但没关系,大意如此。实际上,费希尔的这些准则都可以用恰当的数学式来表达。费希尔之后的统计学家又提出了其他的准则,费希尔自己也在后来的论文中提出了一些次要准则。剔除所有这些准则中的混乱不清的东西之后,剩下的最重要的元素就是,应该把统计量本身视为随机的,而好的统计量一定有好的概率特性。对于某一特定数据集,我们永远不知道一个统计量的值是否正确,只能说我们用一种方法得出来一个符合这些准则的统计量[1]。

6.2
论战的调停者
——"student"戈塞特

费希尔与皮尔逊两人的不和不仅在于哲学观点的不同和性格相左,还因为皮尔逊屡次抱怨看不懂费希尔的文章,遂将其论文搁置。这当然是因为费希尔的数学能力超越同时代的统计学家太远,不但皮尔逊看不懂,他周围的同事也都看不明白,有时候费希尔论文中的"显然"需要他人埋头研究两个小时才能理解。费希尔又总是给皮尔逊最引以为豪的成果挑刺,这就生出了各种事端。皮尔逊曾由于不理解费希尔的Z变换一文中的数学原理,用当时的计算器械进行大量的运算,最后得出一份庞大的数表,才将费希尔的论文作为他自己这份数表的附件登载在由他自己创刊的《生物计量》杂志上。类似的事情还有许多,最终导致了两人的决裂。皮尔逊甚至拒绝在《生物计量》上刊登任何费希尔的论文。就这样,费希尔逐渐失去了当时统计学界最高权威的扶持。可是塞翁失马焉知非福,这之后,费希尔靠自己不懈的努力逐步成为统计学界新的最高权威。

在这段硝烟不断的统计学史上,有一位性格温和谦逊的学者戈塞特曾一直努力在交恶的两人之间"调停"。他本身是一位伟大的统计学家,同时和两人都有不错的交情。在戈塞特的推动下,皮尔逊和费希尔才产生了一点点积极的联系,也推动了推断统计学的发展。

图 6-4　戈塞特

戈塞特1876年6月13日出生于英格兰的坎特伯雷市，在获得了牛津大学的化学与数学的双学位后于1899年毕业。之后进入吉尼斯酿酒公司成为一名酿造师直到61岁去世。为了改良啤酒的口味，又为了保证每一桶啤酒的质量，吉尼斯公司从19世纪90年代开始搞科学试验改革。试验产生了大量的第一手数据，而戈塞特被老板派去做数据分析。凭借着深厚的数学基础，他开始自学统计学，但当时皮尔逊的创新观点还没有被写入大学教科书，所以戈塞特学到的都是一些最小二乘法和误差分布理论。

1905年戈塞特为了接近统计学的前沿，慕名而来，特地到伦敦拜访了皮尔逊。皮尔逊对于戈塞特的数学才华印象深刻，两人成为好友。1906年，戈塞特费了口舌，花了九牛二虎之力说服了他的老板，使他相信前沿的统计学思想对他的啤酒公司是大有价值的，随即获得了一年假期到皮尔逊的生物计量实验室学习。在这里，他掌握了统计学理论的最新进展。有了理论的装备，戈塞特开始尝试把理论应用在分析他手头酿酒行业中产生的数据。可是理论和现实的差距让他很困惑，当时大样本是统计学的主流，研究样本动辄成千上万，所有的方法都是基于大样本的。虽然酿酒行业的数据量也不少，但与之相比，酿酒行业中的数据算是少得多，有时候去计算一个均值甚至

图 6-5　吉尼斯仓库中纪念戈塞特的牌匾

只需要几十个样本。戈塞特清楚地认识到如果完全把大样本的那套理论移植到酿酒行业里会导致严重的错误，于是他开始了研究小样本问题的旅程[4]。

　　1908年，戈塞特在《生物计量》上发表了一篇短文《均值的或然误差》，给出了样本均值的小样本分布——一种和总体分布不同的样本分布，"t分布"的雏形。由于当时吉尼斯酿酒公司不允许公司的员工发表任何论文，这篇文章是以"student"为署名发表的。可"student"当时并不清楚这篇旷世奇文的问题在哪里。1912年，当时还是大学生的费希尔通过助教的介绍认识了戈塞特，两人也成了好友。随即费希尔发现了戈塞特这篇论文证明上的漏洞，他采用高维几何给出了严格的证明，以正态分布的样本为基础导出了"t分布"（注1）。这启发了费希尔自己，后来他搞出来以其姓氏的第一个字母命名的"F分布"，又引入了"自由度"这一新概念。自此戈塞特和费希尔两人携手构建了小样本理论的基础，并且开始了长达二十多年的学术往来。这样，不管皮尔逊和费希尔之间是一点点"积极的"还是大多数"消极的"关系，皮尔逊、戈塞特、费希尔三人紧密地联系在了一起。

6.3

沿着高斯的路前进

在现代数理统计学中,点估计方法备受重视。皮尔逊早些时候提出的矩估计是点估计中最容易理解的一种方法,而极大似然估计是费希尔在1912—1922年间使用的方法。在正态分布这个特殊情况下,这方法可以追溯到高斯关于最小二乘法的工作。费希尔在1912年大学刚毕业时就有了极大似然估计的想法,不过那时的他所能达到的高度和高斯当年差不多。一直到1922年,他先批评了矩法和最小二乘法,然后在确定了极大似然估计量在一致性、有效性、充分性等标准下具备极为优秀的性质后,才正式提出完善的极大似然估计法。对于他的这一方法,可以说只要统计样本足够大,极大似然估计量就是万能的统计量。

下面我们来看一下极大似然估计的严格阐述。设样本X有概率函数$f(x, \theta)$。这里θ为参数,在参数空间Θ内取值。当固定x而把$f(x, \theta)$看成是θ定义在Θ上的函数时,它称为似然函数。所以,概率函数和似然函数可以说是一回事,只是看法不同。前者是固定θ而看成是x在样本空间X上的函数,后者则固定x而看成是θ在Θ的函数。不妨将参数θ和样本x看成是原因和结果。确定了θ的值,就完全确定了样本分布,也就确定了得到种种结果x的机会大小。反过来,当有了结果x时,我们会问当参数θ取各种不同值时,导出这个结果x的可能性有多大。"似然"的字面意思也就是"看起来像"。由于统计推断是由样本推断参数，这个看法就可以作为一种统计推断方法的哲理基础。而极大似然法的哲理就是，通过样本来推测"看起来最像"的参数 $\hat{\theta}$：

$$f(x, \hat{\theta}(x)) = \sup_{\theta \in \Theta} f(x, \theta), \qquad x \in X$$

sup是上确界的意思，在这里你可以简单理解为一个集合最小的上界，使用sup总能保证一个函数的sup存在，而函数的max有时候不存在。比如一维数轴上一个有限开区间的集合，其最小的上界即sup存在，但这个集合并没有max值。我们称 $\hat{\theta}(x)$ 是 θ 的极大似然估计。一般情形下似然函数被表示为

$$L(x, \theta) = \prod_{i=1}^{n} f_\theta(x_i)$$

这里，似然函数可以被记作 $L(x, \theta)$ 或 $L(\theta; x)$ 甚至于 $L(x \mid \theta)$。这时，$L(x, \theta)$ 的对数

$$\lg L(x, \theta) = \sum_{i=1}^{n} \lg f_\theta(x_i)$$

在使用上较为方便，被称为对数似然函数。最后 $\hat{\theta}$ 的确定就是要解一个极值问题[5]。

让我们来看看怎么求正态分布参数的极大似然估计，首先 X_1, …, $X_n \sim N(\mu, \sigma^2)$，参数 $\theta = (\mu, \sigma)$。那么 θ 的极大似然估计是什么呢？在这里，$N(\mu, \sigma^2)$ 就是均值为 μ 方差为 σ^2 的正态分布，其似然函数为：

$$L = \prod_{i=1}^{n} \frac{1}{\sqrt{2\pi}\sigma} \exp\left[-\frac{(x_i - \mu)^2}{2\sigma^2}\right]$$

可得其对数似然函数为

$$\lg L = n \lg(1/\sqrt{2\pi}) - n \lg \sigma - (1/2\sigma^2) \sum (x_i - \mu)^2$$

因为可以看作有两个自变量 μ 和 σ^2，所以通过求偏导数并且命之为0来求极值，并且要检验极值是极大值还是极小值，如果是极小值就要舍弃。通过求导得出的两个方程如下：

$$-n/\sigma + \sum(x_i-\mu)^2/\sigma^3 = 0, \qquad \sum(x_i-\mu)/\sigma^2 = 0 \qquad 方程1$$

$$\mu = \frac{1}{n}\sum x_i = \bar{x}, \quad \sigma^2 = \frac{\Sigma(x_i-\bar{x})^2}{n}$$

所以得到正态总体参数的极大似然估计就是其样本均值和样本的有偏方差,这也很直观,是能够想见的。像这样的方程1被称为似然方程,这是求解极大似然估计的最古典的方法,但有可能因似然函数不连续而不得不用数值方法。有时似然函数求解出的估计值与矩估计方法得出的结论一致。

费希尔很重视极大似然估计,他在1922年的论文中对此估计做了许多研究,被认为是近代点估计理论的奠基性工作。在文章中,费希尔更多的是从"极大似然估计能集中样本里的多少信息"这个角度展开研究的。那一时期他发展出了费希尔信息量等在后来工作中有很大影响的概念,由他开始的工作,直到现在仍然是热门的研究课题。在许多统计学著作中,人们大多认为作为一种估计方法,极大似然估计优于矩估计。但也有学者指出,两者的出发点,即要解决的问题是不同的:皮尔逊要解决的是用最小二乘法作曲线拟合,作为这一问题的解,矩法要优于极大似然法[6]。

6.4
著名的实验
——"女士品茶"

　　1919年春天，29岁的费希尔带着他的妻子、三个孩子和小姨子搬到了伦敦北部洛桑农业实验站附近的一座古老农舍，过起了与世无争的生活。安静的日子让费希尔可以凝神思索，发展出许多他自己的研究想法。他越发喜爱教导他人进行实验设计，时刻都在强调实验计划的重要性，在某次演讲中他如此说："实验结束后再去找统计学者商

图6-6　洛桑农业实验站

量,这种行为常常只是让统计学者去验尸。统计学者应该是可以指出实验失败的死因的。"他的成果后来都总结在他的著作《实验设计》中,书中讨论了他提出的显著性检验。让我们通过费希尔最著名的女士品茶实验来说明他的观点,不过在这么著名的实验前我们先来看一段费希尔女儿给他写的传记:

父亲来到洛桑没多久,他的存在很快就将平凡的茶会时间变成了一件历史性的事件。那是某天下午,父亲将盛有红茶的杯子递给旁边一位夫人,她是藻类学者谬利埃尔·普利斯特尔博士。但是博士却拒绝接过那个杯子,声称自己只喝先倒牛奶的红茶。"这怎么可能,"父亲笑道,"不可能有区别。"但博士却不依不饶,声称当然有区别。于是,他们的正后方传来一个声音,"让我们检验一下吧,博士"。声音是威廉姆·洛奇发出的,不久之后他就和普利斯特尔女士结了婚。听他这么一说,大家立刻就开始着手准备这个实验……

女士品茶实验

奶茶调制中可以先倒茶后牛奶(TM)或反过来(MT)。普利斯特尔女士声称,她可以鉴别是TM还是MT。设计如下实验来检验她的说法是否可信。准备8杯奶茶,TM和MT各半,把它们随机排成一列让该女士依次品尝,并告诉她TM和MT各有4杯。然后请她指出哪4杯是TM。费希尔的推理过程如下:引进一个假设(零假设,又称原假设,指预先建立的假设)

H:该女士并无鉴别力。

其意义是这样的:当H正确时,不论女士如何做,她事实上只能从所提供的8杯中随机挑选4杯作为TM。从8杯中挑选4杯,不同的挑法有70种,其中只有一种是全部挑对。因此,

若该女士全部挑对,则我们必须承认下述两个情况必定发生
其一:

1. H 不成立,即该女士的确有一定的鉴别力(对立假设,
与零假设相对立的假设,又称备择假设);

2. 发生了概率只有 1/70 的事件。

第二种情况比较稀奇,也就是我们上一章说到的“小概
率的事件是不太可能发生的”,因而有相当的理由承认第一
种可能性。或者说,该女士 4 杯全挑对这个结果,是一个不利
于假设 H 的显著的证据。据此,我们否定 H。这样一种推理
过程就叫显著性检验。[7]

如果该女士只说对了 3 杯,表面上看,4 杯说对 3 杯的成绩不错,但
我们可以计算一下,纯粹出于巧合而得到这个不错的成绩的机会有多
大。通过简单计算可知,H 成立,即 70 种不同挑法为等可能时,说中杯
数大于等于 3 的概率为 17/70=0.243。发生一个概率为 0.243 的事件并
不稀奇,因此,实验结果没有提供不利于 H 的显著证据。

这里当然我们可以说 1/70 的概率虽然不大,但在一次实验中并非
不可能发生。要做出一个判断,就要指定一个阈值 α(0.01,0.05,0.1 等)。
只有在算出的概率 P-value(即上文的 1/70, 0.243 等)小于 α 时,才认为
结果是显著的(提供了不利于 H 的显著证据),并导致否定 H。如在此例
中,当取 α=0.01 时,则即使 4 杯全对也不认为结果显著,而如取 α=0.05
则认为结果显著。

今天我们回顾过去一个世纪生物医药领域的诸多突破,发现其
中乱象频生,这里阈值确实负有不可推卸的责任,这一点似乎是如今
学界的共识,但责怪费希尔并不公平。P-value 也有很多次成功的时
候——判断希格斯玻色子存在与否就是其在物理学上的一个成功范
例。英国科学家于 20 世纪 60 年代首次通过理论提出了一种粒子——

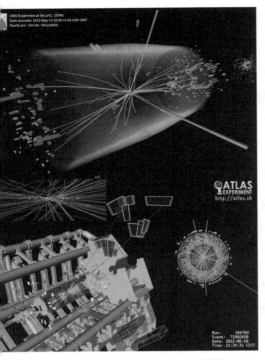

图 6-7　在大型强子对撞机上观测到的因质子碰撞而产生的希格斯玻色子候选事件

希格斯玻色子,但其存在与否尚需实验验证。物理学家通过实验设计,引进原假设是希格斯玻色子必定不存在;备择假设是它肯定存在。从 2008 年开始,一批物理学家齐聚欧洲的核子研究中心,用人类历史上最复杂的实验仪器——大型强子对撞机进行了数次实验,开始寻找这种"上帝粒子"。2012—2013 年间实验得到了突破,得到了极小的 P-value。这个值告诉我们只有三百五十万分之一的可能性不存在希格斯玻色子,这意味着没有希格斯玻色子的粒子物理标准模型几乎不可能是正确的。

另外费希尔理论中缺少一件很重要的东西:同一个假设可以用很多不同的方法去检验,如何比较其优劣? 考虑这个问题,就需要建立合理的比较准则,并在这种准则下找最优者。费希尔没有考虑这个问题。因此他虽然在开创假设检验方面起了重大作用,却未能建立一套形式完美的数学理论。比如上述那个例子,可以将实验稍做修改,不告诉该女士 TM 和 MT 各有 4 杯,让她指明 8 杯中每一杯是 TM 还是 MT,然后根据她说对的杯数来判断。直观上,我们觉得修改后的设计比之前的好,但如何确切地论证,后人的理论补足了这一点。

6.5
费希尔用方差分析提出挑战

　　1843年，富商劳斯创立了洛桑农业实验站，这个实验站是一个农业科研机构。劳斯的财富来自化肥生意，因此他一直想寻找最有效的化肥配方。化学家、植物学家、园艺学家纷纷加入洛桑。根据不同学科的理论，科学家们设计并进行了大量的实验。经过半个多世纪的积累，实验站积累了不少数据。这个时候，数据分析的问题却越来越突出。很多研究员都在抱怨，无法从数据中获得结论。当时的统计主要用于物理和化学的实验结果分析。这两门学科都有严格的科学定律来说明因果关系，并且实验环境非常可控，因此，测量误差相对较小。科学家可以通过多次重复实验来检验科学定律是否成立，但农学提出的问题完全不同。在费希尔时代，DNA还没有被发现，就连达尔文提出的"进化论"也充满争议，农学完全没有科学定律可以参考。即便能写出数学公式，还是没法解决所有问题。物理学家做实验时，会在室内使用简单的小球。但农学的研究对象是复杂的

图6-8　劳斯

生物,而且这些生物必须生活在开放的室外环境。田里作物的长势,肥料、阳光、灌溉、病虫害、土壤肥力、耕作方式等诸多因素都会影响。某个季节的一阵风,就可能造成两块田地完全不同的产量。如果用一般的控制变量法进行分析,实验站至少要把每种情况的数据都收集一遍。因此,在农学这种复杂系统的研究中,数据科学家必须满足于有限的少量数据样本。当今数据科学家认为大数据能减少不确定性,但复杂系统的研究没法提供那么奢侈的条件。农学实验的周期非常漫长。化学家一个小时就能做好几组实验,可作物的收获至少需要几个月的时间。如果按照物理化学那样通过大量重复实验来控制误差,农学研究永远都无法达成。

1919年,来到洛桑的费希尔试图解决这个问题。我们说过,费希尔是毕业于剑桥大学的生物学家,并曾做过一段时间的数学教师。但此后的14年里,费希尔都会和田里的泥巴打交道。在实验站,费希尔的具体工作是用统计学的方法研究本地66年间天气、作物产量和施肥的有关数据,以此为农作物设计复杂和长期的培植计划,最终实现化肥配方的最优化。实验站的同事在进行小麦作物检验时遇到了一些问题,这些问题激发了费希尔,他决定考察数据的波动来分析是什么因素影响了小麦的质量。他发现了三种影响小麦产量的波动现象:年际波动,源自直接影响作物生长的气象条件和土壤条件;稳定波动,是由于土壤营养条件恶化所导致的波动;慢变波动,是不可预料的小变化。为了同时分析这些因素,使一个实验回答数个问题,最终费希尔提出了效率惊人的新方法——方差分析,向"任何实验只能研究一个元素,其他元素必须保持不变"的惯常做法,也就是我们中学时期就学过的控制变量法提出了挑战。

方差分析所要解决的基本问题是:怎样根据实验结果找出有显著影响作用的因素,以及怎样在一定的条件下能达到最优质和最高产的目的。方差分析的基本思想是：通过分析研究不同来源的变差对总变差的贡献大小，来确定不同因素对研究结果的影响大小[8]。费希尔将其应用到检验多个正态总体的均值是否相等的问题中，他通过分析来明确若干均值的差异只是随机发生还是有必然的因素，如果只有偶然的差异则确定它们是相等的。

　　方差分析可能是统计推断领域中最有用的方法，这一方法最重要的思想被称为"变异分解"，就是从总离差平方和中分解出部分离差平方和。一个直观的应用就是在线性回归中(注2)，把因变量的总变差，也就是因变量的所有观测值到其均值的距离平方和(SST)，分解为对应于各个自变量的若干平方和，每一个这样的平方和代表了一个自变量对总变差平方和的贡献，剩下不能被自变量解释的，为残差平方和(SSE)。自变量及残差所对应的平方和加起来等于因变量的总变差。简单来说，方差分析就是把由自变量所导致的因变量的变化和误差所导致的因变量的变化找出来，并进行比较。如果这两个变化很不一样，那么则认为自变量在回归中的确显著影响了因变量，表示回归模型有道理；否则，没有理由认为自变量和误差有所不同。具体地说，如果有 A、B、C 三个自变量，则把 SST 分解为对应于这三个自变量的三个平方和 SSA，SSB，SSC 以及残差平方和 SSE，即 SST=SSA+SSB+SSC+SSE。如果 SSA 和 SSE 相比较很显著，即变量 A 的贡献显著大于误差的贡献，则称变量 A 显著，否则，如果 SSA 和 SSE 的贡献差不多，那么变量 A 就不显著，这种显著性需要正式的检验。可以看到，我们这里应用方差分析，在一个实验中同时研究了三个不同因素 A、B 和 C。打个比方，就如同我们为了研究作物长势，同时考察了化肥、灌溉和阳光三个不同因素的影响。

　　然而，这套刺激了农业大发展的数据方法，直到二战后才在工业上被推广使用。一方面，这与那个名叫博克斯的著名统计学家发明的响应面法有关；另一方面，这可以归因于产业发展的优先级别，在任何时候，食物供应比枪炮子弹都要重要。

6.6

奈曼和艾贡·皮尔逊的合作

在多年的农业实地研究后，费希尔基于样本分布论创建了统计检验理论，而对其进行进一步发展，使其达到可以被载入教科书高度的，主要是奈曼和艾贡·皮尔逊的共同研究。奈曼是波兰人，第一次世界大战爆发前，他的父母举家来到了俄国，奈曼也就出生在俄国。1912年他在远离数学研究中心的哈尔科夫大学学习。奈曼的老师不了解最新的数学知识，使得他只学到了初等数学知识。为了进一步学习数学，奈曼只能费尽心思去搜集数学期刊上的文章来提高水平。就这样，奈曼接受了相当于19世纪水平的数学教育，然后自学了20世纪的数学。1921年后有一小段时光，他回到故乡的华沙大学获得了哲学博士学位。1923年他在论文中提出了如今大红大紫的因果模型"潜在结果框架"。1925年他投奔在伦敦的卡尔·皮尔逊，在那里，他遇见了卡尔·皮尔逊的儿子艾贡·皮尔逊，并在次年开始了共同的研究。艾贡1921年就已经是父亲所在的伦敦大学学院的一名教师，有意思的是，

图6-9　奈曼

艾贡和其父亲卡尔的性格截然不同。卡尔风风火火、专横跋扈,艾贡却害羞谦逊。卡尔一有新思想就匆匆下笔,一挥而就,发表的论文中常常有错。艾贡却极其认真,仔细推敲计算过程的每个细节。

奈曼和艾贡·皮尔逊的共同研究在20世纪20年代后期到30年代前期为数理统计学做出了巨大的贡献。尤其是两人引入了"置信区间"、假设检验中的第一类错误和第二类错误、奈曼–皮尔逊引理等决定性的成果。艾贡一直住在伦敦,作为一个标准的学二代,1933年他的父亲卡尔退休后艾贡就成为伦敦大学学院院长,直到1961年从大学辞职。另外他还接替了他父亲出任《生物计量》杂志的主编,从1936年一直任职到1965年。奈曼在1938年移民美国,成为加州大学伯克利分校统计研究所所长,并在此后将研究所发展成了全世界最顶尖的统计学据点。

奈曼和艾贡·皮尔逊对费希尔的检验理论加以发展,但费希尔却不满他们发展的内容,尤其到了后期费希尔和奈曼之间争论不断。最

图6-10　卡尔·皮尔逊和他的妻子玛利亚·皮尔逊、长女西格莉德·皮尔逊、幺子艾贡·皮尔逊

终世人所接受的则是奈曼-皮尔逊检验理论。为了加以区分，人们一般称费希尔派的统计检验理论为显著性检验，而称奈曼-皮尔逊派的统计检验为假设检验。

6.7

指数族以及广义线性模型

1934年费希尔发展出一个观点：许多被普遍应用的概率密度函数其实仅仅是被他称为指数族的统一形式下的具体情况。这难道是费希尔对皮尔逊曲线族的一次挑战？结果是，很可惜费希尔的指数族也没能做到包罗万象，t分布和均匀分布被剔除在外。之后人们对指数族的研究在1972年有了进展，奈尔达与维达巴恩一同发表了广义线性模型的框架，这里面就涉及指数族。

那什么是指数族呢？称得上指数族的一员，前提是它可以被写成如下形式：

$$f(z|\zeta)=\exp\left[\,t(z)u(\zeta)\,\right]r(z)s(\zeta)$$

这里r和t是独立于ζ的z的实值函数，并且s和u是独立于z的ζ的实值函数，并对于任意的z和ζ，r和s都要大于0。

令$y=t(z)$，$\theta=u(\zeta)$，则转换为最终形式：

$$f(y|\theta)=\exp\left[\,y\theta + b(\theta) + c(y)\,\right])$$

我们可以把泊松分布、二项分布、正态分布、伽马分布、负二项分布等都写成指数族的形式，在感叹惊奇的同时看到了貌似不同的概率函数有着相似的理论根据。这个理论使标准线性模型可以推广到顾及非正态的结果变量，如某些离散量、计数、生存期等。多元线性回归模型由于满足高斯-马尔科夫假定(注2)，可以被表示为：

$$V = \beta_0 + \beta_1 x_1 + \beta_2 x_2 + \cdots + \beta_p x_p + \varepsilon$$

$$E[V] = \theta = \beta_0 + \beta_1 x_1 + \beta_2 x_2 + \cdots + \beta_p x_p$$

其中ε是有恒定方差的独立正态分布的误差项，即随机成分。E是期望，即对整个等式取平均则随机成分的$E[\varepsilon]=0$，确定性的部分不变，所以$E[V]=\beta_0+\beta_1 x_1+\beta_2 x_2+\cdots\beta_p x_p$。$E[V]=\theta$是均值向量，即系统成分。变量$V$是正态独立同分布的。现在我们要用一个不中断的连接函数g把非正态的因变量Y的均值μ和正态的V的均值θ联系起来：

$$g(\mu)=\theta=\beta_0+\beta_1 x_1+\beta_2 x_2+\cdots+\beta_p x_p$$

则

$$g^{-1}(g(\mu))=g^{-1}(\theta)=g^{-1}(\beta_0+\beta_1 x_1+\beta_2 x_2+\cdots+\beta_p x_p)=\mu=E[Y]$$

得到的新模型$E[Y]=g^{-1}(\beta_0+\beta_1 x_1+\beta_2 x_2+\cdots+\beta_p x_p)$就是广义线性模型，我们可以认为$g(\mu)$是"哄骗"了线性模型使其认为它仍然作用于正态分布的结果变量，那么指数族在其中起什么作用呢？事实上标记并理解指数族形式分布的好处在于连接函数就是$\theta=u(\zeta)$。换句话说，一旦得出指数族形式，连接函数便可以立刻确定。一些常用分布的连接函数如下表

表6-1　连接函数总结

分布		典型连接：$\theta=g(\mu)$	逆连接：$\mu=g^{-1}(\theta)$
泊松		$\lg(\mu)$	$\exp(\theta)$
二项	logit关联	$\lg\left(\dfrac{\mu}{1-\mu}\right)$	$\dfrac{\exp(\theta)}{1+\exp(\theta)}$
	probit关联	$\Phi^{-1}(\mu)$	$\Phi(\theta)$
	clog log 关联	$\lg(-\lg(1-\mu))$	$1-\exp(-\exp(\theta))$
正态		μ	θ
伽马		$-1/\mu$	$-1/\theta$
负二项		$\lg(1-\mu)$	$1-\exp(\theta)$

可以说广义线性模型是线性回归的扩展,在线性回归的假设中因变量是连续型的数据且服从正态分布,比如人的身高,因变量期望值与自变量之间的关系是线性的。广义线性模型则放宽了假设,首先因变量可以是正整数或分类数据,其分布为某指数分布族。具体说,用广义线性模型做预测时,因变量可能是二项分布的预测比如0-1两类,或者是多项分布的预测比如k类,或者是泊松分布的预测比如在某个时间点的人流量等。其次连接函数与自变量之间的关系为线性的。需要注意的是,事实上,没有哪个广义线性模型绝对"正确",关键看你应用的目的,衡量标准是什么。由于现在用计算机处理广义线性模型十分快捷方便,我们往往尝试各种模型,让它们基于各种模型瞬间求出答案,再从中选择最有用的模型[9]。广义线性模型现在多被用在医学、流行病学、社会学、经济学以及工程技术领域。

统计学的主流就是一直在改线性模型,从方差分析和一元线性回归到多元线性回归模型,从多元线性回归模型到广义线性模型,从广义线性模型到研究"非线性"的广义可加模型,或者不满足"独立性"条件的多水平模型。然后把研究"相关性"的线性模型拓展到研究"因果性"的路径分析。再然后把线性模型里的变量变成两类:潜变量和显变量,搞出了因子分析。最后结合路径分析和因子分析搞出结构方程模型。

6.8
费希尔的又一杰作

费希尔真的是多产的科学家,而且不仅多产,他的每一个新思想新方法都是高质量的。费希尔1936年首创的判别分析在当今的机器学习领域中广为应用,该方法在机器学习中被称为LDA线性判别分析。LDA的原理具体来说是,对于n维空间中的一个点$x=(x_1, x_2, x_3, \cdots, x_n)$,要找一个线性函数$y(x)=\sum W_i x_i$,来把高维空间中的点降维为一维数值。

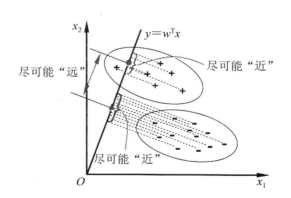

图6-11 费希尔线性判别分析图示

这里我们不仅要应用这个找到的线性函数把高维空间中的已分类的总体以及未分类的样本点都转化为一维数值,而且要根据这些数值之间的密集和疏远的程度对未分类的样本点判别其类型。要找的这个线性函数不仅要使得同类样本点之间的差异最小,而且要使得不同类样本点之间的差异最大,这样才可能获得较高的判别效率。费希尔使用了自己开创的方差分析中的思想,即依据"组间均方差"与"组内均方差"之比最大的原则来进行判别分析。这一思想又是费希尔天才的表现,作为一种优化思想,可以和当年勒让德和高斯的最小二乘法相媲美!

LDA和上一章的PCA都是降低维度的方法,都可以被用在人脸识别领域,它们被称作双生子。但是由于在投影后PCA的数据容易散乱而LDA基本保持了分类,所以就这个角度看费希尔似乎又小小地胜了老对手皮尔逊一筹。LDA现在在自然科学、社会科学中都有广泛的应用,比如在医学研究,对患者病情轻重程度的判定;在技术领域,对信用卡欺诈的检测;在财务和金融领域,对企业的破产预测等。

6.9
费希尔信息量拉开
统计学新篇章

在皮尔逊和费希尔之前，科学大师麦克斯韦、爱因斯坦和玻尔就已声称，物理学——无论其关注的问题是热的传递，是空间和时间的几何，还是物质的属性——它向我们描述的都不是现实，而是我们能够从现实中获得的信息。热力学中的"熵"是表示分子状态混乱程度的物理量，而信息论开创者香农用"信息熵"的概念来描述信源的不确定度。例如，假设我们有一个数据集表示不同动物的分类，如果数据集里都是狼，那么它的熵就很小，因为所有动物都是一样的。如果数据集里有狼有牛有螃蟹或其他各种各样的动物，那么数据集的熵就很高，因为它更混乱不定，比只有狼的情况有更多差异。

然而尽管世人认为香农是信息论鼻祖，但费希尔对信息的直觉早于香农。1925年费希尔首先给出了"信息"的定义。虽然费希尔提出的信息与1948年香农提出的主流信息概念不同，但这一步是具有重要意义的一步。我们知道

图 6-12　香农

在香农信息论里，信息熵被定义为

$$H = -\sum p(x) \lg p(x)$$

我们来看信息熵具体如何计算。首先举个掷硬币的例子，投掷一枚完全均匀的正常硬币的信息熵是多少呢？很显然是$-((1/2)\lg(1/2)+(1/2)\lg(1/2))=1$(bit)，这里信息熵的单位是比特(bit)。再举个和吴军在《数学之美》中一样的例子，假设2026年世界杯决赛圈48强已经产生，那么随机变量"2026年美加墨世界杯足球赛48强中，谁是世界杯冠军？"的信息熵是多少呢？我们说是：

$$H = -(p_1 \cdot \lg p_1 + p_2 \cdot \lg p_2 + \cdots + p_{48} \cdot \lg p_{48})$$

其中，p_1，p_2，$\cdots$，p_{48}分别是这48强球队夺冠的概率。如果48强球队夺冠概率相同，则

$$H = -((1/48) \cdot \lg(1/48) + (1/48) \cdot \lg(1/48) + \cdots$$
$$+ (1/48) \cdot \lg(1/48)) = -\lg(1/48) = \lg(48) = 5.58 \text{(bit)}。$$

信息论的奠定为后来的通信系统、数据传输、密码学、数据压缩等学科领域带来了更多的提示和理论依据，现在这个貌似简单的等式能让你把一整部高清电影放进塑料薄片或是让你在网上观看。信息论无疑是20世纪最伟大的发明之一。

在纯粹的统计学中，总体分布的费希尔信息量越大，可以被解释为总体分布中包含未知参数的有意义的内容越多。费希尔信息量被定义为

$$I(\theta) = -\sum p(x|\theta)\left[\frac{\partial^2}{\partial \theta^2} \lg p(x|\theta)\right]$$

这和香农的信息熵定义是不是很相像呢？怎么解释呢？让我们回想上文的极大似然估计。什么样的样本给出的信息更多？直觉上思考这个问题，如果一个事件发生的概率很大，那发生这件事并不能

带来太多信息量；相反，如果一个事件发生的概率很小，那发生这件事可以带来比较多的信息量。比如"明天太阳将从东方升起"几乎不带来任何信息，因为每个人都知道太阳从东方升起，也就是这事再次发生的概率几乎为1。所以极大似然也即是极大概率所携带的信息必定少。费希尔抓住了这个很重要的点，如果对数似然函数的一阶导数非常接近于0，也就是极大似然，这将是意料中的事。如果对数似然函数的一阶导数的平方值很大，那么样本就提供了比较多的关于参数的信息。所以我们就可以用

$$I(\theta) = E\left[\frac{\partial}{\partial \theta} \lg p(x|\theta)\right]^2$$

来衡量随机变量 X 提供的信息，经过一番公式转化（注 3）就成了上文费希尔信息量的定义。而后"信息"这一词在科学领域出现的频率越来越高，从量子物理、化学、生物一直到社会科学，它反映在哲学上是连接客观世界和主观自我的某种桥梁。也可以说，费希尔等人做了经典统计与信息统计间承上启下的工作，拉开了新时代——信息时代的门帘。

费希尔就此建立了自己的统计推断体系，即信息统计推断。费希尔信息统计思想认为，概率虽然在统计学中占有很重要的地位，但是把统计学完全建立在概率论的基础上，同统计推断方法的主旨有一定的冲突。首先概率论尽管是研究随机现象的数学方法，但它基本上仍然想仿照演绎数学的做法，沿袭着从总体到样本的推理方式，然而统计学的实质是由样本到总体的归纳推断。因此，传统的概率语言便不再合适，取而代之的比较好的表述就是数学似然率。可是由于费希尔本人没有给出信息推断中的核心概念的明确界定，并且信息推断对总体参数统计量精确分布的推导要求比较严格，尤其是对多参数的统计推断问题，信息推断方法极为复杂，远不如经典统计学来得那么简单

易行。所以越来越多的统计学家放弃了费希尔信息推断统计的研究。不过即使如此,仍然有一部分费希尔的追随者继续从事着信息推断统计学的完善和修补工作,在这方面比较有代表性的人包括福雷泽、威尔金森、塞登费尔德等[10]。

　　关于费希尔之后数理统计学的发展,大约是在二战后逐渐产生了理论和应用分家的局面。一方面数理统计被广泛应用,众所周知,美国三本顶尖杂志《生物识别》《技术计量学》和《美国统计协会杂志》都刊登应用统计方面的文章,英国人把数理统计应用在化学工业中特别是统计质量控制方面,日本的正交设计在工业界得到了广泛应用。另一方面是数理统计学使用的数学工具越来越精深,从纯数学角度提出的问题所占比重越来越大[11]。我们现在回过去看,费希尔之后有那么段时间,数理统计学裹足不前,许多富有开拓思想的论文被视为异端,只能投在计算机科学的期刊上,某种程度上这也造就了统计学与信息科学联姻的新时代。

注　释

注1: 何为" t分布"

从服从正态分布$N(\mu, \sigma^2)$的总体中抽取样本X_1, …, X_n, 设样本平均为 $\bar{X} = \dfrac{X_1 + \cdots + X_n}{n}$

样本标准差为

$$S = \sqrt{\frac{1}{n-1}\left\{(X_1 - \bar{X})^2 + \cdots + (X_n - \bar{X})^2\right\}}$$

将两者之比稍加变形后所得的

$$T = \frac{\bar{X} - \mu}{S / \sqrt{n}}$$

所服从的分布叫作t分布。

注2:

读者可能已经熟悉线性回归, 高斯那章节也已经简要说明, 这里我只说一点, 关于方差分析如何应用于线性回归。方差分析中的 "变异分解" 示例如图6-13。总的变异是100%, 其中模型可以解释变异的86%, 其余无法解释的就只能归于误差。如果模型中有两个因素a和b, 那么模型所解释的86%的变异可以进一步细分, 由因素a解释69%, 由因素b解释17%。当然如果还有其他变量, 则可以继续细分。

其实几乎所有的回归模型都是基于"变异分解"的，因为回归模型的一个很重要的使命就是寻找哪些因素会影响结果。所有结果的变异是100%，如果有一个因素会导致结果变异，那就从图6-13所示的饼中切一块；如果有第二个因素也能解释结果的变异，那就再切一块。每个因素都会或多或少地解释结果的变异，但总有一部分变异无法解释，这就是误差。

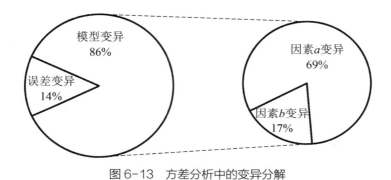

图6-13　方差分析中的变异分解

因此在这一理念下，方差分析和线性回归的思想一致，只不过方差分析中的自变量是分类变量，而线性回归中的自变量主要是连续变量而已。所以在线性回归中发现有方差分析就不足为奇了[12]。这里，我们先介绍一元线性回归的基本假定：

(1)随机扰动项的均值为0，$E(u_i)=0$，$i=1, 2, \cdots, n$。

(2)所有随机扰动项都有相同的方差。

(3)任意两个随机扰动项互不相干，其协方差为0。

(4)解释变量X与随机扰动项不相关，$\mathrm{Cov}(u_i, X_i)=0$，$i=1, 2, \cdots, n$。

(5)假定随机误差项服从正态分布。

前四个假定就是著名的高斯—马尔科夫假定或者称为回归分析的古典假定。我们来看下面的方差分析。

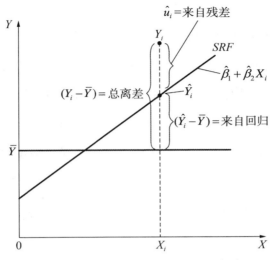

图6-14 Y_i 的变差分为两个成分[13]

由上图可知,因变量Y_i与其平均值的离差可以分解为两部分,即

$$y_i = Y_i - \bar{Y} = (Y_i - \hat{Y}_i) + (\hat{Y}_i - \bar{Y})$$

对上式两边平方并求和得:

$$\sum (Y_i - \bar{Y})^2 = \sum (Y_i - \hat{Y}_i)^2 + \sum (\hat{Y}_i - \bar{Y})^2 + 2\sum (\hat{Y}_i - \bar{Y})(Y_i - \hat{Y}_i) \quad \text{(a)}$$

由于 $\hat{Y}_i = \hat{\beta}_1 + \hat{\beta}_2 X_i$, $\bar{Y} = \hat{\beta}_1 + \hat{\beta}_2 \bar{X}$,

所以 $\hat{Y}_i - \bar{Y} = \hat{\beta}_2 (X_i - \bar{X})$, $Y_i - \hat{Y}_i = u_i$.

则式(a)中最后一项变为

$$2\sum (\hat{Y}_i - \bar{Y}) u_i = 2\sum \hat{\beta}_2 (X_i - \bar{X}) u_i = 2\hat{\beta}_2 (\sum X_i u_i - \sum \bar{X} u_i).$$

由古典假定(1)显然$\sum u_i = 0$,由古典假定(1)、(4)及协方差公式,

$\text{Cov}(u_i, X_i) = E(u_i X_i) - E(u_i) E(X_i) = 0$, 显然

$$\sum X_i u_i = 0$$

因此式(a)最后一项为0,最终结果是

$$\sum (Y_i - \bar{Y})^2 = \sum (Y_i - \hat{Y}_i)^2 + \sum (\hat{Y}_i - \bar{Y})^2.$$

这就是我们常说的方差分析应用于线性回归的核心,总变差等于残差平方和加上回归平方和。

注3：

定义对数似然函数为 $l(x|\theta) = \lg p(x|\theta)$，从而 $l'(x|\theta) = \frac{\partial}{\partial\theta}\lg p(x|\theta) = \frac{p'(x|\theta)}{p(x|\theta)}$。根据文中分析，如果 $l'(x|\theta)$ 非常接近于 0，这将是意料之中的事情，因此样本没有带来太多关于参数 θ 的信息；相反，如果 $|l'(x|\theta)|$ 很大，或者说 $[l'(x|\theta)]^2$ 很大，那么样本就提供了比较多的关于参数 θ 的信息。所以，我们可以用 $[l'(x|\theta)]^2$ 来衡量 X 提供的信息。但是 X 是个随机变量，于是我们就考虑 $[l'(x|\theta)]^2$ 的期望值。于是就有了费希尔信息量的定义的出发点 $I(\theta) = E\{[l'(x|\theta)]^2\}$，即 $I(\theta) = E\left\{\left[\frac{\partial}{\partial\theta}\lg p(x|\theta)\right]^2\right\}$。

注意到 $l''(x|\theta) = \frac{\partial}{\partial\theta}\left[\frac{p'(x|\theta)}{p(x|\theta)}\right] = \frac{p''(x|\theta)p(x|\theta) - [p'(x|\theta)]^2}{[p(x|\theta)]^2} = \frac{p''(x|\theta)}{p(x|\theta)} - [l'(x|\theta)]^2$ 假设可以交换求导和积分的顺序，那么

$$\int p'(x|\theta)\,\mathrm{d}x = \frac{\partial}{\partial\theta}\int p(x|\theta)\,\mathrm{d}x = 0$$

$$\int p''(x|\theta)\,\mathrm{d}x = \frac{\partial^2}{\partial\theta^2}\int p(x|\theta)\,\mathrm{d}x = 0$$

因此

$$E[l''(x|\theta)] = \int\left[\frac{p''(x|\theta)}{p(x|\theta)} - [l'(x|\theta)]^2\right]p(x|\theta)\mathrm{d}x$$

$$= \int p''(x|\theta)\mathrm{d}x - E\left\{[l'(x|\theta)]^2\right\}$$

$$= -I(\theta)$$

所以 $I(\theta) = -E[l''(x|\theta)]$ 即 $I(\theta) = -\sum p(x|\theta)\left[\frac{\partial^2}{\partial\theta^2}\lg p(x|\theta)\right]$。

参 考 文 献

［1］萨尔斯伯格.女士品茶［M］.北京:中国统计出版社,2004.

［2］EDWARDS A E W, WALTERBODMER. R. A. Fisher: 50 years on［J］. Significance, 2012,9(6):27-29.

［3］陈希孺,倪国熙.数理统计学教程［M］.上海:上海科学技术出版社,1988.

［4］程小红,杨浩菊.戈塞特及其小样本理论［J］.西北大学学报,2015, 12(45):6.

［5］FISHER R A. On the Mathematical Foundations of Theoretical Statistics ［D］. London: The Roynl Society,1922.

［6］陈希孺.数理统计学简史［M］.长沙:湖南教育出版社,2002.

［7］岩泽宏和.改变世界的134个概率统计故事［M］.戴华晶,译.长沙:湖南 科学技术出版社,2016.

［8］蒙哥马利.实验设计与分析［M］.傅珏生,张健,王振羽,译.北京:人民 邮电出版社,2009.

［9］吉尔.广义线性模型:一种统一的方法［M］.王彦蓉,译.上海:格致出版社, 2015.

［10］童光荣,卢铁庄.在争论中不断发展和完善的统计学［J］.统计研究, 2010(1): 5.

［11］姚存峰.数理统计学小史［J］.数理统计与管理，1989(2)：3.

［12］冯国双.白话统计：第3版［M］.北京：电子工业出版社，2018.

［13］张润清，崔和瑞.计量经济学［M］.北京：科学出版社，2005.

第 7 章

扎 德独辟
蹊径

厨师做菜都不可能精确按照菜谱来做，但他们完全能做出好菜。

——扎德

∞

20世纪开始，人们逐渐接受事实：不确定性普遍存在。全球经济是不确定的；社会对大学生的需求是不确定的；股市的涨跌具有不确定性；房价能否下降具有不确定性；下个时段城市里的交通是否拥堵具有不确定性；明天的天气状况具有不确定性；大家对你是否是帅哥美女的判断具有不确定性，毕竟每个人标准不一，也有可能情人眼里出西施嘛。

上一章指出物理学里有"海森伯不确定原理"，这是属于"概率论"可以描述范围的不确定性。在经济学中，也有"不确定性经济学"，同时也是新兴学科"信息经济学"的基本内容。1982年，波兰学者帕弗拉克提出粗糙集，实践证明粗糙集理论是处理含糊不确定的描述对象的很好的数学工具。在科学技术中也有人总

图7-1 扎德

结出"互克性原理",又叫"不相容原理":当一个系统复杂性增大的时候,我们使它精确化的能力就会减少,在达到一定阈值的时候,复杂性跟精确性就会相互排斥。因此跟复杂性相伴而来的就是"模糊性",这是另外一种不确定性。

扎德教授就是描述"模糊性"的"模糊数学"创立人、"互克性原理"的提出者,他后来成了美国自动控制领域的专家,被授予美国工程院院士的头衔。扎德1921年在现阿塞拜疆的首都巴库出生,1931年,当扎德10岁的时候,他的家人搬到了伊朗德黑兰,那是他父亲的家乡。他进入了阿尔伯兹学校学习,这是一个美国长老会开的教会学校。1944年扎德进入美国麻省理工学院攻读电气工程研究生,毕业后在哥伦比亚大学任教。自1959年起又担任了美国伯克利加利福尼亚大学电机工程与计算机系教授。

扎德于1965年独创模糊理论《模糊集》,文中第一次提出表达事物模糊性的数学方法,也就是模糊集的思想,从而突破了19世纪末伟大的数学家、先行者康托尔提出的一整套关于经典集合的理论。关于这篇具有传奇色彩的论文,据说它花费的研究经费居然是0美元,而且好笑的是扎德的一顿饭钱也被节约了下来。当时扎德邀请了一位好朋友共进晚餐,结果朋友没有赴约,心情不佳的他一个人待在宾馆里无所事事,草草吃了些东西就开始思考那阵子一直在想的有关集合边界的问题,突然灵感点亮,模糊集这个词浮现在眼前,于是立马提笔写出了这篇划时代的论文。这篇论文当时看来一点用都没有,以至于扎德差点没法在学术期刊发表,还饱受批评,因为第一个工业界的应用在10年后才到来。后来在伯克利,一个记者专门来采访扎德,那时候扎德已经功成名就,他骄傲地说,日本在家电制造行业应用他的理论,已经创造了数以千亿美元的产值,大大拉动了日本当时萎靡的经济。此后学界确实也有这样的说法,"模糊理论"生在美国,长在日本。

之后的 1966 年，马里诺斯开始了对模糊逻辑的研究。1974 年，模糊数学命运的转折点出现了，首先是扎德自己推进了对模糊推理的研究，随后英国的曼丹尼第一次通过模糊数学理论控制了蒸汽机，并取得了比传统的数字控制更好的效果，虽然这只是一次实验的成功，但它向世人宣告了模糊控制的诞生。从此往后，模糊数学成了一个热点课题。1980 年丹麦的霍姆布雷德和奥斯特加德对水泥窑炉进行模糊控制取得了成功，模糊数学首次取得了商业化的落地。而此后模糊数据分析也红了，扎德的后辈们——日本模糊学家田村、田中等人在其中起了主要作用。自此数学领域被翻了个底朝天，因为模糊理论是从集合论着手的，而集合论是现代数学大厦的基础，扎德如同外星人一般重新审视了地球人的数学。

那模糊数学到底是什么呢？数学向来是讲究精确的学科，模糊数学的出现并不是把从古至今已经发展得越来越精确的数学又变得模糊起来。模糊数学不是倒退，而是用新的方法来解决过去无法用精确数学处理的关于模糊事物的问题。我们不可能绝对精确地处理现实世界里的各种数学问题，因为我们不可能完全掌控这个精确到小数点后无穷位数的世界，我们只能把事物的不精确水平降低到无关紧要的程度。从理论上来说，扎德所创的模糊数学的核心概念"模糊集合"冲破了传统数学非此即彼的逻辑壁垒，用连续的隶属函数取代经典集合论的特征函数。不用着急去理解它，暂且留个"模糊"的印象，接下来我们还会一点一点地继续展开。

7.1
大哲人罗素和"模糊性"

通常在现实生活中，我们所遇到的具体事物都没有精确的定义标准来确定这一事物是否属于这一类。例如，动物类无疑包含猫、马、鸟等对象，不包含石头、液体、工厂等对象。然而，像细菌、病毒这样的对象是否属于动物类是含糊的。同样的情况也出现在数字中，例如，10是否属于比1大得多的实数类，也是含糊的。再比如，对于"年轻人的集合"这个表达，判断25岁的令狐冲和80岁的风清扬是否属于"年轻人的集合"，答案是明确的，但40岁左右的向问天是否属于"年轻人的集合"，就不那么好确定了[1]。我们可以通过明确属性来解释概念，也可以通过罗列对象来说明它。符合概念的对象的全体叫作这个概念的外延，也可以被称作集合。世间一切数学理论体系都可以建立在集合论这一数学框架上，集合论是数学的最底层。然而具有模糊概念的外延的边界是不清晰的，要表达模糊概念就不能用经典集合论。

在这种情况下扎德转向了模糊集。说起来对模糊性的讨论可以回溯到很早，早到1923年，伟大的哲学家罗素就提出过我们现在称之为"模糊性"的问题。当时他的观点发表在一篇名为《含糊性》的文章里。严格地说，模糊性和含糊性两者稍有区别。他认为人类的语言是模糊的，比如"好的""坏的""新的""旧的""比较美丽"，但他明确指出："认为模糊知识必定是靠不住的，这种看法大错特错。"尽管罗素大名鼎鼎,但当时学术界并没有对模糊性提起兴趣。这不是因为这篇文章发表在不怎么起眼的哲学杂志上,也不是因为罗素的思想不深刻,更不是模糊性的问题不值一提,而是时候未到。

　　1872年罗素出生在英国的一个赫赫有名的贵族家庭里,他是今世罕见的集文学家、哲学家和数学家于一身的著名学者,他的哲学思想对西方哲学影响很大,被公认为是目前西方最大的唯心主义哲学流派——分析哲学的创始人之一。18岁那年罗素以优异的成绩考入世界闻名的剑桥大学三一学院攻读数学,仅仅过了3年就通过了数学荣誉学位考试,毕业后被剑桥大学聘为研究员。罗素主要研究数理哲学,即用数理科学的方法研究哲学。1900年他发表了《数学基础》一书,提出一个极其重要的新观点:数学是逻辑的高度发展的形式。为了证明这一理论,罗素与著名数学家、哲学家怀特海花了整整10年时间写成《数学原理》一书,这部有三大卷的巨著在数理逻辑学方面做出了划时代的贡献。1950年,他因作品《婚姻与道德》《哲学问题》获"诺贝尔文学奖"。

　　罗素的观点是超越时代的。长期以来,由于主流数学的发展,人们只崇尚精确和严格,一直藐视模糊。罗素所处的20世纪初期还没有适合对模糊性开展研究的土壤。事实上,模糊理论反而是计算机时代的产物。正是这种极其精密的机器的发明与普及,使扎德敏锐地捕捉到了"精确性"的局限,他指出"如果深入研究人类的认识过程,我们将发现人类能运用模糊概念是一个巨大的财富

图 7-2　罗素

而不是包袱。这一点,是理解人类智能和机器智能之间深奥的区别的关键。"[2]模糊性确实很深刻,它是我们人类传输信息的一种简约方式,省去了宇宙底层传输信息的精确性和烦琐性。世界上大部分的信息本质上都是精确的,但经过人脑重组变成语言后所有的信息就都模糊起来,人与人之间的交流也更高效了。不单是语言交流,凭借人脑灵活高效地解决复杂的模糊问题的能力,画家不用精准地测量计算就可以画出栩栩如生的风景,司机可以驾车安全穿梭于闹市之间,成年人可以辨认出其他人潦草的笔迹,牙牙学语的婴儿可以听懂不完整的语言甚至迅速地识别出自己妈妈的脸。这一切都是依赖于人脑的模糊识别能力,是以精准制胜的计算机可望而不可即的[2]。下面就让我们一步步来看到底什么是模糊数学,什么是模糊数据分析。

7.2
康托尔留下的
"后遗症"

　　我们从经典集合论说起，这一理论是由德国人康托尔独创的。首先"概念"是我们经常用到的名词，例如"猫"就是一个概念，"电脑""房屋"都是概念。一个概念有它的"内涵"和"外延"。"内涵"就是指一个概念所反映的具体事物所具有的共同属性。例如"人"这一概念的内涵是指所有人具有的共同特征：有思想有语言，会发明工具等。而外延之前说过，指的是符合此概念的全体对象。例如"人"的外延就是世界上所有的人。其次经典"集合"是把一些确定的，彼此有区别的，具体的或抽象的东西作为一个整体，若利用"集合"这个名词，则"外延"的严格表述为：符合一个概念的全体对象所构成的集合。集合既可以表现概念，还可以有运算和变换。因此，我们可以通过集合来对各种概念做计算，集合论的初衷即在于此。所以我们基本上可以说，现代数学是以集合论为基础的，虽然在20世纪60年代出现了另一门派"范畴论"来和集合论竞争数学基础的地位。

　　1845年，康托尔出生于圣彼得堡的一户商人家庭，圣彼得堡当时是俄国的首都。康托尔中学起就特别喜欢数学，并立下志向要一生从事数学研究。17岁那年康托尔来到瑞士苏黎世上大学，一年后他又到了德国柏林大学就读数学。当时的柏林大学正在逐渐发展为欧洲的数

图7-3 康托尔

学科研中心，康托尔在这里受到了许多数学大师的影响，如魏尔斯特拉斯、库莫尔、克洛奈克等。1869年，康托尔开始在哈勒大学任教，不到30岁就升任副教授，1879年又升为教授。1874年康托尔开始发表集合论方面的文章，而后一直在这一领域耕耘，发表了大量的论文。然而，他的成果30年中得不到承认，遭到各方的怀疑、讥讽甚至嫉恨，尤其是他那古板的老师克洛奈克，一个只承认整数的迂腐老人，集合论被他称为怪物。种种压力之下，康托尔的精神状况越来越糟，经常出入精神病院。他就在这样极度的困难和痛苦中创建了"序型"的思想，开始系统地研究无穷大以及无穷大上的无穷大，相当于九重天上还有九重天，十八层地狱下还有十八层地狱。1918年1月6日，康托尔死于精神病院。在数学史上最具有革命性的经典集合论的发展道路是蜿蜒曲折的，但任何一块"金子"一旦被挖掘出来，总会有人认出它，小心翼翼地捡起，并且归入金库。戴德金和希尔伯特就是两位最赏识康托尔的数学家，他们勇敢地捍卫集合论并为之工作。希尔伯特甚至大声疾呼："没有人能把我们从康托尔为我们创造的乐园中赶走。"

时间来到1903年，一个康托尔不愿听到的消息传出：集合论是有缺陷的！这轰动了整个数学界！这次还是那位文理皆通的罗素，提出了"罗素悖论"，指出集合论的漏洞，后来他用一个"理发师悖论"生动地说明了自己的悖论：

在某个城市中有一位理发师，他的广告词是这样写的，"本人的理发技艺十分高超，誉满全城。但我不为给自己刮脸的人刮脸，而是将为本城所有不给自己刮脸的人刮脸。我对各位表示热诚欢迎！"来找他刮脸的人络绎不绝，自然都是那些不给自己刮脸的人。可是，有一天，这位理发师从镜子里看见自己的胡子长了，他本能地抓起了剃刀，你们看他能不能给他自己刮脸呢？如果他不给自己刮脸，他就属于"不给自己刮脸的人"，他就要给自己刮脸，而如果他给自

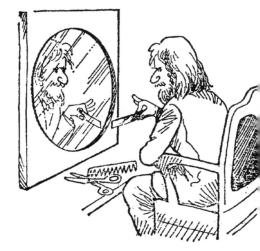

图 7-4　理发师悖论

己刮脸呢？他又属于"给自己刮脸的人"，他就不该给自己刮脸。于是理发师陷入了深深的矛盾中。

罗素悖论更一般化，他把集合分为两种，第一种集合以其自身为元素，第二种集合不以自身为元素。假设集合 S 是由一切不属于自身的集合所组成，即" $S=\{x|x\notin x\}$ "。那么问题是：S 包含于 S 是否成立？首先，若 S 包含于 S，则不符合 $x\notin S$，则 S 不包含于 S；其次，若 S 不包含于 S，则符合 $x\notin S$，S 包含于 S。两者皆导出矛盾，而整个讨论逻辑上没有问题。问题只能出现在集合的定义上。而理发师悖论与罗素悖论其实是一回事：因为，罗素悖论相当于是理发师说，现在把每一个人看作一个集合，这个集合的元素被定义成这个人刮脸的对象。那么，理发师宣称他的元素是城市中所有不属于自身的那些集合，那么他是否可以属于他自己？这样我们就看到，理发师悖论和罗素悖论是一致的。

在当时那个年代，数学界的气氛一片祥和，因为数学家们刚刚才发现集合论作为整个数学大厦的根基是牢靠的，建立在其上的科学也将固若金汤。可是自从集合论出现了悖论，数学大厦的根基似乎出现

了裂缝,这突如其来的晴天霹雳是数学史上的第三次危机。当然这还不是我们本文要讲的康托尔留下的"后遗症"[3],因为此后1908年,为了补救由于康托尔对集合的不严密定义导致的一系列缺陷,策梅罗等人成功地完成了第一个公理化集合论体系。之后1925年至1937年间由冯·诺依曼、贝尔奈斯和哥德尔发展出的NBG公理系统更是扩展了集合这一概念,延伸出"类"的概念,将那种似是而非造成悖论的东西放到类的框架里,而集合则躲藏在类里,不是集合的类称为真类。这有点像当年的数域,从有理数到无理数,从实数到虚数,容不下了就扩充。对此感兴趣的读者可以参阅王兵山的《高级范畴论》的开篇。

那么,康托尔留下了什么后遗症呢?我们学集合论的时候应该听过"概括原则",就是用字母P表示任给的一个性质,把所有满足这个性质P的对象汇聚在一起构成一个集合,用符号表示就是$A=\{a|P(a)\}$,其中A表示集合,a为集合的元素,$P(a)$就是a的性质。康托尔集合论要求组成集合的那些对象是确定的,彼此有区别,边界清晰,这意味着集合里的对象要么具有性质P要么没有性质P,两者必居其一也仅居其一,因此满足排中律(非此即彼)。按照这个要求,集合所表现的概念或命题真就是真,假就是假,只有真假二值以供推理,于是数学对于客观世界便做了一个绝对化的描摹。用数学语言写下来,就是在论域X(人们在研究具体问题时,总是局限于一定的研究范围,在此范围内所有研究对象的总体被称为论域)中取某元素x及任意给定康托尔经典集合A,则要么$x \in A$,要么$x \notin A$,两者必居且仅居其一。这种关系可用如下二值函数表示:

$$X_A: x \to \{0, 1\}$$

$$x| \to X_A(x) = \begin{cases} 1, & x \in A \\ 0, & x \notin A \end{cases}$$

上述函数称为集合A的特征函数,显然某个元素非此即彼地属于

A或不属于A。

　　这样,数学与人脑实现了一次分离,这种分离很重要,但也局限了传统数学自身的发展和应用。人脑中的概念,几乎都是没有明确外延的,打个比方,像"胖子"(性质P)这样一个概念在康托尔的意义下是造不出集合的,因为到底胖到什么程度才能加入"胖友圈"集合呢?这个性质P没法明确判定。没有明确外延的概念就是模糊概念,康托尔一开始就宣布:我的集合是不表示模糊概念的!于是,基于康托尔集合之上的数学也宣布:我们的数学是不处理模糊现象的!在不得不处理模糊现象的今天,我们失望地说,康托尔为我们留下了一个后遗症。

7.3

扎德的模糊集合

(1)模糊集合的建立

那如何来治疗这后遗症呢？也就是如何建立模糊集合呢？这个问题的关键是要去掉排中律，把非此即彼的隶属关系变为亦此亦彼的隶属关系。为了恰当处理这种界线不明的关系，逻辑学家范启德提出特别值评估法，其思想是：如果你对某事物不确定，你也许仍然对其他事物是确定的，那么这些你确定的事物与解决你不确定的事物所用的方法无关[4]。这或许有些难以理解，让我们来看一个"气球模型"。现实中的真实气球皮层不管多薄都是具有厚度的，很简单，这样的气球就代表了模糊集合！空间中任何一点不是在气球里，气球外，就是在气球皮层中。经典集合论只划分了一条分界线，描述了气球里和气球外，没有描述出气球皮层，而现在我们可以用百分比描述一点具体位于气球皮层的哪里。这个百分比就是隶属度，建立一个模糊集合，实际上就是用某种方法确定集合中每个元素的隶属度，或者说给出这个模糊集合的隶属函数。用数学语言描述就是：论域X上的模糊集合A是X到$[0,1]$的一个映射(称为隶属函数)$\mu_A: X \rightarrow [0,1]$，对于$x \in X, \mu(x)$称为$x$对于$A$的隶属度。这个隶属函数怎么来确定呢？这里面体现了人的主观意识对客观事物的一种判定。它是主观的，但它又是客观事物在人脑中的反映，因此它必然要受客观的制约。这类似于自由体操比赛中有多位专业裁判员,各自对一个体操表演者打分,一般结果不会出现大的差别。

(2)模糊集合的扎德表示方法

现在我们可以看到模糊集合与经典集合的不同了,从$x \to \{0,1\}$扩展到了$x \to [0,1]$,也就是说它没有确定的元素,一般来说不能像经典集合论那样定义包含关系以及传统集合的基本运算。接下来我们来看看扎德是怎么做的。

当论域X为有限集$\{x_1, x_2, \cdots, x_n\}$时,$X$上的一个模糊集合被扎德表示为$A=A(x_1)/x_1+A(x_2)/x_2+\cdots+A(x_n)/x_n$

注意到这里的"+"和"/"不再是通常的意思,"+"号在这里表示元素的衔接,而"/"也不是分数,只是表示x_i对于模糊集合A的隶属度。

(3)模糊集合的运算

设A, B, C, D表示论域U上的模糊集合,定义如下运算:

若对于任意的$x \in U$,有$\mu_A(x) \leqslant \mu_B(x)$则称$B$包含$A$,记为$A \subseteq B$。

如图7-5所示

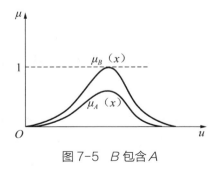

图7-5 B包含A

若对于任意的$x \in U$,

$$\mu_C(x)= \max\{\mu_A(x), \mu_B(x)\}=\mu_A(x) \vee \mu_B(x),$$

则称C为A和B的并集,记为$A \cup B$,符号$\vee$表示取大运算,如图7-6所示。

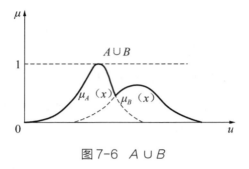

图7-6 $A \cup B$

若对于任意的$x \in U$,

$$\mu_D(x)=\min\{\mu_A(x), \mu_B(x)\}=\mu_A(x) \wedge \mu_B(x),$$

则称D为A和B的交集,记为$A \cap B$,符号$\wedge$表示取小运算,如图7-7所示。

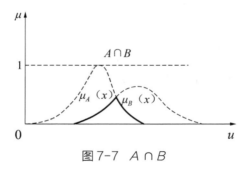

图7-7 $A \cap B$

让我们来直观体会一下模糊集的表示和运算,比如模糊集A,C表示美国(America)和中国(China)两国人民对宗教的隶属度,其具体表达式用扎德表示法为

A=0.1/佛教+0.6/基督教+0.1/伊斯兰教+0.1/其他教+0.1/无神论;

C=0.3/佛教+0.3/基督教+0.1/伊斯兰教+0.1/其他教+0.2/无神论,则根据定义可得下述关系[5]

$A \cap C$=0.1/佛教+0.3/基督教+0.1/伊斯兰教+0.1/其他教+0.1/无神论

$A \cup C$=0.3/佛教+0.6/基督教+0.1/伊斯兰教+0.1/其他教+0.2/无神论

通过基础的讲解或许大家对模糊数学的认识有了一定提高，不再完全"模糊"了吧，扎德的模糊集合论不再拘泥于经典集合论里比较集合元素的异同和多寡，而是把注意力集中在集合元素隶属于集合的程度大小。在上面，你可以横向判别基督教是否比佛教更接近于集合A；当然你也可以纵向比较，比如相对于集合C，基督教是否更接近于集合A。

现今从应用的角度看，模糊数学已经广泛应用于自动控制、医疗诊断、系统分析、人工智能、信息处理、模式识别、地质勘探、气象预报和管理决策，甚至那些与数学毫不相关或关系不大的学科如生物学、心理学和语言学等。从纯数学的角度看，集合概念的扩充使得数学的许多分支都增添了新内容，从而形成模糊拓扑学、不分明线性空间、模糊代数学、模糊逻辑学、模糊分析学、模糊测度与模糊积分、模糊图论、模糊优化与线性规划、模糊数据分析等众多研究方向。

如果说传统数学是布尔天堂(一个关于0和1的代数系统)，是上帝的居所的话，模糊数学之魔鬼一方面看似被驱逐出天堂，一方面却建立起属于魔鬼自己的"模糊天堂"。这一章，我们将追随扎德及其后辈的脚步，游弋在模糊数据分析内，也顺道说说模糊控制的洗衣机。

图 7-8　杜雷插图《逐出天堂》

7.4

模糊逻辑之你的
头发都被数算过

我们在高中时期就学过数学归纳法，可你是否想到数学归纳法的误用会产生一个与模糊推理相关的悖论——秃头悖论！秃头首先显然是个模糊概念，某人是否秃头，不论谁都能轻而易举地做出恰当的判断，因为人脑拥有处理模糊信息的能力。若用精确方法来处理秃头问题会如何呢？首先我们认同两条公认的假设：(1)世界上只存在秃头和不是秃头两种人。(2)如果有 n 根头发的人是秃头，那么有 $n+1$ 根头发的人也是秃头。若用经典的逻辑推理方法，此公设会导致秃头悖论：世界上所有人都是秃头。因为：(a) $n=0$ 也就是没有头发的人是秃头；(b)假定 $n=k$ 的人是秃头，由假设(2)，$n=k+1$ 的人也是秃头。根据数学归纳法，我们可以知道，对于任意的自然数 n，n 大于等于 0，有 n 根头发的人就是秃头。从而世界上所有的人都是秃头！

我们来细细分析，此悖论产生的原因。我们高中学到的数学归纳法的推理方法是基于经典集合论逻辑的，而秃头是个不属于传统数学里的模糊的概念，这里把基于经典集合论的推理方法施加在模糊概念上，用下面我们要说的话来讲，是把一个经典的二值逻辑推理应用到不能使用二值逻辑的判断上，从而导致了秃头悖论的产生。用头发的根数来区分秃与不秃，其绝对的界限是没有的。但量的变化包含着质的变化,在头发根数加一、减一的微小量变之中逻辑值已经发生了微小的变化,酝酿着质的差别[2]。所以说用精确数算头发这种难题还是交还给上帝,我们就估个大概吧。

7.5
模糊逻辑之
模糊推理入门

经典二值逻辑是把真假、是非绝对化，规定只能有 0 和 1 两个值。"秃头悖论"却告诉我们，对于含有模糊概念的命题，仅仅用 0 和 1 两个逻辑值是不够的，必须在 0 和 1 之间使用其他表示过渡的逻辑值来显明不同的真假程度。比如逻辑值可以为 0.6，表示一个命题四六开，六分真四分假，真的程度为 0.6。这样模糊逻辑将经典二值逻辑的命题的真值域扩展了。模糊逻辑有何用呢？首先我们要明白，用数学方法研究命题间的关系、推理、证明的学科叫作数理逻辑。数理逻辑的特点在于用符号去表示命题，比如用 A、B 等表示命题，在二值逻辑中它们既可以是真命题也可以是假命题，再引入"与""或""非"和"蕴含"，就可以表示各种复杂命题了。推理就诞生于此，我们知道，任何一种推理都包含前提和结论这两个部分，具有"如果……那么……"的形式。基于模糊逻辑的模糊推理仿照经典逻辑推理，基本形式如同：

前提 1：如果 x 是 A，那么 y 是 B，

前提 2：如果 x 是 A'，

结论：那么 y 是 B'。

前提 2 中用 A' 表示与 A 比较接近的模糊前提，推理结果是与 B 接近的 B'。比如下面这个推理过程：

前提1：若天气炎热，则供应强冷气，

前提2：若天气较热，

结论：那么供应较强冷气。

7.6
模糊数学与你家的
洗衣机有何关系

　　模糊数学在1976年传入中国后得到迅速发展。1980年模糊数学与模糊系统学会成立，1981年《模糊数学》杂志创刊。中国被公认为模糊数学研究的四大中心(美国、欧洲、日本、中国)之一。以下是扎德教授在接受采访时的一段对话：

　　问：扎德教授，自从你60年代建立了模糊逻辑的概念以后，对此的兴趣增加了很多吗？有无其他人追随这一理论？

　　扎德教授：……人们在日益接受这一理论，但对此还有很大的怀疑和反对。目前，研究模糊集理论人数最多的国家是中国。似乎在东方国家对于与二值逻辑不同的体系有更大的兴趣，大概这是因为他们的逻辑不像西方的笛卡儿逻辑。

　　1985年，第一个模糊逻辑片宣告问世，它的推理速度是八万次/秒，发明者是东方人——日本科学家山川烈。山川烈博士不久成功制造了模糊推理机，它的速度上了好几个台阶，接近一千万次/秒。1988年，北师大的教授汪培庄和他带的几位博士生在模糊信息处理领域跨出了至关重要的一步，成功地自主研发了一台"分立元件样机"，这实质上也是一台模糊推理机，它的推理速度为1500万次/秒。

　　后来在日本有人用模糊逻辑片和复杂的电路结合在一起制造出

了模糊计算机,日本也随即在仙台市的地铁列车和站台上安装了模糊计算机。这班地铁列车自1987年使用了模糊计算机以来一直平稳安全地运行至今。车上的旅客甚至可以不必攀拉扶手,因为,在列车前进过程中,拥有模糊逻辑的计算机司机的判断错误要比人类司机少70%。1990年,日本松下集团在他们生产的自动洗衣机里安装了模糊计算机。在模糊计算机控制下的洗衣机可以根据衣服的材质、肮脏程度自主调节洗衣程序。现在中国品牌的洗衣机也都安装了模糊计算机。

图 7-9　仙台地铁列车安装了模糊计算机

那模糊计算机是如何控制你家里的洗衣机的呢? 让我们来简要地说一说吧。

(1)基本结构和控制流程

图7-10是模糊智能洗衣机的基本结构和控制流程。它利用水温、布量负载、衣物材质以及附着污垢的情况等探测到的信息,进行分段计算,使精确信息变得模糊,再根据数据和模糊规则进行推理,将最终的结果去模糊化,以确定最恰当的较为精确的洗涤时间、水流、清洗时间、脱水时间和水位。

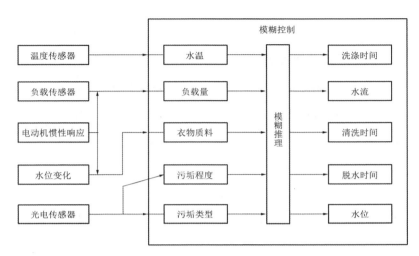

图 7-10　模糊智能洗衣机的基本结构和控制流程

(2)模糊规则

(a)输入变量(分三个层次)

水温：较高、中等、较低。

布量负载：多、中、少。

材质：棉制品较多、棉和化纤制品各半、化纤制品较多。

(b)输出变量(分四个层次)

洗涤时间：超长、长、中、短。

水流强度：超强、强、中、弱。

(c)可以根据输入变量的不同层次的不同取值和输出变量进行组合,用下面的27条模糊规则(输入变量里的3×3×3=27)表示智能洗衣机一次洗衣最终要用的洗涤时间和水流强度

　　规则1：如果水温较高,布量负载少,材质为化纤制品较多,那么就让洗涤时间减短,水流减弱。

　　规则2：如果水温较高,布量负载多,材质里面是棉较多,那么就让洗涤时间增长,水流增强。

……

以此类推，可写出其他25条规则。然后再选定适合的隶属函数，最终运用去模糊化手段就达到自动控制洗衣物的目的啦[6]。模糊控制也被成功地运用在其他各种家电中，比如微波炉、电饭煲、电冰箱、楼宇中的中央空调、手机照相功能的自动对焦等，而且重要的是成本很低。大家或许要问，对于某类复杂系统模糊控制为何如此有效，其实是因为其控制过程是在模仿人脑高效的思维方式：从环境收集精确的数据→数据经过大脑模糊化→大脑利用数据库和规则库进行模糊推理→去模糊化反馈给环境。

7.7

被日本模糊数学家
改造后的数据分析

我们最后来看看扎德的后辈们如何把模糊集拓展到数据分析领域。

(1)模糊数据描述统计量

模糊数据描述统计量是对一些基本的描述统计参数例如期望值、中位数及众数(一组数据中出现次数最多的数值)等的模糊化,我们来介绍一下模糊数据样本众数的概念。

现在利用离散型模糊众数决定旅游地点。假定XYZ集团下某个分公司有10个人,计划利用周末到户外游玩,选择地点有东方绿洲、辰山植物园、迪斯尼乐园、欢乐谷四处。表7-1为两种问卷结果的比较。

表7-1　旅游选择地点的两种问卷结果比较

	模糊众数选择旅游地点					传统众数选择旅游地点			
投票	东方绿洲	辰山植物园	迪士尼乐园	欢乐谷	投票	东方绿洲	辰山植物园	迪士尼乐园	欢乐谷
1	0.4	0.6	0	0	1		1		
2	0.5	0	0.4	0.1	2	1			
3	0.1	0	0.4	0.5	3				1
4	0.4	0	0.6	0	4			1	
5	0	0.8	0.2	0	5		1		
6	0.4	0	0.6	0	6			1	
7	0	0.6	0.4	0	7		1		
8	0.5	0	0.4	0.1	8	1			
9	0.4	0.6	0	0	9		1		
10	0	0	0.7	0.3	10			1	
总计	2.7	2.6	3.7	1	总计	2	4	3	1

比较一下模糊众数与传统众数所决定的旅游地点可以发现,若用传统计票法,统计得票结果为辰山植物园4票、迪斯尼乐园3票、东方绿洲2票、欢乐谷1票,则旅游地点众数为辰山植物园得4票最高。若由模糊隶属度投票计算,则以迪斯尼乐园隶属度和为3.7最高,即选择模糊众数则迪斯尼乐园为旅游地点。那么,选择辰山植物园得4票是否就足以代表这10人的最佳共识呢? 严格说,辰山植物园只是在二值逻辑的规则下,利用传统众数所求得的偏共识。所以我们认为,模糊众数较传统众数更贴近民意,找出的是一个令大家都可接受且较不极端的结果。

(2)模糊数据回归

第4章中我们已经提及传统的回归分析与随机现象有关,这里我们要说的模糊数据回归最早是由三位日本数学家田中、上岛和浅井提出的。此类回归分析考虑的不确定性源自多重隶属现象——因变量Y的观测值并不是以单一数值的形式存在。在经典回归分析中,由于我们假定研究对象之间的数学关系是精确的,因而认为误差的产生是由测量的不准确造成的。模糊回归分析所考虑的环境是模糊的,系统参数是模糊的,参数之间的关系也是模糊的,所以我们认为观测值与估计值之间的误差是由系统参数以及参数之间的关系的模糊性决定的,而并非由测量误差引起。从这个意义上说,经典回归分析与模糊回归分析的研究角度有着本质的区别。

线性模糊数据回归可以表示成:

$$Y(x_i) = A_0 + A_1 x_{1i} + A_2 x_{2i} + \cdots + A_p x_{pi},$$

其中$x_i = (1, x_{1i}, x_{2i}, \cdots, x_{pi})^\mathrm{T}$,表示自变量实数值向量,$Y(x_i)$表示模糊因变量。$A_m$为未知模糊参数,$m = 0, 1, 2, \cdots, p$。通常假定模糊参数(这里涉及"模糊数"的概念,"模糊数"是一种特殊的模糊集,所以也会有相应的隶属函数,具体可以参考文献[7])A_m具有三角形隶属函数。田中、上岛和浅井于1982年证明了模糊因变量$Y(x_i)$的隶属函数也属于三角形式。

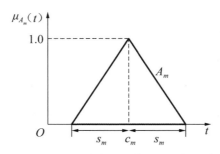

图 7-11　A_m 的隶属函数属于三角形式

如图7-11，A_m的隶属函数只与三角形中的c_m和s_m有关，为了方便起见，我们令模糊参数A_m=<c_m,s_m>，则可以把模糊数据回归表示成

$$Y(x_i) = <c_0,s_0> + <c_1,s_1> x_{1i} + \cdots + <c_p,s_p> x_{pi}。$$

换句话说只要能够估计三角形的中点和半径，就可以获得A_m的估计值。在这里，我们大致有两种方法估计回归参数，一是用第9章我们会介绍的线性规划，二是用我们熟悉的最小二乘法。那么模糊数据回归有何用武之地呢？传统的回归模型把真实数据和估计值之间的偏差认为是观测误差，而模糊回归分析把这种误差视为系统结构自身的模糊性，并把数据和其估计值之间的偏差视为系统参数的模糊性。换句话说模糊回归认为有些因变量观测值虽然带有不确定性，但这种不确定的特性来自多重隶属现象，而非随机现象。由于"互克性原理"，系统越复杂我们使它精确化的能力就会减少，也就是越模糊。比如在外汇交易市场中，以2007年6月1日人民币对美元的汇率中间价为例，统计数字为人民币/美元=7.6497，而6月29日人民币对美元的汇率中间价为7.6155。但是，这数据只是交易日的数值数据，它并不能完全准确地反映出在2007年6月1日与6月29日两个时间区间里，人民币对美元汇率的变动情况。因此，人民币对美元汇率这个数字本身就具有模糊性。在这些情况下，如果利用假设的"精确值"，可能会误导模型的建立，也可能扩大预测结果和实际状态之间的误差，而这里模糊回归恰恰考虑到了汇率数字的模糊性，汇率值是一种"模糊数"，而所谓的"模糊数"也成了对于数的概念的推广[8]。

(3)模糊聚类

俗话说，"物以类聚，人以群分"，聚类是一个始终伴随着人类社会发展而深化的古老问题，人类要认识客观世界首先就要区别不同的事物并认识相似的事物。聚类分析是聚类这一思想的数学化产物，在经济学中根据公民不同收入消费情况，划分一、二、三等来研究；在商业领域，聚类分析被用来发现不同的客户群体，然后精准施策；在生物学中，要根据动植物的综合特征进行分类。随着社会不断进步，人们对分类学的要求也逐步提高，在这个时代光凭经验、直觉或专业知识去对事物分类是远远不够的。于是分类学中引入数学，产生了"数值分类学"。随着研究的深入，在数值分类学中，聚类分析这一分支逐渐形成。聚类说穿了就是自动分类，聚类分析也是属于当今人工智能的一部分——机器学习的三个主题之一。机器学习的三个主题分别为分类、预测和聚类。

关于传统的聚类分析，其基本思想就是在样本点间定义距离或是在变量间定义相似系数，利用距离或相似系数判断样本点或变量之间的类似程度。按照距离远近或相似系数的大小，将样本点或变量逐个归类，关系密切的自动聚集到一个小的类别，然后逐步扩大，关系疏远的聚集到不同的类别，直到所有样本点或变量都自动聚合完成，形成一个谱系图，可以看出亲密和疏远的关系。聚类分析是比较客观准确的分类方法，在进行聚类之前，我们并不知道总体到底有哪几种类型，分为几类合适，这都需要在计算中探索、调整[9]。

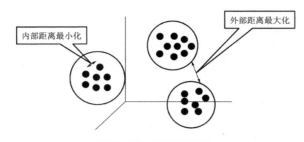

图 7-12　聚类分析法

这里距离指标最重要,计算聚类中距离指标的方法非常多,可选用的有:闵氏距离、曼哈顿距离、欧几里得距离、卡方距离等。另一个重要的指标是计算变量间相似系数的皮尔逊相关系数。我们在高中时就学过欧几里得距离,这里我们挑一个下面会用到的来聊聊,曼哈顿距离是爱因斯坦的大学老师闵可夫斯基所创的词汇,也叫出租车几何。其名称是来源于该距离表示度量空间中任意两点在标准坐标系的 x 方向上的距离和 y 方向上的距离和,这恰是规划为方形区块的城市里两点间出租车可以行驶的最短行程,例如从曼哈顿的第五大道与33街交点前往第三大道与23街交点,需走过(5-3)+(33-23)=12个街区。

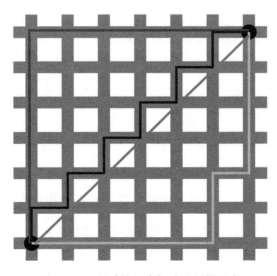

图 7-13　曼哈顿距离与欧几里得距离

图 7-14　闵可夫斯基

闵可夫斯基就是那位曾经抱怨爱因斯坦一直不来上他课的数学家。闵可夫斯基出生在俄国亚力克索塔斯，8 岁时随全家迁移到普鲁士的哥尼斯堡，与当时最伟大的数学家希尔伯特的寓所就隔了一条河。闵可夫斯基是当时著名的神童，他从小熟读莎士比亚、席勒的作品，背诵歌德的《浮士德》更是小菜一碟。他 8 岁进入预科学校，仅用五年半就完成了 8 年的学业。17 岁时建立了 n 元二次型的完整理论体系，解决了法国科学院公开悬赏的数学难题。1908 年 9 月他在科隆的一次学术会议上做了《空间与时间》的著名演讲，提出了四维时空理论，为爱因斯坦广义相对论的建立开辟了道路。不幸的是，三个月后他死于急性阑尾炎[10]。

我们再回到聚类分析。聚类分析大体上分为经典聚类和模糊聚类。经典聚类把每个待分类的对象确定地划分到某个类别中，是非此即彼的硬性划分。实际上，将事物分类是人类的创造，现实世界中大多数对象并不能被严格区分类别，它们在分类方面存在着中介性，是亦此亦彼的，只能进行软性划分。模糊聚类就是一种软性的划分，第一个把模糊聚类分析研究系统化的是数学家鲁斯皮尼，1969 年他提出了对数据集进行模糊划分的想法。两年后，扎德、田村等人也提出基于模糊关系的聚类方法(这里读者需要一些经典集合论里等价关系与划分的基础知识。关系这一概念是定义在集合上的，当集合内的所有元素都是有序对时则称此集合为一个二元关系。等价关系是一种特殊的二元关系，它同时具有自反性、对称性和传递性三大性质，我们可以使用等价关系来划分集合。其后衍生出来的关于模糊关系和模糊等价关系见注 1)。经典的模糊聚类分为好几种，一种是基于模糊等价关系来对数据集分类，另一种是凸分解方法，还有最大支撑树方法等。然而这些经典的方法都没有红起来，因为这几种方法都不适用于数据量大的情况，难以满足当今大数据的需求，所以在这些方面的研究也就越来越少了。现在最受欢迎的是基于目标函数的方法，这一方法简洁且使用广泛，最终又是个优化问题，可以借助于规划理论(规划理论具体详见第 9 章)求解，最关键是它方便用计算机算法实现，之后我会讲一讲基于目标函数的模糊聚类 FCM。

由于模糊聚类方法是样本对于隶属类别不明确时的描述，能更客观地反映现实世界，所以它是当下聚类分析研究的主流。我们先来看比较简单的基于模糊关系的聚类：若 R 是模糊等价关系，当且仅当对任意的置信水平 $\lambda \in [0,1]$，R_λ 是等价关系(这里需要一些关于截集的基本概念，见注 2)。论域 X 上的经典等价关系可以导出 X 的一个分类；论域 X 上的一个模糊等价关系 R 对应一族经典等价关系 $\{R_\lambda : \lambda \in [0,1]\}$，这说明模糊等价关系给出 X 的一个分类的系列。这样，在实际应用问题中可以选择某个水平上的分类结果，这就是模糊聚类分析的理论基础。

实际问题中建立的模糊关系通常不是等价关系而是相似关系(只满足自反关系和对称关系)，只有等价关系才能划分集合，这就需要将模糊相似关系改造为模糊等价关系(加入传递关系)，我们通常使用一种被称为"传递闭包"的工具进行改造(注 3)。有了模糊等价关系，根据不同的置信水平选择不同的模糊分类也就搞定啦，我们具体来看。

考虑给 5 个品牌的洗衣机做模糊聚类，二洋、松上、东门子、浪尔、小天鹅。给定相应的一组数据集 $X=\{x_1,x_2,x_3,x_4,x_5\}$，每个洗衣机给出两个指标要素＝{洗净程度，洗涤时间}。我们定义其上的适当的距离函数——闵可夫斯基距离：

$$(\sum_{i=1}^{p}|x_{il}-x_{kl}|^{q})^{1/q}.$$

由此给出模糊关系的公式如下：

$$R(x_i,x_k)=1-\delta(\sum_{i=1}^{p}|x_{il}-x_{kl}|^{q})^{1/q}$$

其中 δ 表示一个常数，使得 $R(x_i,x_k)$ 介于 0—1。显然 δ 是 X 中最大距离的倒数。具体数据集合 X 如下表：

表7-2

j	1	2	3	4	5
X_{j1}	0	1	2	3	4
X_{j2}	0	1	3	1	0

X_{j1} 和 X_{j2} 是 X_j 的两个分量，分别为洗净程度和洗涤时间（分类变量）。此例中，为了看出距离定义中的 q 值的影响力，在分析数据时，取 $q=1,2$。

$q=1$ 时，闵氏距离就是曼哈顿距离。最大的距离是 $5(x_1$ 与 x_3 的曼哈顿距离），取 $\delta=1/5=0.2$。然后用以上公式计算 R 的隶属度，例如 $R(x_1,x_2)=1-0.2(1+1)=0.6$，得到矩阵

$$\boldsymbol{R}=\begin{bmatrix} 1 & 0.6 & 0 & 0.2 & 0.2 \\ 0.6 & 1 & 0.4 & 0.6 & 0.2 \\ 0 & 0.4 & 1 & 0.4 & 0 \\ 0.2 & 0.6 & 0.4 & 1 & 0.6 \\ 0.2 & 0.2 & 0 & 0.6 & 1 \end{bmatrix}$$

传递闭包为

$$\boldsymbol{R}_T=\begin{bmatrix} 1 & 0.6 & 0.4 & 0.6 & 0.6 \\ 0.6 & 1 & 0.4 & 0.6 & 0.6 \\ 0.4 & 0.4 & 1 & 0.4 & 0.4 \\ 0.6 & 0.6 & 0.4 & 1 & 0.6 \\ 0.6 & 0.6 & 0.4 & 0.6 & 1 \end{bmatrix}$$

由此关系矩阵可以找出不同的置信水平λ分割的分类如下

$$\lambda\in\left[0,0.4\right]:\{\{x_1,x_2,x_3,x_4,x_5\}\}$$

$$\lambda\in(0.4,0.6\,]:\{\{x_1,x_2,x_4,x_5\},\{x_3\}\}$$

$$\lambda\in(0.6,1\,]:\{\{x_1\},\{x_2\},\{x_3\},\{x_4\},\{x_5\}\}$$

$q=2$时，这时的闵氏距离为欧氏距离。最大的距离为$4(x_1$与x_5两点的欧氏距离)，取$\delta=1/4=0.25$。然后计算R的隶属度，例如$R(x_1,x_3)=1-0.25(2^2+3^2)^{0.5}=0.1$，从而得到矩阵

$$R=\begin{bmatrix} 1 & 0.65 & 0.1 & 0.21 & 0 \\ 0.65 & 1 & 0.44 & 0.5 & 0.21 \\ 0.1 & 0.44 & 1 & 0.44 & 0.1 \\ 0.21 & 0.5 & 0.44 & 1 & 0.65 \\ 0 & 0.21 & 0.1 & 0.65 & 1 \end{bmatrix}$$

它的传递闭包为

$$R_T=\begin{bmatrix} 1 & 0.65 & 0.44 & 0.5 & 0.5 \\ 0.65 & 1 & 0.44 & 0.5 & 0.5 \\ 0.44 & 0.44 & 1 & 0.44 & 0.44 \\ 0.5 & 0.5 & 0.44 & 1 & 0.65 \\ 0.5 & 0.5 & 0.44 & 0.65 & 1 \end{bmatrix}$$

当对应不同的置信水平λ分割时，此关系矩阵导出4种不同的分类如下

$$\lambda\in\left[0,0.44\right]:\{\{x_1,x_2,x_3,x_4,x_5\}\}$$

$$\lambda\in(0.44,0.5\,]:\{\{x_1,x_2,x_4,x_5\},\{x_3\}\}$$

$$\lambda\in(0.5,0.65\,]:\{\{x_1,x_2\},\{x_3\},\{x_4,x_5\}\}$$

$$\lambda\in(0.65,1\,]:\{\{x_1\},\{x_2\},\{x_3\},\{x_4\},\{x_5\}\}$$

另外，简要介绍一下基于目标函数的模糊聚类FCM。1981年本泽德克博士等人对k均值算法(一种传统聚类方法，见注4)进行系统改装，

使其模糊化,最后得到了FCM算法。本泽德克是美国西佛罗里达大学的退休教授,模糊数学领域的泰斗。他的FCM算法属于"划分式"聚类算法,它从一个初始划分开始,需要事先指定聚类的类别数目,还需要定义一个目标函数也就是一个最优化的聚类标准。FCM算法里有 n 个数据向量,并且划分为 c 个模糊类,每个模糊类用它的聚类中心来代表。通过计算机算法不断迭代,目标函数的误差就能逐步降低,使得最终目标函数值收敛时,就取得了聚类结果。

现今,模糊聚类分析被用于信息安全中的"入侵检测",以及图像分割和模式识别中。

7.8

模糊现象和随机现象
到底不同在哪里

"天苍苍，不确定性数学理论的梦想不知现在何方？

雾茫茫，模糊数学理论是不是正确的前进方向？

拨开迷雾，等待我们的一定是那灿烂的阳光！"

我们继续讨论一个比较有争议的问题：随机性与模糊性的异同。虽然随机性与模糊性都是对不确定性事物的描述，但两者是有天壤之别的。扎德在他的划时代的论文《模糊集》中说：

应当注意，虽然模糊集的隶属函数与概率函数有些相似，但它们之间存在本质区别。模糊集的概念根本不是概率论的概念。概率论研究和处理随机现象，所研究的事件本身有明确的含义，只是由于条件不充分，使得在条件与事件之间不能出现决定性的因果关系，这种在事件的出现与否上表现出的不确定性称为随机性。而模糊数学研究和处理的模糊现象，所研究的事物其概念本身是模糊的，模糊性是由于概念外延的不清晰而造成的不确定性。

下面的例子直观地说明了随机性与模糊性两种概念的区别：

假如你不幸在沙漠中迷了路，而且几天没喝水，这时你见到两瓶液体，其中一瓶贴有标签："是纯净水的程度为 0.91"，另一瓶标有标签："是纯净水的概率为 0.91"。你会选哪瓶呢？相信会是前者。因为前者的水虽然不太干净，但不会是有毒液体，这里的0.91表明的是纯净程度而非"是不是纯净水"；而后者则表明有9%的可能不是纯净水，或许是有毒液体。[2]

当然学界对模糊性和随机性之间关系的研究和争论从一开始就没有间断过，近来又有两种新的研究倾向[11-17]：一是将模糊集与概率论紧密结合，以期望建立综合的、发挥各自优势的更有效的不确定性数学方法；二是从新的层面或新的角度将模糊集与概率论统一起来，以期望用一套理论体系给出模糊和概率的两种语义解释。

这里穿插三个小故事，关于模糊数学的早期影像。先是那个古希腊著名的"种子问题"：多少粒种子算一堆？著名数学家博雷尔是这样处理这个模糊现象的，他找来一大批调查者，逐个发问，"n粒种子叫不叫一堆？"回答为"叫一堆"的频率就作为n粒种子叫"一堆"这一事件A的概率。现在我们知道，事件A不是普通的集合或事件，而是模糊集合或模糊事件，这里博雷尔把A的隶属函数用概率表示了出来。目前有许多模糊集的隶属函数可以用博雷尔的方法求出来，这无疑加深了概率论和模糊数学间的联系。

第二个故事关于20世纪中极为有影响力的数学家冯·诺依曼，他给出了经济学领域中"效用"概念的定量测定的一个存在性定理。其大意如下：对任意两个事物a和b，如果认为a比b好，则a的效用大于b的效用。若规定最好的事物相当于最大的效用值，取为1；最糟的事物相当于最小的效用值，取为0。在一定的条件下，他证明了对所考虑的每个事物，都有一个在区间[0,1]的效用值

图7-15　博雷尔

与之对应。效用的大小显然是模糊概念,应当用模糊集来表示,冯·诺依曼其实是给出了模糊集的隶属函数存在的条件和求法。

　　最后一个小故事是关于著名的科学家司马贺,他获得诺贝尔经济学奖的工作与模糊概念紧密相关——令人满意原则。要在一个复杂系统中求出精确的最优解往往是不现实的,所以司马贺转换思路,找到一个令人满意的解就可以了。用令人满意原则替代最优化原则能使问题大大简化。他曾经举过一个很生动的例子来说明他的思想:一个人饿晕了,看到一片玉米地,如果他要找一根最大的玉米,就需要把这整片玉米地里的玉米都拿来比较,这显然不实际。但如果他只想要一根大玉米,在附近地里挑挑拣拣就很容易满意。"令人满意原则"里的满意程度是个模糊概念,这意味着司马贺在用模糊集处理问题[3]。

图 7-16　司马贺

7.9
模糊数学与人工智能之间的联系

用人造生存体替代人脑甚至人类身体，这是历史上许多科幻小说家的梦想以及科学家的不懈追求。19世纪雪莱出版的小说《科学怪人》讲述了一个学生用人遗体的一部分制造了一个科学怪物弗兰肯斯坦，这个故事在西方国家可谓众所周知。更早之前，17世纪，关于傀儡的犹太传说描写了类似的事情，在布拉格，一个犹太法师用河里的黏土制造了一个人形生物，去帮助他的家乡民众渡过难关。在很多小说和电影当中，机器人题材变成一个持久的主题，比如斯皮尔伯格导演的《人工智能》，又比如2014年上映的《机械姬》。由于20世纪数理逻辑等数学分支学科的快速发展，在1946年人类成功研发出了世界上第一台电子通用计算机埃尼亚克。从此作为一门新兴学科，计算机科学被世人建立了起来而获得广泛的研究，一直到今天还是大学里最热门的专业。而立足于计算机科学的人工智能的研究随后在1955年由麦卡锡提出。

图7-17 科学怪物弗兰肯斯坦

然而如何给AI下定义,仍然是学术界争论不休的事。从狭义上讲,人工智能是指这个学科研究的一些主要内容,包括数理逻辑、搜索技术、随机方法、机器学习以及自然语言处理等方面。从广义上讲,人工智能是指一切使用计算机模拟、延伸和扩展人的智能行为的技术。关于人工智能的研究,主要有两大观点三种不同的派别。一种观点认为研究人工智能应该以数理逻辑为基础,因为符号能表达知识,而通过符号的逻辑运算就能表达认知过程,这就是人工智能领域最早先的派别逻辑学派,又称符号主义学派。另一种观点则认为,数理逻辑方法太单调不能很好地处理人在认知过程中会遇到的复杂性,因此他们不再用经典的逻辑方法而去寻找一些特别的技术,这些技术流派主要包括行为主义学派和联结主义学派。行为主义学派主张智能的形成来源于感知和行动,这里面使用的原理是维纳所创的控制论。联结主义主张人的智能单元要还原到大脑内的神经元,需要从神经元开始建模而不是一味地做符号运算,这里面主要使用神经网络与学习算法[18],而

图 7-18　位于弹道研究实验室的埃尼亚克计算机

后文要讲述的深度学习作为神经网络的一种加强版，使人工智能睁开双眼具有了感知。当然，以上是一个非常简单的AI历史。实际上，AI领域有许多不同的方法和流派。

那么模糊数学在人工智能中起到什么作用呢？人工智能被创造出来，不仅是要去面对复杂的自然世界，还要应付更加复杂的人工系统。而要应付人工系统首先就得研究透人的思维方式。人的思维不同于经典数学，经典数学具有精确的特性，而人的思维却具有模糊的特性。扎德教授认为人工智能不应该以经典数学中的一阶逻辑（注5）为基础，而应该以近似推理的模糊逻辑为基础。其实模糊数学由于其内蕴属性，自诞生起就注定了它未来的应用领域，虽然一开始模糊控制只是用于家用电器，可后来就水到渠成地与人工智能结下良缘。模糊数学作为一种处理模糊信息的数学，对它的研究突破关系到人工智能领域的前沿发展。将模糊数学与人工智能相结合的研究在现今人工智能研究中是相当重要的，这一切都是源于扎德教授的独辟蹊径。

注　释

注1: 模糊等价关系

首先给出经典关系的定义 1: 设 X, Y 是非空经典集合, $X \times Y = \{(x, y): x \in X, y \in Y\}$ 为 X 与 Y 的笛卡儿积。若 $R \subseteq X \times Y$, 则称 R 是 X 到 Y 的二元关系, 简称关系。若 R 是 X 到 Y 的关系, $(x, y) \in R$, 则称 x 与 y 具有 R 关系, 记为 xRy。

设 R 是 X 上的经典关系:

若对任意 X 中的 x, $(x, x) \in R$, 则称 R 是自反的;

若对任意 X 中的 x, y, $(x, y) \in R$, $(y, x) \in R$, 则称 R 是对称的;

若对任意 X 中的 x, y, z, $(x, y) \in R$, $(y, z) \in R$, 则 $(x, z) \in R$, 则称 R 是传递的。

若 R 是 X 上的一个自反、对称和传递的关系, 则称 R 是等价关系。

模糊关系的定义 2: 设 X, Y 是非空经典集合, X 到 Y 的一个模糊关系 R 是指 $X \times Y$ 上的一个模糊集 $R: X \times Y \to [0, 1]$。对任意 $(x, y) \in X \times Y$, 隶属度 $R(x, y)$ 表示了 X 中的元素 x 与 Y 中的元素 y 具有关系 R 的程度。

模糊等价关系的定义 3: 设 $R \in F(X \times X)$, (1) 若对任意 X 中的 x, $R(x, x) = 1$, 即 $I \subseteq R$, 则称 R 是 X 上的 F 自反关系。

(2) 若对任意 X 中的 x, y, $R(x, y) = R(y, x)$, 则称 R 是 X 上的 F 对称关系。

(3) 若 $R \circ R \subseteq R$, 则称 R 是 X 上的 F 传递关系。同时满足以上三者的关系被称为模糊等价关系[2]。

注2: 截集

模糊集合是普通集合的推广,普通集合是模糊集合的特殊形式。在一定条件下,两者可以互相转化。利用水平截集可以将模糊集合转换成普通集合。

定义4: 设A为论域U上的模糊集合,对任意$\lambda \in [0, 1]$,称$A_\lambda = \{u \mid u \in U, \mu_A(u) \geqslant \lambda\}$为$A$的$\lambda$截集(或称为$\lambda$水平截集),其中$\mu_A$为隶属函数,而$\lambda$称为置信水平。

由定义可知,通过对A的隶属度确定一个限定值$\lambda(0 \leqslant \lambda \leqslant 1)$,然后把隶属度大于等于$\lambda$的元素挑出来,就得到普通集合。$\lambda$水平截集是普通集合,其特征函数为

$$I_{A_\mu}(u) = \begin{cases} 1 & \text{当} \mu_A(u) \geqslant \lambda \\ 0 & \text{当} \mu_A(u) < \lambda \end{cases}$$

λ水平截集的特征函数与模糊集合A的隶属函数的关系如图7-19所示。

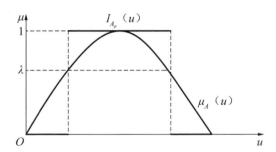

图7-19 λ水平截集的特征函数与模糊集合A的隶属函数的关系

注3: 构造传递闭包

定义5: 设$R \in F(X \times X)$,若$R_1 \in F(X \times X)$是传递的且满足:

(1) $R \subseteq R_1$;

(2)若S是X上的模糊传递关系且$R \subseteq S$, 必有$R_1 \subseteq S$, 则称R_1为R的传递闭包, 记为$t(R)$。根据上述定义, 模糊关系R的传递闭包是包含R的最小传递关系[2]。

定理1: 设$R \in F(X \times X)$, 若R是F自反关系, 则$R^n \subseteq R^{n+1}$。

定理2: 设$R \in F(X \times X)$, 则$t(R) = \bigcup_{n=1}^{\infty} R^n$。

定理3: 设X为有限论域, $R \in F(X \times X)$且R是F自反的, 则存在最小正整数m使得$t(R) = R^m$, 换句话说, R^m以上都一样了。

计算有限论域上自反模糊关系R的传递闭包的方法就此出炉: 从R出发反复自乘, 依次计算出R^2, $R^4 \cdots$, 当第一次出现$R^k \circ R^k = R^k$时即得传递闭包, $t(R) = R^k$, 各定理证明请参考文献[19]。

注4: K均值聚类

K均值聚类算法是最基础也是最常用的聚类算法。其基本思想是先随机选取K个聚类中心作为初始的类簇中心。然后计算代价函数, 这里定义代价函数为各个样本点距离所属类簇中心的误差平方和。然后对于每一个样本点, 将它分配到距离最近的簇, 同时对于每一个类簇重新计算这个类簇的中心, 不断迭代, 直至代价函数收敛。

注5: 一阶逻辑

一阶逻辑是一种形式系统。数理逻辑中最简单的命题逻辑有一定的局限性, 为了解决这些问题应运而生的一阶逻辑将简单命题再细致地划分为个体词、谓词和量词, 目的是表达出所研究的个体与总体间的关系。这个形式系统中的个体词是指研究中可以独立存在的客体, 比如"小项""小刘""根号3"等等都是个体词。谓词是用来表示不同个体词之间的关系或者某个个体词本身的性质, 比如"小项和小刘同年龄""根号3是无理数"。"……是无理数""……和……同年龄"都是谓词。一阶逻辑里面还大量使用了数学分析中常见的所谓量词，比如："$\exists x$"中的量词符号"$\exists$"，是把字母"E"左右反转过来产生的，意思是"Exist"。"$\exists$"是存在量词，"$\exists x$"的意思就是存在一个变量x；而"$\forall x$"中的量词符号"$\forall$"，是将字母"A"上下颠倒而产生的，意思是"All"。"$\forall$"是全称量词，"$\forall x$"的意思就是对所有的变量x。

参 考 文 献

［1］扎德.模糊集与模糊信息粒理论［C］.阮达,黄崇福,译.北京:北京师范大学出版社,2000.

［2］张小红,裴道武,代建华.模糊数学与Rough集理论［M］.北京:清华大学出版社,2013.

［3］李洪兴,许华棋,汪培庄.模糊数学趣谈［M］.成都:四川教育出版社,1987.

［4］范迪姆特.不确定之美［M］.胡焰林,译.北京:北京时代华文书局,2016.

［5］史密生,弗桂能.模糊集合理论在社会科学中的应用［M］.林宗弘,译.上海:格致出版社,2012.

［6］周泽.洗衣机的模糊控制技术［J］.家用电器科技,1997,(4):39-42.

［7］王桂祥,模糊数理论及应用［M］.北京:国防工业出版社,2011.

［8］王忠玉,吴柏林.模糊数据统计学［M］.哈尔滨:哈尔滨工业大学出版社,2008.

［9］范金城,梅长林.数据分析［M］.北京:科学出版社,2007.

［10］周志华.机器学习［M］.北京:清华大学出版社,2016.

［11］KOSKO B. Fuzziness vs Probability［J］.International Journal of General Systems,1990, 17(1): 211-240.

［12］MOLLER B, BEER M. Fuzzy Randomness-Uncertainty in Civil Engineering and Computational Mechanics［M］.Berlin:Springer, 2004.

［13］NEUMAIER A. Clouds, Fuzzy Sets, and Probability Intervals［J］.Reliable Computing, 2004, 10(4): 249-272.

［14］LI H X. Probability Representations of Fuzzy Systems［J］.Science in China (series F), 2006, 9(3): 339-363.

［15］BUCKLEY J J. Fuzzy Probability and Statistics［M］. Berlin:Springer, 2006.

［16］NURMI H. Probability and Fuzziness-Echoes From 30 Years Back［M］. Berlin: Springer, 2009.

［17］BARUAH H K. The Randomness-Fuzziness Consistency Principle［J］. International Journal of Energy, Information and Communication, 2010, 1(1): 37-48.

［18］肖中瑜,魏延.模糊数学与人工智能技术［J］.重庆教育学院学报,2002, 15(003): 16-19.

［19］张振良,张金玲,殷允强,等.模糊集理论与方法［M］.武汉:武汉大学出版社,2010.

第 8 章

分形统计学进驻金融领域

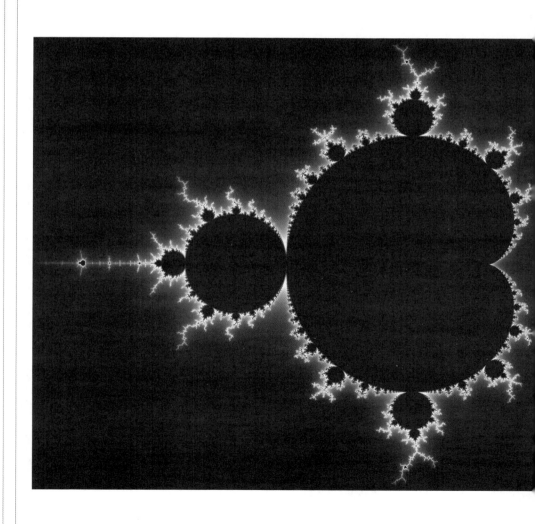

云彩不是球体,山岭不是锥体,海岸线不是圆周,树皮并不光滑,闪电更不是沿着直线传播的。

——芒德布罗

∞

20世纪中后期,金融领域由于国际金融市场一体化,气象领域由于大型计算机的介入,生物领域由于对生态网络的深入研究,我们见到了一种全新的不确定性。相对于"温和的"不确定性比如投掷硬币,这种被称为"狂野的"不确定性,它更不规则、更不可测。它是康沃尔海岸线原始的海角、多峭壁的岩石和不可预知的平静海湾;它是貌似毫无规则的闪电雷暴、洪水龙卷风;它是蕨类植物和花椰菜,而星系的旋臂和鹦鹉螺居然都具有与它相似的外表;它是股票价格、棉花价格的变动,它的名字叫"分形"。分形的出发点似乎非常简单:如果某一物体(或时间序列)的局部包含整体,或者说,无论在哪一个层次上,如果能从放大的局部中看到原物体(或时间序列)整体的形状,那么该物体(或时间序列)就是分形的。

图 8-1 自然界中的分形

　　"没有测量，就没有科学。"这是化学家门捷列夫的名言。我们知道数学和统计学最早起源于"测量"这一重要的人类实践活动。20世纪下半叶对于数学和统计学至关重要的一些"测量"带给我们一系列新的问题和视野，"模糊""分形"和下一章要讲到的"包络"的数据分析让我们从不同于以往的角度去看待"信息"。宇宙向我们展现出了其前所未有的创意。

8.1
从早期的数学怪物谈起

话说 2000 多年前由于人类生产和生活的需要，希腊人欧几里得创设了欧氏几何学。从此人们开始在欧几里得空间 $\mathbf{R}^n$ 上对各种数学问题展开研究。$\mathbf{R}^n$ 中的 $\mathbf{R}$ 表示实数域，$\mathbf{R}$ 右上角的 n 代表该空间的整维数。首先人们在生活中遇到的都是一些有限的对象。$n=0$ 是有限个点的空间；$n=1$ 表示一条线段或平面上的一条曲线所处的空间；$n=2$ 代表一个有限的平面；$n=3$ 则是对有限的空间几何体而言。对于它们的度量，我们总是称它们为"有多少个点""线段有多长""图占多少面积"和"立体占多少体积"。但在 100 多年以前，一些被称为"数学怪物"的东西接踵而至，令人应接不暇，人们无法用欧氏几何的语言去描摹它们的特性，被数学家发现的数学怪物有以下几种：

1875 年，前一章提到过的魏尔斯特拉斯发现了处处连续可是却处处不可导的函数。这是一个纯粹的数学问题，当时有了函数曲线的连续与可微性质后，人们挖空心思地研究处处连续处处不可微分的函数曲线。魏尔斯特拉斯构造的函数及图像如下：

$$W(x) = \sum_{k=0}^{\infty} a^k \cos(2\pi b^k x)$$

其中 $0 < a < 1 < b$，且 $ab \geqslant 1$。魏尔斯特拉斯证明了对某些 a 和 b 的值，该函数无处可微。这就是史上第一个"数学怪物"。

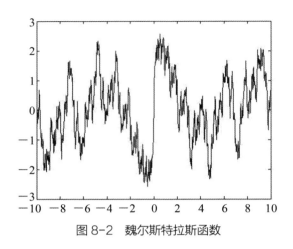

图 8-2 魏尔斯特拉斯函数

魏尔斯特拉斯函数的缺点就是极难绘画,不够直观。之后1883年,前一章提到过的康托尔构造出了具有许多前人未见的怪异性质的康托尔三分集。如图8-3所示,"把线段中间1/3部分挖空"的动作对应了几何图形的一次"迭代"。然后将这种"迭代"操作循环往复地做下去,就构成了康托尔集。因为它是由无数个点组成,在零维空间度量它的结果就是无穷大,而由于没有长度,所以在一维空间度量它就等于零。要么为无穷大,要么为零,康托尔集在欧几里得几何领域内不可度量。

图 8-3 康托尔三分集

意大利数学家皮亚诺在1890年构造出了一种非常奇特的曲线,如

图8-4所示,从左到右按此方式迭代下去,这一曲线的最终极限形式必定能够通过正方形内的所有点,就此整个正方形会被填充。

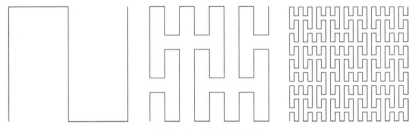

图 8-4　皮亚诺曲线

　　就是说,这条曲线最终就是整个正方形,似乎很荒谬的是,它应该有面积! 这个结论令当时的数学界惊诧万分。数学家们相当担心: 皮亚诺曲线到底是几维? 以及如此一来,曲线与平面该如何区分? 经典思维可能是,皮亚诺曲线是一条直线折叠了再折叠,最后那个图放大后依然能看出来,皮亚诺曲线是由一条条小的线段构成,当然是线,是一维图形。但当迭代次数趋于无穷,这个无穷不是放大图形能看到的,只能凭想象,数学上只要涉及无限,就会得到出人意料的结果。

　　还有许多涉及无限的曲线,比如瑞典数学家科赫构造出的被后人称为科赫雪花的一类曲线。科赫于1870年出生于瑞典一个名声赫赫的贵族家庭。当时瑞典贵族阶层的时尚是研究数学和形而上学,科赫处于这样的氛围中自然也受到影响。科赫被斯德哥尔摩大学录取时年仅17岁,他的数学老师是著名的学者列夫勒,列夫勒擅长的是函数论。由于斯德哥尔摩大学当时刚刚创办,还没有给学生颁发学士学位的资格,所以科赫费了一番周折

图 8-5　科赫

离开了斯德哥尔摩大学转投乌普萨拉大学。在乌普萨拉,他顺利地从文学学士一直读到了哲学博士。之后科赫又开始在斯德哥尔摩的另一所学校,皇家工学院担任数学老师。科赫短暂的一生也有一些成就,他写过一系列数论领域的论文。但是,他最令人熟识的成果,却是这个看起来不太起眼的小玩意儿——科赫曲线[1]。

科赫在他的一篇论文中描述了科赫雪花的构造方式。由于下文会经常提及科赫雪花曲线,我们来仔细分析其设计过程。

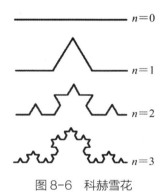

图8-6 科赫雪花

如图8-6,$n=0$时为一条线段。$n=1$时在这条线段中间部位,用原来线段长的三分之一构成的等边三角形的左右两边代替原来线段的中间三分之一。对$n=1$时的每条长为三分之一的线段重复从$n=0$到$n=1$时的做法就得到$n=2$时的情况,对$n=2$的每段再重复做法就得到$n=3$的情况,如此不断迭代下去直至无穷就得到了科赫雪花。很明显,科赫雪花不是我们熟知的欧几里得几何学中常见的几何对象,它处处连续可是却处处不可导,因为其处处是尖点而且处处无切线。不过且慢,处处连续可以很容易看出来,但处处不可导、处处是尖点也没切线呢?这些雪花的三角形边上平滑的直线部分不都是无尖点有切线而可导的吗?这里有一个很重要的概念,真正的分形是最终那个无限迭代下去的具有极限形式的图形,不是迭代过程中我们所能看到的图

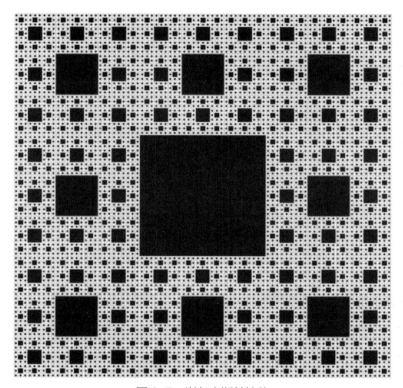

图 8-7　谢尔宾斯基地毯

形。所以分形是没法展现给大家看的，只能靠想象力，但其实我们也不需要看到完整的分形图形，因为这里面有所谓的自相似性，下面我们慢慢会看到这一点。

波兰数学家谢尔宾斯基在 1915 年创造了一种形似于波斯地毯的几何图案。有意思的是，像科赫一样，谢尔宾斯基也深入研究过数论，写了一些数论的文章。他还涉猎了集合论和拓扑学，可以说是那时波兰学术界的权威，一生发表了 700 多篇论文，出版了 50 多部著述。

以上那么多的"数学怪物"大都是数学家为了解决当时的一些数学问题而提出的反例，但是它们恰巧却又必然地成了历史上分形思想的源头。

8.2
芒德布罗和他的
分形几何

常言道，日光之下并无新事，但我们看世界的角度常新。上帝说：去吧，芒德布罗，擦亮世人的眼睛！就这样世界再也不是"看上去"的那样平滑了。相反小到一个DNA分子，大到整个银河系，大自然的各个尺度都充斥着不断重复的凹凸不平的结构。沃尔夫物理学奖得主、法裔美国数学家芒德布罗总结前人的发现后提出的分形几何就是专门研究这些重复结构背后定律的新兴学科，后来又以他非凡的洞察力开创了一门新的统计学——分形统计学。

1974年，芒德布罗在剑桥大学的学术报告在听众热烈的掌声中结束。这位数学家没有理由不感到欣慰，多年的孤立和落寞之后，他的数学理论终于引发了学界的兴趣。他的理论之所以这样吸引人，正是因为这一理论的研究对象是诸如云朵、花草等我们熟悉而常见的东西，而理论所要回答的问题，似乎很平常，可是却出现了新的复杂性。

图 8-8　芒德布罗 2007 年演讲时的照片

英国的海岸线究竟有多长？芒德布罗对此的回答是：这取决于我们测量的尺度。听众们疑惑的神情每次都让他快乐不已。是啊，从数百米宽的海湾，到几厘米甚至更小的凹凸不平的岩石，海岸线由多个尺度上的曲线构成。事实上，如果把所有这些坑坑洼洼的部分都计算进来，那么海岸线的最终长度将趋向无穷大！物理学、化学、生物学……芒德布罗在各个领域中都发现了这种无限碎化的曲线，无处不在的分形一下子成了"横截学科"。他说："人们往往只对平滑的形态感兴趣，但这世界归根结底是凹凸不平的。"

芒德布罗生于波兰，流亡到法国后开始了数学领域的研究。他是一位博学多才的天才，又是一位离经叛道的数学家，他有天马行空的想象力，但不喜欢严密的逻辑推导，受他的一位数学家怪叔叔的影响，他对数学史上那些著名而非常不规则的"数学怪物"特别感兴趣，但当时数学的主流是研究规则的、光滑的对象。

20世纪60年代初，他进了IBM在纽约约克敦的研究中心，主要从事经济问题的分析，例如期货市场上棉花价格的变动。就是在这里，他的灵感诞生了，这个灵感来自"棉花之谜"。芒德布罗注意到，棉花价格的涨落是一类普遍问题，由于这类问题缺乏传统的规律性，充满了频繁而剧烈的波动，因而无法被纳入当时的金融模型。在计算机的帮助下，他发现价格变动在所有时间跨度层级上都表现出同样的变化模式——无论是几天、几个月、几年甚至于几十年的时间跨度中，价格的变化都呈现出同样的碎片化。似乎时间跨度的差异对价格变化的方式毫无影响。类似情况也出现在其他许多地方，包括计算机接线的电子噪声的变动、流体中的湍流，甚至宇宙中的星系分布。在这些情况中，各个尺度层级的变化都遵循同样的规律。因此，现实世界的皱度绝非偶然而成，相反，它隐藏在整个结构中。然而多年间，这个发现并没有引起学界重视。

站不住脚的民科、毫无根据的浅陋之见……由于没有学院派背景，芒德布罗的观点在当时遭到了种种尖刻的批评。但今天，一切都已经过去，芒德布罗载誉而归。分形理论的成功也在很大程度上要感谢IBM强大的计算机。在计算机的帮助下，芒德布罗凭借简单的数学法则构建出极其不规则的图形——芒德布罗集。芒德布罗通过"分形显微镜"把这些在各个层级上不断重复，且有无限褶皱度的数学曲线不断放大，看得一清二楚，他称之为"分形"[2]。这个名称正是他1975年在《分形、机遇和维数》一书中提出的[3]。

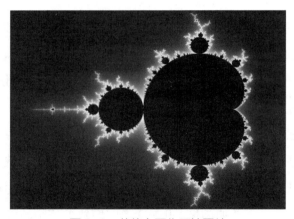

图 8-9　芒德布罗集原始图片

1982年，芒德布罗发表了他的第二本经典著作《大自然的分形几何》，此书是他对前一本书《分形、机遇和维数》进行的修改和补充。在这本书中，芒德布罗引经据典，旁征博引，向我们展示了分形几何所产生的奇妙图案和以分形理论为基础模拟出的足以以假乱真的星球和地形地貌。至此人们被芒德布罗的奇思妙想所折服，他的分形理论被广泛接受，《大自然的分形几何》一书也被誉为分形领域的"圣经"，芒德布罗本人被称为"分形之父"。如今，分形被广为应用在自然科学和社会科学各领域，比如统计物理、地球物理、经济学、计算机图形学，艺

图 8-10　通过"分形显微镜"放大后的芒德布罗集

术设计等等。最贴近大众的是好莱坞的电影场景和特效。比如《星球大战》中用分形制造出的岩浆落在巨大的机械臂上的场景。在我们论及分形统计学之前，首要的问题当然是来看看如何定义分形，可是分形的定义至今令人头疼，芒德布罗在书中曾经为分形下过两个定义：

（1）满足下式条件 $\mathrm{Dim}(A) > \mathrm{dim}(A)$ 的集合 A，称为分形集。其中，$\mathrm{Dim}(A)$ 为集合 A 的豪斯道夫维数（或分数维），$\mathrm{dim}(A)$ 为其拓扑维数。一般说来，$\mathrm{Dim}(A)$ 不是整数，而是分数。

（2）部分与整体以某种形式相似的形，称为分形。

然而，经过理论和应用的检验，人们发现这两个定义很难包括分形如此丰富的内容。实际上,对于什么是分形,到目前为止还不能给出一个确切的定义,正如生物学中对"生命"也没有严格明确的定义一样,人们通常是列出生命体的一系列特性来加以说明。对分形的定义也可以同样处理。

分形一般有以下特质:

(i)分形集具有精细结构,即有任意小尺度的细节。

(ii)分形集是如此的不规则,以至它的整体和局部都不能用传统的几何语言来描述。

(iii)分形集通常有某种自相似的形式,可能是近似的或是统计的。

(iv)一般地,分形集的"分形维数"(以某种方式定义)大于它的拓扑维数。

(v)在大多数令人感兴趣的情形下,分形集以非常简单的方法定义,可能以变换的迭代产生[4]。

8.3

1919年豪斯道夫提出
连续空间概念

分形世界是一个复杂而奇伟瑰丽的世界，分形世界似乎超越了人类的掌控能力，有许许多多分形集至今未被驯服甚至还未被发现……但幸运的是，大自然留给了人类分形世界的钥匙——分数维。这是一类新的不变量，我们最喜欢的就是数学中的不变量，但这听来似乎难以理解，空间的三维和时间的一维，暂且不论弦理论的更多维度，可都是整数，为何会出现分数维呢？为什么这是一类不变量而且又那么重要呢？为什么它会出现在分形统计学里呢？我们要从以上的分形怪物说起。很显然，这些怪物有一个共同的特点：它们以自己微薄之躯抢占空间。比如，按直觉我们说，皮亚诺曲线是几维的呢？它只是一维曲线却填充了整个二维空间！

那科赫曲线呢？我们先来直观地想一想，如果用一维的尺子去丈量二维长方形的长度，由于线段是只有长度没有宽度的，那么一个具有面积的长方形必定包含无限条一维线段，则这个值必定为∞；而如果用二维的尺子去量一维线段的面积，这个值必定为零，因为线段没有面积。只有用一维的尺子测量一维的线段，用二维的尺子去测量平面图形，得到的度量值才是一个常数。所以我们可以总结出，只有用与图形的维数相同的尺子去度量此图形，得到的度量值才会是一个常数。度量与尺子不同维度的图形,度量值不是∞就是零。再来看科赫雪花,如果用一维的尺子去度量它,得到的长度为∞;用二维的尺子去度量它,得到的面积为零。也就是说科赫雪花曲线的维数是大于1但小于2的一个分数。所以,这些怪物在传统的欧几里得几何领域都难以度量,这里,我们遇到了测度和维数的关系,也就要跟随芒德布罗揭开分数维之谜了。

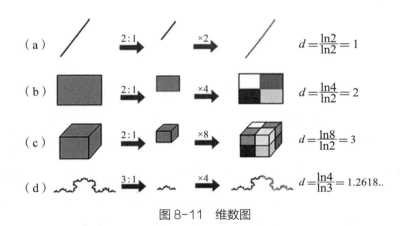

图8-11　维数图

如图8-11,若有直线段长度为1,其长度变成原来的1/2时,原来的线段包含2^1段,此为1维;若有矩形面积为1,当其边长变成1/2时,原矩形中可以包含2^2个小正方形,此为2维;若有正方体体积为1,当边长变为1/2时,原正方体中包含2^3个小正方体,此为3维。对科赫曲线而言,在第一步$n=1$时,当边长变为1/3时,图形包含4段等长折线段。芒德布罗摆脱了欧几里得几何的束缚,引入了分数维$d=-\ln N/\ln r$,r为边长变成原来的分数倍数,N为边长缩小后基元形体的个数,d就是分数维数。也就是说科赫曲线其分数维为ln4/ln3约等于1.2618,我们称此分数维为相似维,因为被度量的几何体是严格自相似的,对于近似相似或统计意义上相似的分形(比如真实世界中布列塔尼的海岸线),该公式是不能用的,我们需要更基本的豪斯道夫维。

豪斯道夫是拓扑学的创始人之一，并且在
其他数学领域比如分析和集合论方面都有贡
献。二战爆发后，犹太人开始受到纳粹猖
狂地迫害，而豪斯道夫就是犹太人。豪斯
道夫不听友人的劝说，固执地认为自己应
该可以躲过迫害，因为他认为自己当时在
德国已经是令人敬仰的数学教授。但令豪
斯道夫大失所望，他最终还是被送进地狱般
的集中营。他研究开创的基础数学尤其是拓扑
学，被德国当权者谴责为对纳粹德国没用的

图8-12　豪斯道夫

东西，只是属于犹太人的垃圾。几年后，悲愤又绝望的豪斯道夫与夫
人一起服毒自杀，令人扼腕叹息。

现在我们要论及的豪斯道夫维最先源于他1919年关于连续空间
的工作，在此之前必须先讨论豪斯道夫测度。豪斯道夫测度及豪斯道
夫维数的优点是它对任意的集合都适用，且由于它以测度为基础，在
数学上比较容易处理。其主要不足是在很多情形下难以计算。

要了解具体的豪斯道夫测度，首先我们来了解一下什么是δ-覆盖。
若U是n维欧氏空间$\mathbf{R}^n$的任意非空子集；U的直径定义为$|U|=\sup\{|x-y|:$
$x,y\in U\}$，即U内任意两点的距离的最大值，式中的sup是上确界的缩
写，上确界是一个集合最小的上界。若$\{U_i\}$是直径至多为δ的且覆盖
F的一个可数集族(或有限集族，我们下文讨论"有限"的情况，"可数"
通俗地说是和自然数一样多，即一个个地还数得过来，这里不做讨论)，
即F包含于$\{U_i\}$且对每个$i,0<|U_i|\leq\delta$，我们就称$\{U_i\}$是F的一个δ-覆盖。

再假设F为$\mathbf{R}^n$的任意子集，s是一个非负实数，对任意$\delta>0$，我们
定义

$$H_\delta^s(F)=\inf\left\{\sum_{i=1}^k|U_i|^s:\{U_i\}\text{是}F\text{的一个}\delta\text{覆盖，}k\text{是}\{U_i\}\text{的元素总个数}\right\}$$

式中inf是下确界的缩写,也就是一个集合最大的下界,使用inf总能保证一个集合的inf存在,而集合的min有时候不存在,比如一维数轴上一个有限开区间的集合,其最大的下界即inf存在,但这个集合并没有min值。在这里取下确界就自动保证了在覆盖上没有浪费。此时式中的δ是一个定值即一把量尺。于是考虑不超过δ的F的覆盖,并试图使这些直径的s次幂即s维的测度和达到最小。当δ减少时,能覆盖F的集类的个数是减少的,使得达到直径的s次幂总和最小的考察范围变小了(接下来会举科赫曲线一例详解),所以下确界$H^s_\delta(F)$的数值是非递减的,只会增加不会减少。

当$\delta \to 0$时,下确界$H^s_\delta(F)$趋于一个极限,记为:

$$H^s(F) = \lim_{\delta \to 0} H^s_\delta(F)$$

$H^s(F)$就是子集F的s维豪斯道夫测度。这个极限对于n维欧式空间中任何的子集F都存在,可是极限的值也可能是零或无穷大。这样我们也看到了,豪斯道夫测度如果用数学语言说起来是很严谨的,但是这里我们只要知道:豪斯道夫测度是一种测度,且对任意s维图形都适用,是欧氏几何中的长度、面积和体积的推广。说得再直白一点:一维物体的大小用长度来度量,二维物体的大小用面积来度量,三维的大小用体积来度量,那么s维的大小用什么来度量呢?就是豪斯道夫测度。

我们试着来求科赫曲线的1维豪斯道夫测度和2维豪斯道夫测度。首先来看取$\delta = 1/3$时几种可能的覆盖,见图8-13。

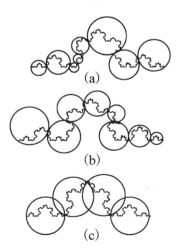

图8-13 直径不超过1/3的三种可能覆盖

图8-13(a),第一种覆盖的直径和为

$a_1+a_2+a_3+\cdots+a_8$，其中，a_1，a_2，a_3，$\cdots$，a_8分别表示覆盖该图的8个圆的直径。

图8-13(b)，第二种覆盖的直径和为$b_1+b_2+b_3+\cdots+b_8$，其中，b_1，b_2，b_3，$\cdots$，b_8分别表示覆盖该图的8个圆的直径。

图8-13(c)，第三种覆盖的直径和为$c_1+c_2+c_3+c_4$，其中，c_1,c_2,c_3,c_4分别表示覆盖该图的4个圆的直径。

很显然，当δ减少时，能覆盖科赫曲线的集类的个数是减少的，因为较大的δ可以取许多比之小的值，所以一旦这里考察范围变小了，下确界$H_\delta^s(F)$的数值是非递减的。考虑一个简单的情况，$\inf\{3，4，5\}=3$，当缩小考察范围后$\inf\{3，4\}=3$或者$\inf\{3，5\}=3$或者$\inf\{4，5\}=4$，下确界大小只增不减。现在我们来看$\delta\to0$的情况。这里为了看起来简便我们只考虑最特殊的一种覆盖，即所有U_i的直径都相等的情况。而实际上，这种情况也确实是下确界。

在 图 8-13(c) 中，$\delta=1/3$，则$c_1=c_2=c_3=c_4=1/3$，则$H_{1/3}^1(\text{Koch})=1/3+1/3+1/3+1/3=4/3$；取$\delta=1/9$，用直径都为$\delta$的$U_i$去覆盖Koch，则有$H_{1/9}^1(\text{Koch})=1/9\times16=(4/3)^2$；取$\delta=1/27$，用直径都为$\delta$的$U_i$去覆盖Koch，则有$H_{1/27}^1(\text{Koch})=1/27\times64=(4/3)^3$；取$\delta=(1/3)^n$，用直径都为$\delta$的$U_i$去覆盖Koch，则有$H_{(1/3)^n}^1(\text{Koch})=(1/3)^n\times4^n=(4/3)^n$。

当$n\to\infty$时，$\delta\to0$，此时的$H_\delta^s(\text{Koch})$就为科赫曲线的1维豪斯道夫测度，即

$$H^1(\text{Koch})=\lim_{\delta\to0}H_{(1/3)^n}^1(\text{Koch})=\lim_{n\to\infty}(\frac{4}{3})^n=\infty$$

这个结论和我们进行的直观分析是一样的。下面我们来分析一下科赫曲线的2维豪斯道夫测度。首先我们来了解一下科赫曲线的另一种表示方法，其生成过程如图8-14所示。

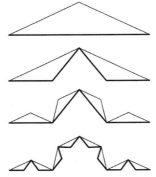

图 8-14　科赫曲线的另一种生成方法

当迭代无穷多次之后，生成的图形就是科赫曲线。用上述同样的方法不难推出：

$$H^2(\text{Koch}) = \lim_{\delta \to 0} H^2_{1/3^n}(\text{Koch}) = \lim_{n \to \infty}(\frac{2}{3})^n = 0$$

这个结论也和我们进行的直观分析是一样的。分析到此，我们知道科赫曲线的维数比1大比2小。实际上任何维数s，只要比科赫曲线的维数小，那么在该维数s下的豪斯道夫测度就为∞；比科赫曲线的维数大，则在该维数s下的豪斯道夫测度就为0。让s值从0开始慢慢变大，$H^s(\text{Koch})$的值起初一直保持∞，当s为某个值D_H时，豪斯道夫测度由∞突然变为一个非零实数，此时的s值就称为科赫曲线的豪斯道夫维数（由于科赫曲线的自相似性质，上文用求相似维的方法已经求得其分数维为1.2618）。当继续增大时豪斯道夫测度又突然变为0并一直保持为0。用数学语言对任何集合的豪斯道夫维数表述如下：

对任意一个集合F，当s从0逐渐增大时，存在s的临界值，使得$H^s(F)$由∞突然变为0，则称这个临界值为集合F的豪斯道夫维数，常用D_H或$D_H(F)$表示[5]。

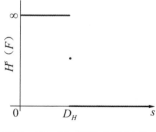

图8-15　D_H是使$H^s(F)$
从∞跳跃到0的s数值

上述的定义只是数学意义上的，难以用它来求具体的豪斯道夫维数。其他大部分可用的分数维（计盒维数、关联维数和链维数等）的定义也都依靠"用尺度δ进行测量"这样的想法，就是都用这样的方法进行度量：忽略尺寸小于δ时的不规则性，并且查看当δ趋于零时这些测量值的变化。

　　关于分数维的秘密，最后说说为何它是一个不变量呢？这里首先要说到分形的基本特征是具有尺度不变性或者也叫标度不变性，说白了就是在不同的尺子度量下观察分形图案时所得到的结果是具有相似性的，所以我们在观察分形时也不需要看完整的分形图形，即最终那个无限迭代下去的具有极限形式的图形。自相似性这一点可以用"分形显微镜"观察到，不断地放大芒德布罗集合，你会找到相似的核心图案。这种特性说明，同一个分形图案的不同标度之间，将图案任意放大缩小，这一过程中有某个共同的不变的几何参数，也就是说这个参数是一个不随着标度变化而变化的不变量，和传统几何的整数维一样，这个量在分形中就是分数维。就此我们的视野再一次被拓宽，看到了分数维空间的无限生态。某种程度上我们可以看到，分形自身是"全息"的，这是一个新的看"信息"的角度，大自然自身真的很有创意。

8.4
巴舍利耶开创
传统金融理论

　　我们再来说说本章另一条线索金融理论吧。金融市场中，最古老也是最简单的，现在还在被无数股民推崇的是"基本面"分析。如果一只股票价格上涨了，可以从它背后的公司、行业以及整个经济状况来找原因，更深层次的研究能预测股票未来的走势。世界小麦价格上升是因为热浪袭击堪萨斯州，国内大豆价格上升是因为中美贸易摩擦，美元走弱是因为战争提高了油价。这都是常识，财经报刊也因此而兴旺。但在复杂的现实世界，原因通常是模糊的，关键信息往往不可知或是未知的，信息会被隐藏或歪曲。比如战争威胁到底会使美元贬值还是升值？这两者哪一个会真实出现？事实发生之后似乎很明显。但是在这之前，贬值或是升值两种情况都有可能。基本面分析如同马后炮。

　　那怎么办？作为回应，金融业发展出其他的工具。在"基本面"分析之后，"技术"分析就是第二个古老的分析方法。本质上说这是一种识别技巧，通过对价格、交易量和指示图的大量研究来寻找是买还是卖的线索。技术分析的语言很丰富，有头和肩、旗形和楔形、三角形（对称型、上升型或下降型）。这个方法在20世纪80年代很不受欢迎，但10年后，初学者们开始通过互联网交易股票，这个方法获得了巨大的发展。

第一个被现今商学院所称的"现代"金融理论应运而生，它的出现源于随机数学和统计学。它的根本理念是：价格是不可预期的，但是它们的波动可以用随机性数学法则来描述。因此金融风险是可测也是可控的。这相对于后来芒德布罗的那套东西而言是传统的、正统的。这个领域的研究始于1900年的一位年轻的法国数学家巴舍利耶。

巴舍利耶是庞加莱带的一名博士生。庞加莱是当时能和希尔伯特分庭抗礼的大数学家，被誉为"最后一个数学全才"，一个真正的天才。而巴舍利耶在他的学生时代却很平庸。他的博士论文《投机理论》不是有关复数、函数论、不等式，或其他数学方面流行的话题，也没有随机哲学方面的专论。论文涉及的是赚钱的投机手段，关于巴黎交易所的国债交易。投机行为在当时名声很坏，虽然投资是社会公认的，但像证券投机那样纯粹的赌博不被认可。参加巴舍利耶论文答辩的教授们感到扫兴，没有给他确保进入权威数学行业的"门票"——最优奖，而只是鸡肋一般的"提名表扬"。此后，由于受到派系林立的法国学术界排挤，巴舍利耶单枪匹马地用了27年时间才得到法国学术机构的认可和终身职位。回到学术圈之前他在法国作为高中老师到处穿梭，在法国、瑞士边界附近的贝桑松、第戎和雷恩到处演讲。幸运的是，他的论文出现在一个重要杂志上，而且没有在历史中丢失。他的论文系统地阐述了价格如何波动的基本问题，并提出一些初步的答案，为金融理论奠定了基石。

巴舍利耶试图估计价格变动的概率，这是一种新颖的方法。他观察到，一种物质的热扩散与债券价格的涨跌之间存在着"一种奇怪而难料的"相似。同时，他还看到该过程是不可精确预测的。他原创性地将一个领域的公式运用到另一个领域的问题中。事实上，他发现价格遵循随机游走。这个术语来源于概率论中的一个离奇问题——"醉

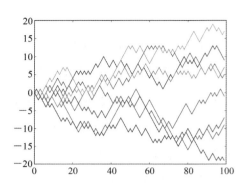

图 8-16　一维的随机游走。纵轴表示当前的位置，横轴表示时间步数

汉的脚步"。假设你看到一个喝醉酒的人摇摆地穿过一片空地，他向左两步，向右三步，后退四步……平均起来没有挪动。所以，如果你只是考虑平均水平，他随机在田野里穿行，最后还是定格在他开始的那个点。如果你要猜测一下，那这是他未来任意时刻位置的最好预测结果。相同的推理适用于债券价格：价格可能通过或大或小的增长比例下降或上升。但是，在没有新信息决定性地推动价格向一个方向变动时，价格通常会围绕它的起点波动。所以同样地，最好的预测就是今天的价格。

事实上，巴舍利耶推测实际情况可能比这更简单（当然今天我们知道这是错误的）。如果你在一张图中画出一支债券在一个月或是一年的收益变化，它们所表现的将是熟悉的正态分布的钟形曲线——有许多小的变化在曲线中心出现，少数大的波动发生在边缘。这开启了用于先前提到过的正态分布的常用数学工具箱。就这样，通过巴舍利耶的中介作用，高斯的理论曲线开始被用于金融市场分析[6]。在20世纪60—70年代，这整套东西被称为有效市场假说，这个假说认为在一个理想的市场中，所有相关的信息都会反映到今日证券的价格中。直观来说，昨天的变化不会影响今天，而今天的变化也一样不能影响明天。任何一个价格变化与上一个都是独立的。

8.5
现代金融大厦

　　20 世纪 50 年代，芝加哥大学的博士生马科维茨率先应用了巴舍利耶的观点，设计出他的投资组合理论。1952 年，当灵感来临时，马科维茨正在大学的图书馆里学习。这个年轻的经济学家正在寻找他博士论文的选题。他从未上过任何金融课程，也没有玩过证券，但一次和一位经纪人的会面引导他进入了股票市场。在图书馆里查阅资料时，他偶然翻开了威廉姆斯的《投资价值理论》，书中说，要估计一只股票的价格，你需要预测它会支付多少股息，然后调整通胀预期、预期利率水平和其他使预期不准确的因素。但是马科维茨想到事实上真正的投资者不是那样考虑的，他们不仅仅看潜在的收益，因为如果他们只是单纯地这样考虑，那么大多数人就只会买一只股票——这是最好的选择，继而等着收益滚滚而来就行了。人们会分散投资，他们同时考虑风险和收益，受到恐惧和贪婪的影响。他们会购买多只股票，而不是一只。"别把你所有的鸡蛋都存放在一个篮子里"，这是一个和投资本身一样古老的理念。正如马科维茨说的，甚至莎士比亚都知道它：

　　……感谢我的命运，

　　我的生意成败没有寄托在一艘船上，

　　更不依赖一处地方；我的全部财产，

　　也不因这一年的运气而受到影响，

所以我的货物并不使我哀伤。

——《威尼斯商人》，第一场，第一幕

所以，马科维茨考虑：怎样把风险和收益这两个概念融入一个等式呢？你期望的收益依赖于当卖出的时机到来时，你认为股票的价格最可能是多少。如果考虑最熟悉的钟形正态分布曲线，"最可能"意味着平均水平。而风险依赖于股票价格如何围绕平均值波动，正态分布曲线中最常见的波动性的度量被称为方差和标准差。马科维茨从书架上取下一本乌彭斯基1937年写的教科书《数学概率介绍》，里面清清楚楚地写着这些关联。马科维茨兴奋地把这观点写入论文，他开创性地提出"有效的"投资组合，即一个能以最小风险产生最大收益的组合是有效的。对于你估计的每一个风险水平，你都能设计出一个可以产生最高可能收益的有效投资组合。同样对于你的每个目标收益水平，都有一个最低可能风险的有效投资组合。后来他的观点得到广泛传播，因为它们很有吸引力，用到的数学很简单，简单到每只股票只需要用两个数来描述：收益和风险——平均值和方差。这样，马科维茨就将投资由一个提示和预感的游戏转化为包含均值、方差和"风险规避"指标的一门工程学。

事实上，"金融工程"这个术语从那时起就在华尔街流行起来。经济学是流行时尚的科学，所谓时尚这里面必然存在问题。首先，马科维茨本人怀疑，钟形曲线未必是测度股票市场风险的正确方式，虽然这种方式在数学上是简单的。其次，为了构建有效投资组合，你需要为数千只股票的收益、股价和风险做出良好预测。最后，对于每只股票，你必须费力地计算它与其他每只股票相对波动的"协方差"。对于一个有30只股票的投资组合，为取得好的结果，起码得对均值、方差和协方差进行495次不同的计算，而对整个纽约交易所而言就是390万次计算，在那个没有大型计算机的年代简直是不可想象的，甚至在

20世纪60年代昂贵的IBM大型计算机出现在
华尔街后仍然如此。

图8-17　夏普

　　1960年的一天，那时马科维茨已经
离开芝加哥，正在加州大学洛杉矶分校
附近一家非常著名的智库兰德公司工
作，他办公室的门突然被叩响了。年轻的
经济学家夏普出现在马科维茨的面前，自我
介绍是马科维茨的粉丝，希望他给些论文选
题的想法。夏普出生在波士顿，二战开始后，
他全家迁移，他也换了大学和专业，从加州大学伯克利分校转到洛杉
矶分校，从医学转到商学再到经济学，由于是半路出家，他的论文开始
得不怎么顺利。马科维茨给他一个很好的论文选题想法：简化他的投
资组合模型，因此马科维茨成了夏普的非正式导师。为此，夏普提出
一个问题：如果市场中每个人都按照马科维茨的有效投资组合行动会
发生什么？答案是，不存在和市场中人数一样多的有效投资组合，实
际上只有针对所有人的有效投资组合，即"市场组合"。因此，市场本
身就是在进行马科维茨计算。现在先对市场总体进行预测，然后为你
关注的每只股票估计其β值(一只股票对市场总体变化做出反应的量)。
如果用这套夏普搞出来的"资本资产定价模型"，原本马科维茨的投资
组合理论中一个由30只股票组成的投资组合的495次计算可以被简
化到只需要31次的计算。对于整个纽约证券交易所，可以从马科维茨
的390万次，削减到用夏普模型的2801次。这一工作不再需要大型计
算机和统计学家来做，由个人电脑和经纪人，甚至是个人投资者即可
完成。

　　这一模型本质上是把不同股票的各种有效投资组合的烦琐计算
变成计算整个市场组合和个股或者个别投资组合的简单计算。1964

年，这篇重要的论文终于出版了。碰巧，包括哈佛教授林特纳、挪威经济学家莫辛在内的其他人各自独立地研究了类似的思想。一场真正的学术竞争慢慢展开了。夏普第一个发表文章，但是今天大多数经济学家还是认为夏普、林特纳和莫辛共同发展了资本资产定价模型。

现代金融理论下一个大的发展发端于芝加哥商品交易所一个狭小的、没有窗子的吸烟休息室内。在一个多世纪的时间里，这个交易所始终是美国商品交易的中心。1973年，这里开始了一个新的市场——股票期权市场。股票期权，简单说来就是买卖一家公司股票的合约。在这之前，期权交易只是小规模的昂贵生意，而新市场是一个公开集市，有对外发布的公开价格和低廉的手续费。问题是，期权费该如何确定？是否存在一种方式来估计一个合理的价格？

答案并非来自喧嚣的芝加哥商品交易所，而是来自远在马萨诸塞州的剑桥——紧邻波士顿的一个市。1965年，经济学家布莱克来到剑桥的一家大型咨询公司，开始了他的职业生涯。他本科毕业于哈佛大学物理学专业，之后又拿下了应用数学博士学位。他希望自己能研究一些"有更多直接回报"的实际问题。很快，他聚焦于找一个方程来对期权进行估价。要计算出一份期权今天的价值，需要知道股票的期末价值，但那是不可能完成的任务。当布莱克思考这些时，他意识到他或许可以在不知道股票最终价值的前提下开展工作。他设计出一种复杂的微分方程来试着解决问题，但还是无济于事，因此他把问题放在一边，转而忙其他事情。

大概就在那时，一位年轻的加拿大经济学家斯科尔斯到麻省理工学院开始讲授金融学，在那里，一群年轻又聪明的经济学家聚集在诺贝尔奖得主萨姆尔森、莫迪利亚尼周围。某个晚上，一个金融专题研究小组聚在一起讨论问题时，斯科尔斯和布莱克结识了，随后他们一同重新拾起了布莱克的工作，重新思考布莱克早期的反直觉观点：当对期权估价时，你不需要知道游戏如何结束，也就是不需要知道期权到期时股价最终会怎样。你只要知道"期权"这一术语的含义即执行价格和到期日，以及股票的波动情况。如果一只股票有风险，假设它的价格上下波动幅度很大，这个期权就会很有价值。他们随后发现了一个方程——布莱克-斯科尔斯方程，这个方程为风险设定了价格。它允许了一种全新的交易方式，不是根据股票或者货币本身的价值，而是根据它们的波动性。交易者可以构建一个精心设计的期权组合，以便让他们不是依靠在某个特定的价格上赚钱，而是靠价格偏离正常情况的忽上忽下的波动赚钱。但是，他们还是追随马科维茨、夏普和巴舍利耶，假定一只股票的风险或波动性可以被正态曲线标准度量。现代金融大厦就这样竣工了，在全世界，金融公司都开始为其客户构建有效的投资组合。整个体系被连接起来，假设巴舍利耶和他之后的追随者是正确的话。

图 8-18 布莱克-斯科尔斯方程无法捕捉到诸如股市崩盘之类的极端情况

8.6

芒德布罗与
棉花之谜

巴舍利耶的论文发表多年以后，整幢现代金融大厦尚未竣工时，其他一些研究者在亲自检查数据时观察到了一些令人不安的趋势。但他们将这些不一致的数据视为可忽略的误差。纸终究包不住火，市场终究没有那么简单，现代金融大厦后来被证实是一幢建立在沙地上的大厦。1961年，第一个与巴舍利耶理论矛盾的数据出现了，发现者芒德布罗当时已经在IBM实验室工作了数年，主要从事计算机领域的一个全新应用——经济学。他研究大量用计算机处理过的数据，分析收入如何通过社会进行分配，贫富的比例，超富和很富的比例。他的工作激发了外界一些经济学家的兴趣，于是被邀请去哈佛大学演讲。

在哈佛，芒德布罗走进了接待他的霍撒克教授的办公室，惊奇地发现黑板上的一张图，它有一个特殊凸起的形状，开口向右而不是向上的一种"V"形。这张图和芒德布罗即将演讲中的收入分配曲线有着几乎一样的形状。"与我的图形相似的东西为何会在你的墙上？"芒德布罗问。霍撒克教授茫然地看着芒德布罗，"您是什么意思？我不知道你想表达什么。"教授的图并不是关于收入，而是棉花价格。芒德布罗来之前，他正与一位学生在讨论，黑板没有擦。那一刻，疑惑笼罩在了芒德布罗的心头，为什么社会中贫富差异曲线如同棉花价格一样起落？事实如此还是纯属巧合？它奇怪的凸面令人费解，它能揭示两者间更深层次的联系吗？

霍撒克似乎潜心研究棉花价格有一段时间了，但对他来说，棉花价格曲线简直就是一个噩梦。不管怎么进行数据处理，他还是无法使它们符合巴舍利耶模型，因为有太多价格的大波动，没有一种计量工具可以解决这个问题。"我受够了"，教授告诉芒德布罗，"为了使棉花的价格有意义，我已经做了我所能做的一切。我试图衡量波动性，它却每时每刻都在狂野地变化，一切都在变，没有什么是一成不变的，简直没有章法。"很快，两人成交，教授把经过计算机处理的一盒盘片递给芒德布罗，芒德布罗接手了棉花价格数据。带着这些数据回到纽约后，芒德布罗让IBM计算机中心的程序员帮忙编写程序，分析寻找模型，最后他发现了非凡的东西。芒德布罗1963年发表的论文"某些投机价格的变动"成为经济学文献中最常被引用的文章之一。它与经济学界旧观念之间的巨大矛盾引出了分形分布，即芒德布罗理论中关于金融价格走势的两个基本方面的第一个。而第二个基本方面是从尼罗河洪水谜团引出的"长期记忆性"。下面我们先来考察第二个新观念。

8.7
由尼罗河洪水谜团
引出的长期记忆性

　　不同于我们下面要说的分形统计学，一直以来，标准的统计学以中心极限定理为核心。这一定理表明，只要我们抛越来越多的硬币，做越来越多的试验，不确定系统的极限分布必定是正态分布。但同时这些被测度的事件必须是"独立"的，也就是事件间不能彼此相互影响，而且发生的可能性必须相等，就像巴舍利耶的理论那样。但是假如研究的系统不是独立呢？实际上有许多系统都具有所谓"长期记忆性"的现象，发生的前后两件事件不是相遇过就"相忘于江湖"，也就是有相互影响的。所以我们迫切需要新的方法。英国的水文学家赫斯特于1951年发表了论文"水库的长期存储能力"，文章表面上是在设

图 8-19　尼罗河的泛滥

计建造水库，可是赫斯特将他的研究范围扩大到许多自然系统，并且提供了一种新的统计方法——重标极差法，或称R/S分析。

在20世纪初，赫斯特在尼罗河水坝计划处工作。尼罗河对赫斯特提出了许多有趣而重要的问题，比如设计水坝时要先考虑建成的水库的储存能力。水的注入源于几个自然条件，也就是降水量、河流泛滥情况等，水库的储存能力是根据水的流入估计和水的流出需要而定。当时大部分主流的水文学家在计算水库的储存能力之前都必先假设水库的水流量是一个随机过程，这是个合理的假设，尤其是对于处理复杂系统的问题来说。赫斯特研究了埃及人保存下来的资料，跨度八百多年的尼罗河泛滥的记录，他发现这份记录并没有显示出尼罗河流量的随机性质，在巨大的流量之后容易跟着出现略高于泛滥的平均流量，但偶尔也会出现略低于泛滥的平均流量。这里面呈现出循环但不是周期循环，经典的统计分析方法证实了在前后相继的两个流量的观测值之间有相关性，由此赫斯特决定另辟蹊径，建立他自己的方法[7]。

赫斯特注意到爱因斯坦发表的关于布朗运动的论文《热的分子运动论所要求的静止液体中悬浮小粒子的运动》中提出，"布朗颗粒等可能地向任意方向运动，平均来看，它在一段时间内的位移与时间的平方根成正比。"[8]

植物学家英国人布朗最早在做实验时无意中发现在撒有花粉颗粒的水溶液中花粉会做不停歇的看起来无规律的运动。他进一步用实验表明，不仅花粉颗粒溶于水中具有这种现象，很多悬浮在水或空气等各种流体中的微小颗粒也做这种无规律的运动，比如说空气中的雾

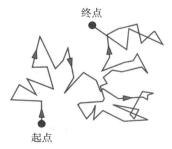

图 8-20　典型的布朗运动

霾灰尘。后来人们就把所有类似的运动命名为布朗运动。这种微粒就好像随机地在各个方向都受到扰动。实际上,粒子真实地受到空气分子或是液体分子的扰动,时左时右地与之发生碰撞。如果流体分子无穷小且无穷多,从左侧和右侧撞击的作用就会平衡,在每个片刻都互相抵消,微粒就不会移动。但分子的大小有限,数量也有限,从而引起了涨落,也就是说撞击不会完全抵消,只是大部分抵消。这很像孩子们在操场上踢足球时的足球轨迹一样。从多个角度审视,布朗运动是物理学中发现的分形现象的鼻祖。1900年的巴舍利耶的理论也是类比了布朗运动,那时他称之为"热扩散"。1905年爱因斯坦完美地阐述了布朗运动的规律和根源,他也依靠布朗运动证实了分子是真实存在的。爱因斯坦提出的公式$R=CT^{0.5}$,被叫作二分之一T法则,通常被用在金融学中作为标准差的月度化或者年度化。比如,我们用日收益的标准差去乘以30的平方根就得到月收益的标准差,因为收益的标准差是随时间的平方根而增加的。赫斯特感觉到,利用这一原则可以来检测尼罗河。他首先从一个即存的时间序列$\{e_u\}$(如日观测值序列)开始,若观测次数为N次(如时间序列$\{e_u\}$包括共N个日观测值),设

$$X_{t,N} = \sum_{u=1}^{t}(e_u - M_N), t = 1, 2, \cdots, N$$

其中$X_{t,N}$为N个期间(比如N个日)的累积离差,e_u为第u日的观测值,M_N为N个期间e_u的平均值。然后计算

$$R=\max(X_{t,N}) - \min(X_{t,N}), t=1, 2 \cdots N$$

就是极差(类比位移)。若用原先观测值的标准差S去除这个极差得R/S,称为重标极差。重标类似于标准化变量(注1),允许我们比较跨度是许多年的时间周期,比如我们比较1920年和1980年的股票收益,重标可以使我们忽略通货膨胀的影响,零均值和标准差为一的重标数据允许形形色色的不限于同一时间跨度的现象之间进行比较。

接着赫斯特仿效爱因斯坦的工作,觉得此重标极差或许与时间增量的指数有关,对重标极差和时间增量都取对数。奇妙的事发生了,赫斯特发现了一条直线,这里面蕴含着最小二乘法,也就是在双对数坐标下,重标极差与时间增量存在直接的线性关系。因此借此一番试验,赫斯特总结出关系式

$$R/S=cN^H$$

N 为时间增量(或者称观测次数),c 为常数,H 为赫斯特指数[9]。

赫斯特指数是一个新的统计量,根据以往的统计学,如果序列是一个布朗运动也就是巴舍利耶说的"热扩散",H 应该等于 0.5,这就是二分之一T法则。当 H 不等于 0.5 时,观察不是独立的,每一个观察都带有它之前发生的所有事件的记忆,这种记忆是长期的,理论上是永远延续的,而且近期事件的影响比远期大,但残留的影响总是存在的。赫斯特指数分为三种类型:

$$H=0.5, 0 \leq H<0.5, 0.5<H \leq 1,$$

$H=0.5$ 这标志着序列随机,事件是随机的和不相关的,即现在不会影响将来,过去也没影响现在。

$0 \leq H<0.5$ 是一种反持久性的时间序列,常常被称为均值回复。如果一个系统以前向上走,那么它在下一个时期多半往下走,反过来也是。这种反持久性的强度依赖于 H 离 0 有多近,越接近 0,这种时间序列就具有比随机序列更强的易变性。

$0.5<H \leq 1$ 表明一个持久性或趋势增强的序列,即前一个时期序列向上走,那下一个时期多半将继续向上,反过来也是。这种趋势增强行为的强度或持久性随 H 接近于 1 而增加。

当 $0.5<H \leq 1$ 时,持久性时间序列为分形时间序列。其概率分布的分数维是 H 的倒数,比如 $H=0.7$ 时,分数维是 1.43。而其度量的时间序列的参差不齐性,也就是时间轨迹的分数维 $D=2-H$,分数维是 1.3。

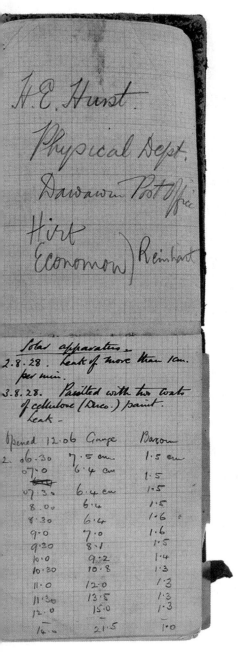

图 8-21　赫斯特记录尼罗河
实验数据的笔记本

这里我们摘录彼得斯的《资本市场的混沌与秩序》一书中的描述：

赫斯特自己想模拟出一个随机游走，但他工作于40年代，那时计算机只是一种理论上的可能，显然在埃及是没有的。所以他试图用抛硬币来模拟随机游走，但他发现这个过程是缓慢和单调乏味的。作为替代，他构造出一副"概率牌"，其中的牌被标上数字−1，+1，−3，+3，−5，+5，−7，+7。这副牌有52张，数字的分布被构造得接近于正态分布。通过洗牌和抽牌，并记录下抽出的牌，赫斯特可以比掷硬币快得多地模拟出一个随机序列。接着为了模拟一个有偏随机游走，赫斯特首先洗牌，然后抽出一张，并记下牌上的数字。假定数字是+3。赫斯特然后放回这张牌，重新洗这副牌，并把它们分成两手26张牌，我们可以叫它们A手牌和B手牌。因为他原来抽出的是一张+3，他就把B手牌中三张最大的牌抽出来，并把它们放进A手牌。然后他从A手牌中去掉三张最小的。最后，他把一张王牌放进A手牌，并重新洗A手牌。现在A手牌有一个$+3$阶的偏倚。赫斯特把A手牌当作他的随机数发生器，他从A手牌中抽牌并记录下数字。一旦他抽到王牌，就把整副52张牌(去掉王牌)重新洗过，然后又产生出有偏的一手新牌。

赫斯特进行了六次实验，每次抽1000次牌。他发现$H=0.714\pm0.091$，这个值非常像他在大自然中观察得到的，比如太阳黑子爆发、尼罗河的泛滥或是埃及的降水量。赫斯特的偏倚是在抽牌中随机生成的。在上面的例子是抽出了一张$+3$。偏倚的变化也会由于在产生王牌过程中的随机抽牌而发生。然而无论重复多少次实验，总是出现$H=0.714$，说明这是个普适规律。我们看到，在赫斯特的模拟器中，一个随机事件(第一次抽牌)决定了偏倚的程度。另一个随机事件(王牌的到来)决定了有偏牌的长度。然而这两个随机事件是有限制的。偏倚的程度限于极值$+7$或-7。这一系统的偏倚一般在一副牌中抽牌27次后产生变化，因为在有偏的那副牌中一共有27张牌。随机事件和生成秩序的结合产生了一个结构，这是一个统计结构。[10]

沿着赫斯特20世纪40年代的步伐，芒德布罗在20世纪60—70年代又做了大量的深入研究，并且把它们引入了资本市场，很容易推测这个统计结构如何会出现在资本市场的框架中，偏倚是由于对当下经济情况做出反应的投资者生成的，这个偏倚会一直持续到新信息(王牌的经济等价物)的到来。芒德布罗把这类有偏随机游走叫作分数布朗运动(注2)，也称分形时间序列。现在R/S方法是金融经济领域很重要的研究方法。

8.8
为什么分数维可以比较好
地度量股票风险

让我们进一步考察分形统计学中的分数维,很显然它表明了分形图形的褶皱度和复杂性,越是努力抢占地盘的怪物其褶皱度越高,起起落落的复杂性也越高,而这正可以度量金融市场的易变性。我们看到在股票交易中,一只股票越易变,其风险性就越大。传统上这种风险性常用统计学中的方差或标准差来度量,正如马科维茨早先所说的,大的标准差对应着大的风险,然而下面两家公司的股票收益数据表明单用标准差来度量是不够的。

让我们看甲公司某一时间段的股票收益率序列S_1和乙公司同一时间段的股票收益率序列S_2。S_2是无趋势序列,而S_1的增强趋势很明显。S_2有1.93%的累积收益率,S_1则为22.83%。而两者的标准差分别是1.70和1.71,几乎相等。可见用标准差作为风险的度量在这种情况下是无效的。而用R/S方法计算出两个序列各自的分数维,S_2的分数维是1.42,S_1的分数维是1.13,这表明S_2显然比S_1更参差不齐,所以分数维在这里是区分这两个序列易变性的指标[11]。所以显然我们应该选择投资甲公司,收益高风险小。

表8-1 甲、乙公司的标准差和分数维

观察	S_1	S_2
1	1	2
2	2	−1
3	3	−3
4	4	2
5	5	−1
6	6	2
累积收益率（%）	22.83	1.93
标准差	1.71	1.70
分数维	1.13	1.42

　　分数维以及分形在其他自然科学领域也有应用，医学中对人体器官尤其是肺的分形结构的研究；理论物理学中有与之相关的标度相对论；天文学里用分形来解释星系的形成；声学中有用分形来进行高速公路消音的幕墙；信息学中有分形图像压缩；材料科学里的断裂力学有分形结构；地球物理学中分形可以用于预测河流泛滥；化学里有分形用于混合化工原料；风险学里用分形来预测极端事件等。

8.9

分形分布能撼动
正态分布吗

　　我们回过头来看"棉花之谜"引出的分形统计学中的分形分布之一，被称为帕累托分布或帕累托—列维分布。帕累托于19世纪末在对公民收入分布的研究中发现，除了大约百分之三的富人的收入分布可以非常好地用对数正态分布来刻画外，其余大部分人的收入则不服从这一分布，在图形上会有一个较胖的尾部。实际上，要找到一个人比另一个人身高高10倍的概率很难(服从正态分布)，但找到一个人比另一个人富裕100倍就没那么难了，其概率远超正态分布预测的概率。

　　文献计量学中，单词的使用频率上，长单词比短单词用得少。如果把英语文献库中单词被使用的频率按由高到低的顺序排列，并给这些单词编上序数，每个单词出现的频率与它被编上的序数的幂的乘积为常数，每个单词的出现频率服从的这种分形分布被称为齐普夫分布。这个分布告诉我们，在英语世界中绝大部分的词都不经常使用，只有少部分的词被经常使用。实际上世界上许多不同的语言都有这种相似的特点，包括我们的汉语。

　　除了"棉花之谜"外，芒德布罗的学生法玛首先做了调研，观察道琼斯的30只蓝筹股。他发现了与棉花价格一样令人不安的模式：大的价格变化超过标准模型允许范围的现象相当普遍。相当于平均值5个标准差的大变化，以超出预期值2000倍的情况出现。在高斯法则下，你每隔7000年才能遇到一次这样的意外，而数据显示，它每隔三四年就会发生一次。芒德布罗在1964年指出，资本市场收益率服从帕累托分布。帕累托分布在均值处有高峰，在边缘处有胖尾。

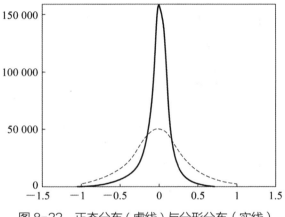

图 8-22　正态分布（虚线）与分形分布（实线）

　　这个分布非常像观察到的股票市场收益率的频数分布。图8-23和图8-24是上证日收益和周收益序列直方图，图上有一个明显的高峰和胖尾。而且无论是几天、几周甚至于几年的时间跨度中，收益率的变化都呈现出同样的形态，这就是分形分布典型的自相似性。

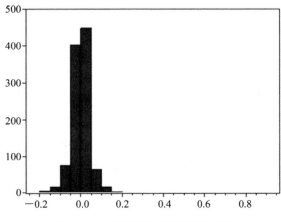

图 8-23　上证日收益序列直方图

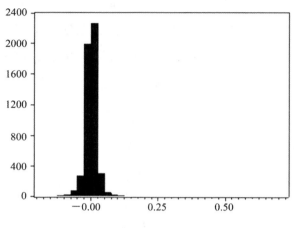

图 8-24　上证周收益序列直方图

我们知道，正态分布特征函数（注 3）的对数是

$$\lg f(t)=\mathrm{i}\mu t - (\sigma^2/2)t^2$$

式中 μ 为均值，σ^2 为方差。要表达高峰和胖尾这种帕累托分布的特征形状，列维推广了概率分布的特征函数，帕累托分布特征函数的对数是

$$\lg f(t)=\mathrm{i}\delta t-\gamma|t|^{\alpha}\left[1+\mathrm{i}\beta(t/|t|)\tan(\alpha/2)\pi\right]。$$

该公式有 4 个特征参数：α，β，δ 和 γ。δ 是均值的位置参数，γ 是可以调整的标度参数，比如在日数据与周数据之间的调整。β 是偏斜度的度量，$-1\leqslant\beta\leqslant1$，$\beta=0$ 时，分布对称。$\beta>0$ 时，分布是右胖尾或向右偏斜，$\beta=1$ 时偏斜程度最大。$\beta<0$ 时，情形恰好相反。α 既度量分布的尖峰程度也度量分布的胖尾程度，$0\leqslant\alpha\leqslant2$。当 $\alpha=2$ 时，是正态分布。$\alpha<2$ 时，方差变得无定义或无限，这是一些经济学家不能接受的，但无限方差多半是典型的。$0\leqslant\alpha<1$ 时，稳定的均值不存在，但 α 落在该区域很少见。$1\leqslant\alpha<2$ 时，均值存在，这时的 α 对应于分数布朗运动，其特点是长期记忆性和统计自相似性。并且 $\alpha=1/H$ 是概率空间的分维，$D=2-H$ 是时间轨迹的分维，其中 H 是赫斯特指数。前者度量概率密度

函数尾部的肥胖性,后者度量时间序列的参差不齐性。这里,赫斯特指数的倒数出现在帕累托分布的特征函数里,漂亮地把分形分布和长期记忆性这两大新统计的内容联系了起来。

20世纪60年代,芒德布罗根据分形分布和长期记忆性两大内容提出了股票价格的"诺亚效应"和"约瑟效应",将其作为股票价格的两个重要特性。这两个特性一是倾向于有趋势和循环(约瑟效应),就像《圣经》中约瑟给埃及法老王解梦那般,说埃及土地要丰收七年饥荒七年;二是无限方差特征群(诺亚效应),这些复杂系统容易出现突然和激烈的逆转,像《圣经》中造方舟的诺亚面对的洪水那般。

芒德布罗指出正态分布仅仅是分形分布的一个特例($\alpha=2$时),正态分布被认为是源于连续的过程且基于"大量的小变化",而分形分布被认为是源于突变的行为且基于"少量的大变化"。正态分布就像一堆沙,沙子中的沙粒虽然大小有所不同,但都是沙粒。分形分布更像一个由沙粒、鹅卵石、岩石、大石头组成的混合体,混合成了严酷的市场。自芒德布罗之后又有大量的观察证据表明股票市场的收益率分布不是正态的,它往往在均值处有更高的峰度,在极端值处有更胖的尾部,很像一个典型的帕累托分布。许多证据表明大多数资本市场都是分形。分形时间序列具有长期记忆性和统计自相似性,它的特征是不但具有循环也具有趋势,是在所谓"非线性动力系统"和"混沌"的作用下所产生的。有兴趣的读者可以参看斯梅尔的《微分方程、动力系统与混沌导论》。

芒德布罗在他的名著《大自然的分形几何》中说,他创建分形几何学始于对股票价格的研究,之后于1991年彼得斯第一次提出了分形市场假说,这一学说起步较晚较为现代,但在这短短30年中,分形市场分析发展得异常迅速,除了上文提到的分形时间序列、分形分布外,资本市场的动力学分析和协同市场假说等理论蜂拥而起,分形对金融学的冲击绝不亚于分形对物理学、化学等自然科学的冲击。2008年发生在美国金融市场的次贷危机从旁佐证了"分形市场假说"[11]。

　　股神巴菲特曾开玩笑地说，他愿意在有效市场假说的前提下向大学资助座椅，以便教授们能培养出更多被误导的金融家，他可以赚他们的钱。他说传统理论很愚蠢而且显然是错的，但为何还在被传授？只能说经济学家习惯了传统理论，传统理论简单而方便，而且他们像托勒玫宇宙学的捍卫者们那样为适应新天文数据做出不断地修修补补，倒也可以很好地适用于大多数较为温和的市场环境，但是在罕见的高度动荡时刻传统理论无能为力。

8.10

新的阵地：当今复杂网络
研究中的幂律分布

　　圣母大学特聘教授匈牙利—美国物理学家巴拉巴西的小组在
1999 年 9 月，利用他的韩国研究生郑浩雄帮忙爬取的万维网数据，在
《自然》上发表了一篇论文，指出万维网的出度和入度分布都完全不
能用正态分布来表示，出度和入度分布都是被称为"幂律分布"的一
种概念较为新颖的统计分布。在幸运地得到了提出"小世界网络"的
邓肯·瓦茨提供的数据后，当年 10 月巴拉巴西的小组又在《科学》上
发表文章指出，在我们生活的现实世界里，许多网络比如电影演员网
络和科研论文网络的度分布，也都是幂律分布。那是因为在演艺圈和
学术界，一个从业者过去写的论文越多或是接
的戏越多，则其今后由于名气大，多半也
写得越多演得越多。这又被称为"马
太效应"，源自《圣经》中耶稣的话语：
"凡有的，还要加给他，叫他有余；凡
没有的，连他所有的，也要夺去"。之
后巴拉巴西给出了两个产生机理，建立
了相应的无尺度网络模型。后来瓦茨懊恼
异常，"我们的数据就停留在那里快两

图 8-25　巴拉巴西

年，只要半小时就可以检查完，但是我们从未检查过。"近年来，度分布作为一个最基础的描述网络拓扑结构的统计特征，在复杂网络研究中占据了重要地位[12]。那什么是度分布呢？我来和大家讲讲概念。

由于是在新的阵地，我们要明白一些基本问题，复杂网络是基于节点和连边构成的模型，有链接才有网络。因此，在刻画节点性质时我们关心该节点与多少个其他节点相连，这就是节点的"度"的概念，一个节点有多少条连边则这个节点的"度"值是多少。我们可以把网络中的节点度按从小到大排序，从而统计得到度为k的节点占整个网络节点数的比例P_k。如图8-26所示的一个包含5个节点的网络，有$P_0=0$，$P_1=3/5$，$P_2=1/5$，$P_3=1/5$。

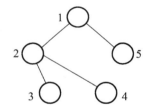

图8-26　含5个节点的无向网络

简单来说，网络中各节点度的分布情况就是节点度分布，具体来说是在一个网络中随机选择的顶点度为k的概率就是P_k，这就是度分布的概念。那什么是入度分布和出度分布呢？网络中任意两个节点间有两个不同方向的边时，就分为入度和出度，相应的度分布也要分为入度分布和出度分布。

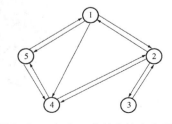

图8-27　包含5个节点的有向网络

再回到巴拉巴西的研究上,他发现很多实际网络的度分布并不服从具有均匀特征的正态分布,而是可以较好地用如下形式的幂律分布来表示:$P(k) \sim k^r$,$P(k)$服从幂函数,$r>0$为幂指数,通常取值在 2 到 3 之间。帕累托分布和齐普夫分布都具有类似这种幂律关系。这一分布也就是无尺度分布,而巴拉巴西所研究的万维网就是无尺度网络。为了解释为何万维网是"无尺度"的,我们用三种不同的尺度画出遵循上面规则的入度分布,x 轴为入度,y 轴为频率,取 $r=2.3$。

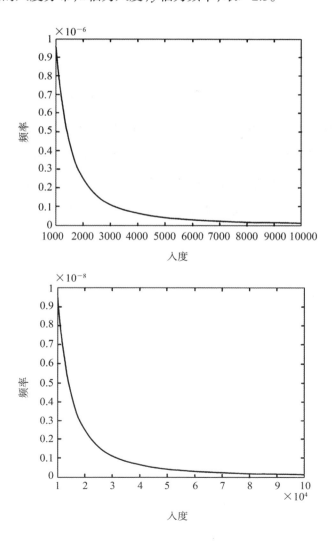

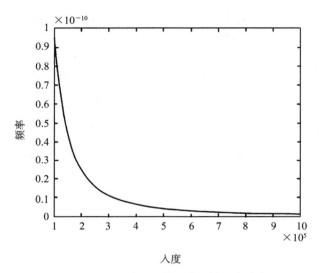

图 8-28　三种不同的尺度下的入度分布

很显然，在不同的尺度下，幂律分布的形态相似。因此我们可以说，这个网络的度分布具有类似于分形特征的自相似结构，同样，我们也可以说像科赫雪花那样的分形使幂律得以产生。分形结构是产生幂律分布的一种方式，神奇般地和复杂网络联系在一起。

注　释

注1: 标准化变量

标准化随机变量是指经过处理, 从而获得一些较好性质的随机变量。设X为随机变量, 称

$$X* = \frac{X - E(X)}{S}$$

为标准化的随机变量。在拿一组数据进行内部比较时, 考虑到每个数据点距离均值的远近状况不同, 以及所有数据的离散状况不同, 数据的大小本身不能说明什么问题, 需要标准化。经标准化后的随机变量的标准差为1、数学期望为0, 可以拿来对比从而在许多问题中易于处理。这里$E(x)$是数据的均值, S是标准差。

注2: R/S的理论基础

(1) 分数布朗运动

称随机过程$B_F(t)$是分数布朗运动, 若其连续且满足:

$$P(B_F(0)=0)=1, B_F(t)-B_F(s) \sim N(0, |t-s|^{2F}),$$

其中t, s为两个不同时点, F为参数, 且$F \in (0, 1)$。$B_F(t)$的分布可以表示为

$$P(B_F(t) \leqslant x) = \frac{1}{\sqrt{2\pi t^{2F}}} \int_{-\infty}^{x} e^{\frac{-u^2}{2t^{2F}}} du$$

.

当$F=0.5$, 即为普通的布朗运动。分数布朗运动以长期记忆和统

计自相似为特点,具有循环和趋势双重特征。布朗运动与分数布朗运动之间的区别为布朗运动中的增量是独立的,而分数布朗运动中的增量不独立。考虑零时刻过去增量 $\{B_F(0)-B_F(-t)\}$ 和未来增量 $\{B_F(t)-B_F(0)\}$ 的相关系数 $C(t)$,有:

$$
\begin{aligned}
C(t) &= \frac{E\left\{\left[B_F(0)-B_F(-t)\right]\left[B_F(t)-B_F(0)\right]\right\}}{E\left[B_F(t)-B_F(0)\right]^2} \\
&= \frac{-E\left[B_F(-t)B_F(t)\right]}{E\left[B_F(t)\right]^2} \\
&= -\frac{1}{2}\frac{E\left\{\left[B_F(-t)\right]^2+\left[B_F(t)\right]^2-\left[B_F(-t)-B_F(t)\right]^2\right\}}{E\left[B_F(t)\right]^2} \\
&= -\frac{1}{2}\frac{(-t)^{2F}+t^{2F}-(-2t)^{2F}}{t^{2F}} = 2^{2F-1}-1
\end{aligned}
$$

F 的不同取值范围对应于相关系数 $C(t)$ 的不同取值,同时也给出了序列3种运动形式:①当 $F=0.5$ 时,相关系数为0,序列独立;②当 $0<F<0.5$ 时,相关系数为负,序列为负相关;③当 $0.5<F<1$ 时,相关系数为正,序列为正相关。由此可见,分数布朗运动的参数 F 是度量序列相关性的。

(2)分数布朗运动作为R/S分析的理论基础

由上文可知赫斯特指数 H 和分数布朗运动参数 F 在含义上都是度量序列相关性的,说明它们在含义上一致。下面建立它们的逻辑联系。

对R/S分析,有 $R_N/S_N \propto N^H$,则 $(R_N/S_N)^2 \propto N^{2H}$。取某一分数布朗运动 $B_F(t)$,满足 $E(B_F(t)-0)^2 \propto (t-0)^{2F}$,其中 E 表示期望算子,$\propto$ 为正比记号。由于股票收益率序列为离散型,因此有 $E(B_F(N))^2 \propto N^{2F}$。再令 $F=H$,则有 $E(B_H(N))^2 \propto N^{2H}$。由于 R_N/S_N 可以看作是对某种偏差的度量,因此不妨设 $E(B_H(N))^2=(R_N/S_N)^2$,则我们建立了R/S分析与分数布朗运动的逻辑联系,分数布朗运动参数 F 和赫斯特指数 H 取得了一致性[13]。综上

所述,分数布朗运动在含义和逻辑上都可以为R/S分析提供理论依据。

注3: 特征函数

这里的特征函数不同于上一章模糊数学里的"特征函数"。这里特征函数的定义是:

设X是一个随机变量,称

$$\varphi(t) = E(e^{itX}), \quad -\infty < t < +\infty$$

为X的特征函数。所以

$$\varphi(t) = \int_{-\infty}^{+\infty} e^{itx} p(x)\mathrm{d}x, \quad -\infty < t < +\infty.$$

不难推出正态分布的特征函数是

$$f(t) = e^{i\mu t - (\sigma^2/2)t^2}.$$

随机变量的分布函数是由其特征函数唯一决定的。特征函数是处理许多概率论问题的有力工具。

参 考 文 献

［1］张天蓉.蝴蝶效应之谜［M］.北京：清华大学出版社,2013.

［2］莫尼耶.分形革命何处去［J］.王师,译.新发现,2014(7)：74-84.

［3］MANDELBROT B. Fractal: Form, Chance and Dimension［M］. San Francisco: W H Freeman, 1977.1-10.

［4］谢和平,张永平,宋晓秋,等.分形几何：数学基础与应用［M］.重庆：重庆大学出版社,1991.

［5］刘庭凯,陈月丹,肖俊丽.浅谈Hausdorff 测度及维数［J］.中国科教博览,2004(10)：5.

［6］芒德布罗,赫德森.市场的(错误)行为［M］.张新,张增伟,译.北京：中国人民大学出版社,2017.

［7］彼得斯.分形市场分析［M］.储海林,殷勒,译.北京：经济科学出版社2002年.

［8］STEUBING W. Uber die von der molekularkinetischen Theo rie der Wamer geforderte Bewegung von in Flüssigkeiten suspendierten Teilchen［J］. Zeitschrift Für Chemie Und Industrie Der Kolloide, 1908, 3(5):230.

［9］杨静,龙正武.布朗运动的启示［M］.北京：科学出版社,2015.

［10］彼得斯.资本市场的混沌与秩序［M］.王小东,译.北京：经济科学出版社,1999.

［11］李水根,吴纪桃.分形与小波［M］.北京：科学出版社,2003.

［12］汪小帆, 李翔, 陈关荣.网络科学导论［M］.北京:高等教育出版社,2012.

［13］徐绪松, 马莉莉, 陈彦斌. R/S分析的理论基础:分数布朗运动［J］.武汉大学学报,2004(5): 547−550.

第 9 章

用 作绩效管理的
数据包络分析

查恩斯和库珀开拓了一片新的领域,把科学方法引入了长久以来仅作为一种艺术的管理学。

——Mccombs Today 资源网

∞

二战以后,富可敌国的跨国企业如雨后春笋般涌现。这些企业能够迅速发展都是得益于资本的高度集中,也就产生了垄断,而且这种垄断的规模不断扩展,程度与日俱增。美国作为主要受益于二战的资本主义国家,诞生了一大批拥有巨额的"过剩资本"的跨国企业。这些拥有"过剩资本"的企业向外开拓道路,是为了掠夺最大程度的垄断利润,争取势力范围,迅速扩张膨胀。20世纪90年代以来,随着冷战的结束,苏联解体后形成的国家和一部分发展中国家相继进行体制改革,实施市场经济后跨国企业进入了空前绝后的发展时期。

这些公司实力雄厚、技术先进,在规模变得庞大之后,其内部管理也相应地提出更高的要求。随着对管理科学的不断拓展和深入,人们对"绩效"概念的认识也在不断地演变。德鲁克是杰出的管理学家,公认的此领域的大师,他说道:"所有的组织都必须思考'绩效'为何

图9-1 德鲁克

物？这在以前简单明了，现在却不复如是。战略的制定越来越需要对绩效的新定义。"一般意义上，绩效指的是工作的效果和效率。

绩效管理的历史大致分为五个阶段。在20世纪50年代之前，不管是绩效管理的理论还是应用的工具，都只是对员工表现的评价而已。20世纪50年代后至70年代前掀起了一阵绩效管理工具的革命。德鲁克提出了革命性的"目标管理"。在《管理的实践》一书中德鲁克指出，以工作为重的古典管理科学学派轻视了人性，以人为重的行为科学学派却又轻视了人必须要和工作联系的一面。而"目标管理"则是尽力实现公司目标的同时又在工作中满足个人的需求，把人性的价值和需要与人必须热忱工作两者统一起来。欧帝仑曾对目标管理理论作出过重要贡献，他这样阐述"目标管理"，"简言之，目标管理可以描述为如下过程：一个组织中的上级和下级一起制定共同的目标；同每个人的应有成果相联系，规定他的主要职责范围；并用这些措施作为经营一个单位和评价其每个成员的贡献的指导。"目标管理理论说穿了就是一种"以人为本"的管理方法，其本质就是号召员工"要民主不要集权""要沟通不要命令"，使公司成员参与共同决策，并使用自我控制和激励的方式，把个人目标与公司目标紧密捆绑在一起。

到了70年代末，目标管理的方法开始遭遇怀疑，根源是它没有考虑到公司中员工的惰性，并不是每个人都是积极向上的，对人性的看法太过乐观，忽视了人性的阴暗面。然后标杆管理应运而生，主要是凯普以及其就职的施乐公司创始了标杆管理的方法，他将之命名为："一个将产品、服务和实践与最强大的竞争对手或行业领导者相比较的持续流程。"虽然有了比较的对象和上进的动力，但是一直定睛于标杆单位也有缺陷，这会一味模仿而惰于创新，不与企业自身特点相适应。

到了20世纪80年代，随着管理实践经验的积累，绩效管理的理论开始变得羽翼丰满。作为人力资源管理的一个重要分支，绩效管理受到了更加普遍的关注。这时关键绩效指标(KPI) 的出现帮助企业的各部门主管清晰地掌握了其主管部门的主要责任,使得确定企业各部门内员工的业绩指标变得很容易。KPI是绩效管理的重要组成部分,直到

图 9-2 贴在墙上的 KPI 数据表格

今天还一直被企业广泛使用着,它其实是量化了企业员工的工作绩效表现。

20世纪90年代,随着信息技术的发展壮大,对无形资产的精确记录的重要性日益凸显,以财务指标为主的传统绩效管理方法已经不够用了。这个时候,毕马威会计师事务所麾下的"诺兰诺顿研究中心"开展了一个名为"未来的企业业绩衡量"的研究项目,这一项目由研究中心的首席执行官诺顿负责。为了协助诺顿,他们又请来哈佛大学教授卡普兰担当学术顾问。项目的小组成员翻看了大量有关绩效管理分析的创新案例,最终确定模拟设备公司的"企业计分卡"为主要候选方案。这张计分卡不仅包括传统的财务指标,还包括比如流程周期、产品质量、用户口碑、产品创新等相关的业绩指标。它成了后来由诺顿和卡普兰所创建的"平衡计分卡"的原型。之后,小组成员在"企业计分卡"的基础上经过反复讨论,对其进行了系统化的扩充,形成了一个2.0版本,并最终将其定名为"平衡计分卡"。在项目结束后,总结了所有成员的研究成果,卡普兰和诺顿把这一新产品写入一篇论文《推进业绩的衡量分析——平衡计分卡》。这篇文章被刊登在1992年发行的《哈佛商业评论》上,正式向世人展现了用于衡量组织绩效的"平衡计分卡"。

说完了绩效管理的发展史,我们来看绩效评价。绩效评价是绩效

管理的核心，是一个技术环节。绩效评价就是对个体或部门以往行为的效果或效率进行度量的尺度[1]。在查恩斯和库珀之前，可以说这一领域尚未被数据分析掌管，还是混沌一片，可是奇怪的是在他们之后直到21世纪初，作为测量和分析同类组织之间相对绩效的一个优良工具，数据包络分析仍然停留在学术研究的层面，这部分或许是因为数据包络分析需要一定的数学基础。虽然提到要数学基础大家就有点发怵，但不可避免地，有一小部分人会替大家面对事实。

我们看到长期以来社会中各种机构的运作需要多种投入，如员工数目、仪器数目、经费支出、运作时间等。同时也有多种产出，如利润收益、产品质量和市场反响等。在这样复杂的情形下，高层很难知道，生产活动开始后投入量转换为产出量时，相较之下到底哪个部门效率高，哪个部门效率低。企业员工和领导都清楚，基于记录和打分式的绩效评价是一门艺术，其各部分还停留在模糊不清的状态中。绩效评价有一些古旧的方法比如有：行为锚定法、关键事件法、强制分布法等[2]。但在2000年之后，情况起了变化，数据包络分析已经能够在Excel这样的软件中直接运行(通过"规划求解"的功能)，用户只需要了解很少的相关数学知识就能顺利使用。我们可以大声说，现代化的企业管理如今要让数据自己说话！

我们先回到1982年4月21日，美国运筹学会与管理科学学会联合在底特律市举行热烈而隆重的冯·诺伊曼奖的授奖仪式。这种不定期颁发的嘉奖是专门授予在运筹学与管理科学理论研究方面有杰出贡献的科学家的。这一次共有三位在这个领域工作了几十年并享有国际声誉的教授站在台上领奖，其中两位就是本章主角——美国得克萨斯大学的查恩斯教授和库珀教授。查恩斯和库珀教授作为当代运筹学的开创人，获得这样的嘉奖确实受之无愧，当然他俩所获得的荣誉还远不止于此，两人在1975年还几乎被诺贝尔经济学奖相中。

查恩斯教授1934年进入伊利诺伊大学时选择的是陶瓷工程专业，但他很快就对数学产生了浓厚的兴趣，并选修了大量的数学课程。因而在他从工学院毕业的同时，还获得了数学与物理学学士学位，不久又取得了数学硕士学位。第二次世界大战的爆发中断了他博士研究生的正常学习，但在战后他又返回伊利诺伊大学，并于1947年以超声速飞行的翼—体交互作用为题完成了数学博士论文。他在代数拓扑方面做了一段时间的研究后，去卡内基—梅隆大学数学系开始了他的教授生涯，并在那里和年轻的经济学者库珀结成了终生的研究伙伴[3]。

库珀教授年少时家境十分贫寒，他高中也没有念完，年幼时为了生计曾在保龄球馆做服务生，当过拳击手，还去高尔夫球场做过球童。有一天在他急急忙忙赶去高尔夫球场上班的路上遇到了他毕生的老师——科勒。科勒是会计名人堂成员之一，在科勒的帮助下库珀获得了芝加哥大学无学位学习的机会。自此库珀的命运被改变，进入大学后的他十分珍惜来之不易的学习岁月。1938年，库珀从芝加哥大学毕业，由于他在学习期间凭借自己的数学能力帮助科勒解决了一件专利侵权案，破格获得了经济学学士学位。1940年库珀成为哥伦比亚大学商学院的一名博士生，并于1942年毕业加入了美国预算署，两年后又赴芝加哥大学任教。1946年他开始在卡内基-梅隆大学任教，而后在其68岁时加入了得克萨斯大学[4]。

这两位传奇人物一生都耕耘于运筹学领域，那什么是运筹学呢？运筹学是二战催生的一门数学学科，其主要目标就是在有限的资源条件下，合理分配资源给各项军事活动，取得最佳的战争结果。最经典的运筹学故事就是我们熟知的"田忌赛马"。依靠运筹学做出的军事决策使盟军大受裨益。二战后，运筹学开始军为民用，并且随着计算机技术的发展如虎添翼，工农业生产、科学工程、经济管理等许多领域都用到运筹学中的方法，迎来了革新。运筹学的核心是数学规划，而本章将要介绍的数据包络分析正是基于数学规划,正如其名字,它也是和数据打交道的。查恩斯和库珀几乎在每个运筹学分支中都留下了足迹,其长期合作也留下了一段佳话。

图 9-3　运筹学帮助盟军打赢了不列颠空战

9.1
数据包络分析的先驱法雷尔和
思想源头帕累托

　　时钟再倒转回 1957 年,经济学家法雷尔正在对英国农业生产率进行分析,他迫切需要新的方法和模型,因为他一直受困于找不到方法解决"多输入"问题。"多输入"问题就是经济学投入—产出模型中的投入项是多项的情况下的生产效率评价问题。不久后,法雷尔发明了一套"活动分析法",不但把"生产率"的概念转变为"效率",而且开创性地提出"生产前沿函数"。最初的数据包络分析模型一部分建立在法雷尔的工作上,因为他梳理了这些概念才使得后来的研究得以继续。就此,数据包络分析模型的经济解释主要依托经济学的生产函数理论。"生产"在经济学中是一个具有广泛意义的概念,广义的"生产"不仅是意味着制造一个机器人或是缝制一个毛绒玩具,还包含了各种各样的经济活动,如家教辅导、上门修理家用电器、开卡车运货、马戏团表演等。所以,"生产"并不仅限于物质产品的制造,而是涉及为个体或经济实体提供服务,这些服务可以扩展到外贸运输、金融、家庭服务等[5]。

　　我们说,生产函数可以写成一个数学模型,这个模型表明了一种在一定生产条件下投入的生产要素与最大产出之间的关系。由于是最大产出,所以在处理具体经济问题时这个模型更是对生产技术最大程度的限制。假设用Q表示在经济活动中一定条件下生产活动所能得到的最大产出量，用a_1，a_2，$\cdots$，a_n表明在生产过程中所使用的生产要素各自的投入量，则生产函数可以写成如下的方程式：$Q=f(a_1$，a_2，$\cdots$，$a_n)$。如果将模型精简到仅仅用劳动和资本两个生产要素，这样的假设其实在实际过程中也足够了，则"最大产出$=f$(资本，劳动)"。另一方面，经济学家帕累托于1906年的工作开启了现代福利经济学，这是一门研究公共政策评价的经济学。其中的帕累托准则很重要，大致就是说一项政策的落实必须建立在使得一部分人受益同时其他人不会变糟糕的情况下才能实行。这是数据包络分析的另一思想源头。

1848年，帕累托诞生在一户意大利贵族家庭，他的父亲因为参与意大利革命家马志尼的政治行动而逃到法国，帕累托也就出生在巴黎。直到帕累托6岁左右，意大利时局好转，他们一家才悄悄返回祖国。帕累托在意大利都灵大学读本科，专业是工程学和数学，后来又获得了工程学博士学位。博士毕业后他顺利地当上了意大利铁路公司的总经理。在位高权重又繁忙的日子里，帕累托利用业余时间大量阅读形而上学、文学、宗教和艺术领域的论文和书籍。在过了学术积累期投身自由主义的经济运动时，他接触到了经济学后决定把自己的学术方向锁定在经济学。没过多久，帕累托开始大量产出优秀的经济学论文，他的文章获得了很好的口碑，在经济学圈子里也有很大的影响，说到底那都是拜他那丰富的工业管理经验和扎实的数学工程学功底所赐，他是一个复合型人才。有了些名气后，他幸运地结识了经济学家番拓利阿尼，在得到

图9-4 帕累托

他的点拨之后,开始醉心于纯经济学的研究工作。又过了不久,他在纯经济学理论方面的研究受到了著名经济学家瓦尔拉斯的赞赏和关注。帕累托遇到了贵人又上一层楼,在他 45 岁那年当上了洛桑大学教授,还接替了瓦尔拉斯留下的职位。他将瓦尔拉斯一手创建的一般均衡理论传承了下来,并做出自己的工作使得洛桑学派闻名于世。

退休后的帕累托遁世于日内瓦湖畔的一个乡间别墅里,那里风光秀美,帕累托每天一边欣赏风景,一边发挥余热从事学术研究。1923 年帕累托停下了研究学术的脚步,在这个乡村里去世了。帕累托一生有很多有名的经济学著作,比如《政治经济学纲要》《政治经济学教材》等。在这些著作中他阐述了自己的经济学思想,即帕累托最优、帕累托改进(后文会看到这两者与数据包络分析密切相关)和帕累托法则等。由于帕累托在数理经济学领域做出的杰出贡献,他有"数理经济学之父"之称。

帕累托法则就是著名的 80/20 法则,抽象地说就是在任何一个群体中,最重要的只占其中一小部分,约 20%,其余 80% 尽管是多数,却是次要的。具体比如帕累托观察到社会上 20% 的人占有 80% 的财富;20% 的名牌产品占有 80% 的市场份额;20% 的人身上集中了人类 80% 的智慧;80% 的豌豆产量来自 20% 的植株等。

"帕累托改进"就是:假如有一些人和一些可被分配的资源,现在初始一个分配状态即将一些资源随机分配,然后人为地将一个资源分配状态改变成另一个状态,在这种改变中不损害任何人的利益,但是能

图 9-5　少数的豌豆树在花园中生产的大部分豌豆

够改善起码一个人的处境。"帕累托最优"就是完美的资源分配方式，也就是在这个"人和资源"的系统中再也没有办法进行更多的"帕累托改进"，是效率与公平的初步理想世界。具体举个例子来说，在你挣了更多的钱的同时，也没有人因此少挣钱，强调的是不能减少任何一个人的福利。思考一个理想实验，比如说假设一个社会上只有一个大财主和一个快饿死的叫花子，如果财主拿出自己家当的万分之一，就可以让叫花子获得生存机会，但是这样就损害了财主的福利，所以这种财富状态的改变并不是"帕累托改进"，而这种假设中的社会名为"帕累托最优"，没法改进了。帕累托最优其实是一种理想社会，这个社会里不会损害任何人的福利，资源的分配已经完全合理。但其实如上面的理想实验，这种社会里依然存在着富足与穷困，财富不是平均分配的，依然存在着一些甚至很大的贫富差距。

在帕累托的暮年时，他继续对收入分配问题展开思考，但他的学术研究方向却是转向了社会学。在他的经济学理论研究中，他用理性行为即"帕累托最优"和"帕累托改进"为人类筑起了一个有序而美好的世界，但在他的社会学中，他却将人类描述为并非理智的，为愚蠢、恐惧、情感和迷信所驱动。不知道为什么帕累托极度扭曲了人的形象，这是他的社会学研究取向的一个大问题，这种描摹不是随意的或是漫画式的，而是很严肃认真的，帕累托完全没有在开玩笑。他嘲讽人类对民主、自由和人道主义的信仰，并且强烈鼓吹狡诈的精英主义和弱肉强食的社会达尔文主义。在描述了这样一幅让人绝望的图景之后，他被意大利法西斯主义者看重，晚年时期成为参议员，而他的这些思想成了意大利法西斯主义者的理论基础[6]。

回到数据包络分析的早期构建过程，法雷尔进一步发展了帕累托提出的准则，他用其他决策单元的绩效去评价每一个决策单元的具体行为。然后顺理成章地，查恩斯、库珀和罗兹登场，他们发表了一篇名为《衡量决策单元的效率》的关键论文。然后他们又一步接一步地提出查恩斯-库珀变换、扩展了线性规划的对偶方法、用非阿基米德无穷小解决了数据包络分析的计算问题，他们接管了这一新的数学领域——数据包络分析[7]。那什么是数据"包络"呢？要回答这个问题，读者或许要等久一点，比模糊统计中的"模糊"和分形统计中的"分形"都要等得久。

让我们先来领略一下数据包络分析的大概吧。数据包络分析是评价一个组织内部的部门间相对效率的方法。在人们的社会生产活动中时常会面对如下的问题：经过一段时间之后，需要对一个组织里具有相同类型的部门(或称为决策单元DMU，见注1)进行评价。其评价来源于决策单元的输入和输出数据，输入数据是指组织内的各部门在生产活动中的消耗量，例如投入的经费、人力等；输出数据是各部门通过输入，在经历了生产活动之后的产出量，例如生产产品的质量、社会反响、经济效益、顾客满意度等。再举个例子来说，譬如在评价某三甲医院时，输入可以是医院的经费总支出、固定资产总额、医生总人数、护理人员总人数、病床数等；输出可以是门诊总人数、急诊总人数、出院人数、业务总收入等。数据包络分析方法就是根据输入数据和输出数据来比对一个组织的各部门间的效率孰高孰低，即评价决策单元间的相对有效性。

作为一种新型的"测量"方式，数据包络分析的特色是可以测度抽象的"信息"的领域。比如评价为儿童开展公立教育的成果。在评价过程中，输入包括父母的学历和投入程度等，输

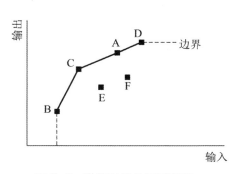

图9-6　数据包络分析示意图

出包括儿童的"自信""自尊""快乐"等无形指标。这些指标都无法与金钱相比较，也很难简单地决定适当的权重，这就是数据包络分析最为突出的优点。

　　关于数据包络分析这一方法，你也可以认为是一种非参数的统计方法。20世纪80年代初，由于通过查恩斯和库珀的努力，数据包络分析这种非参数方法变得流行起来。我们就从非参数统计着手，一步步接近数据包络分析的世界！

9.2

数据包络分析是一种
极具特色的非参数方法

　　在费希尔时代的标准统计学中,最基本的概念是总体和样本、随机变量及其分布、推断和估计等,其中和正态分布理论相关的内容占了很大一部分。在标准统计学中,总体的分布往往是事先给出的或是假设而来的。我们不知道的部分只是那些总体分布中所包含参数的值和所处的范围[8]。于是就像书前几章所描述的,统计学的任务就是对比如均值或方差的一些参数,进行参数估计或者是作参数检验,比如对于正态分布的均值是否为零的检验,等等。然而在现实生活中,那种对总体分布的假设可不能马马虎虎地做出,因为有时数据根本不是来自所假设分布的总体,或者数据不是从同一个总体而出的,还可能被严重"污染"。这种情况下,仍然用假设总体分布的方法,进行推断和估计就不可能产生正确的结论。于是人们开始寻找尽量从数据本身来获得所需要的信息的方法,而不去事前假设数据所服从的总体分布。

　　在不知道总体分布的情况下如何解决这些问题呢? 如何利用数据本身所蕴含的信息呢? 这里只简单举例,比如一组数据中其排列顺序就蕴含了一定量的信息。如果可以把数据按大小次序排列,则每一个数字都有它的"秩"。什么是"秩"? 秩就是一个数字在整个数据中的顺序位置。我们可以很容易地得到这些秩和关于秩的统计量分布，最关键的是这套东西和总体分布无关，这样就可以放心大胆地进行统计推断了。

下面来介绍"符号检验"，这是非参数检验中最经典的一种方法。即如果零假设中确定了一个中位数M，那么按从小到大排列的样本点应该以同样的概率出现在M的两边，也就是说用M减掉每个样本，我们会得到$n-1$个差值，而这些值的符号部分为负、部分为正。如果零假设完全正确即M就是中位数，这些差值负号的数量等于正号的数量。如果零假设不对，那么正负符号数量会相差很多，所以可以拒绝零假设。这里在零假设下，样本和中位数M的差值中符号为正和为负的数量都应该服从二项分布$B(n, 0.5)$，这里n表示n个样本点[9]。

上述仅是一些比较经典的情形，在被称为能用"非参数统计"来解决的一系列问题中，往往总体分布不能用有限个参数来描述，只能对它做一些一般性的假定，比如分布是连续的、有某阶矩、有概率密度。很多情况下我们不知道也不需要关于总体分布的信息。非参数方法里有一类重要的方法，被称为秩方法。秩方法的一个最早成果是英国心理学家斯皮尔曼于1904年提出的秩相关系数。作为另一个里程碑，1945年化学家维尔考克森提出了"两样本秩和检验"的方法，现在看来这是一种有代表性的秩方法。俄国大数学家科尔莫戈罗夫和斯米尔诺夫也提出了新颖的检验方法，对非参数统计领域做出了巨大贡献。

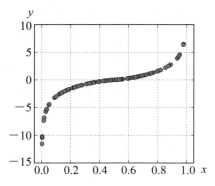

图 9-7　斯皮尔曼秩相关系数为 1 表明两个被比较的变量是相关的，即使它们之间的关系并非线性

非参数统计往往有较好的稳健性，而且其方法种类繁多。

我们现在可以把所有统计方法组成的集合想象成一把连续的尺子,尺子的一端是与模型高度相关的经典方法,另一端是以最通用的模型研究数据的非参数方法。数据包络分析正是其中一种很有特色且越来越红的非参数方法,它的关键在于利用了由数据本身构造出的有效生产前沿面,通过判断决策单元是否落在有效生产前沿面上,落在前沿面上的即为数据包络分析有效。它不仅可以对决策单元的数据包络分析有效性做出测度,而且通过"投影"还能指出决策单元非有效的程度和原因,并使得决策者能够想出改进方法。

9.3
建立在线性规划
理论上的数据包络分析

　　数据包络分析不只是建立在生产函数理论和帕累托最优的思想上的,另一块基石是数学规划中的线性规划理论,其他分属同门的还有多目标规划、半无限规划、随机规划等。线性规划最流行的算法是单纯形法,虽然后来出现了其他如内点法、正则形法等新算法。关于单纯形法的创始人丹齐格有那么段传奇故事。1939年丹齐格在伯克利当研究生时有一门统计学家奈曼的课。某日奈曼教授上课前在黑板上写下了两个统计学难题。这两个问题当时都尚未解决,奈曼也没抱多大希望,只是征求学生们的想法。丹齐格睡觉睡过了头,赶到教室晚了,已经开始上课了,他不明所以就把它们当作课后习题抄下来。后来丹齐格成名后说道,那些问题"看来比平时普通的题难了点"。几天后他向奈曼老师递交了两道题的完整解答,但还是很内疚,以为自己的作业交迟了。然而6周后,奈曼心情激动地找到丹齐格,他已经整理好了丹齐格的解答,准

图9-8　丹齐格

备递交至数学期刊发表。丹齐格在学术初期就有此建树,令人称奇。

丹齐格于1914年11月8日,在俄勒冈州的波特兰出生。他的父亲是俄国人,老师是著名的法国数学家庞加莱。他曾经这样回忆自己的父亲:"在我还是个初中生时,父亲就用几何题训练我的逻辑思维……这些几何题,对于提高我的分析能力起了最重要的作用。几千道题目是父亲给我的最好礼物。"[10]丹齐格表明自己在中学时代前对学业都缺乏兴趣,正是父亲的培养使他开始慢慢热衷于科学和数学。他的本科在马里兰州大学度过的,在那里他集中精力学习数学和物理学,1936年获取理学学士学位。之后他去了密歇根大学,在安阿伯他选修了卡弗(数学年刊统计创始编辑和数理统计研究所创始人)的统计学课程,然后在1938年获得了数学硕士学位。丹齐格毕业后在劳动统计局从事统计工作。在此过程中除了获取许多实际的知识外,他还被指定审阅由著名数理统计学家奈曼撰写的一篇论文。他从中看到的是基于统计数据的逻辑方法,这让丹齐格感到很兴奋,并写信给奈曼表明自己希望能够攻读奈曼的博士学位,才有了前文的故事。很快,他的这个愿望实现了,1939年他来到加利福尼亚大学伯克利分校的数学系攻读博士学位,才有了前文的故事。毕业后他去了兰德公司开始了自己的职业生涯,晚期归宿于斯坦福大学。

下面让我们来考察数学规划中最基本的线性规划。我们知道,大多数的管理决策最终都转化为如何分配资源使得某件事项最优,例如,资金的分配使得投资的利润为最大,或者在一种产品如汽车的生产中,人力和材料的分配要使得总费用最小,因而利润最大。这类问题可以用线性规划的方法来解决,我们先看下面。

假设XYZ集团旗下公司制造两种狗粮,宝贝牌和味佳牌。两种牌子的饲料都是羊肉、鱼肉和牛肉的混合物,区别在于含量多少。下表给出了生产一包宝贝牌和一包味佳牌狗粮所需要的各成分的量,以及公司库存每一种成分的总量。

表9-1　不同品牌狗粮每包所需成分　　　　　单位：千克

成分	可用总量	一包宝贝中的量	一包味佳中的量
羊肉	1400	4	4
鱼肉	1800	6	3
牛肉	1800	2	6

　　假设每包宝贝牌的利润是12元，每包味佳牌的利润是8元。那么XYZ公司每一品种生产多少包可以使得线性规划中的"目标"也就是总利润最大？为了用数学的语言描述这一问题，令B为宝贝牌要生产的包数，W为味佳牌的生产包数。则从上表可见，需要的羊肉总量是$4B+4W$千克，但因为只有1400千克羊肉可用，所以必须服从约束条件$4B+4W \leqslant 1400$。同样鱼肉和牛肉也要服从约束。总的约束条件为：

(1) $4B+4W \leqslant 1400$；

(2) $6B+3W \leqslant 1800$；

(3) $2B+6W \leqslant 1800$；

(4) 同时B和W都是非负的。

　　这些约束都是线性约束，因为未知量B和W处处都是以一次幂出现。因已知每包利润，公司总利润记为P，$P=12B+8W$。这样一来，问题就是求两种品牌的产出水平，即B和W的值，服从约束条件(1)至(4)使得P尽可能大。

　　这就是线性规划理论的一个很好的体现，而早期解这一问题的方法是画图。B和W的任意一对值构成坐标上的一个点。又因为这两个量是非负的，所以只看第一象限。三个约束都是线性的，这说明每个约束可以画成平面上的直线。如图9-9所示，其中约束条件(1)、(2)和(3)分别表示为①、②和③的直线。可行集是由所有那些满足约束条件的(B, W)点组成，表示为阴影区域$OAECD$，而可行集的边界是由各条约

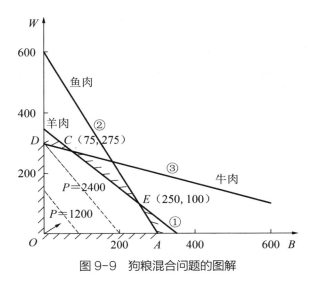

图9-9　狗粮混合问题的图解

束直线的阴影段组成。最后，注意顶点或称角点，这是形成边界的线
段的交叉点。图中虚线表示利润的各个不同常数值。如"P=1200"的
虚线上的所有点都表示会为公司产生1200元利润，要使利润最大，就
要平行移动虚线P尽可能远离原点，但是又要服从与阴影区域的边界
至少有一个交点。试一下就会发现无论P线在哪里，这一离原点而去
的平行移动的结果必将是停止在阴影区域边界的某个角点上。于是最
大利润必在某个角点(在这里是O、A、E、C或D)处实现。如图9-9所示，
结果是E点，即$B=250$，$W=100$。在该点利润是3800元。所以公司想从
羊肉、鱼肉和牛肉的供应中获得尽可能多的利润，他们应该生产250包
宝贝牌和100包味佳牌狗粮。

　　从这里可以看到绝大部分线性规划问题，其解总在可行域边界的
一个角点上。此例中，在边界点上至少有问题的两个约束面临其限制，
也就是说，在解点上至少有两种资源——羊肉、鱼肉或牛肉——将被
用光。于是可以看到，尽管可行集的每一个点原则上说都是最优解的
候选点，但我们实际上只需要考察这些角点。这一结果在计算上的意

义是巨大的,它使得我们为求解所必须搜索的点集,从一个无穷集(阴影区域所有点的集合)减小为一有限集,而且丹齐格又进一步提出了计算上更有效和实用的单纯形法,它仍然是求解线性规划问题时实际使用的大多数算法的基础。

9.4
丹齐格与线性
规划中的单纯形法

　　1947年，丹齐格在美国五角大楼工作，做美国空军主计官的数学顾问。作为他工作的一部分，丹齐格时常被美国空军要求去解决分配空军的经费、兵力、战机和其他各种资源的问题。因为这些问题大多数涉及经济学，所以丹齐格认为经济学家们早已发展了求解这类问题的方法，他就去询问经济学家库普曼斯关于如何求解这些问题的意见。出乎丹齐格意料的是，库普曼斯告诉他，经济学家们没有任何系统地求解线性规划的方法。于是在1947年夏，丹齐格开始自己寻求方法。

　　丹齐格首先面对的是线性规划问题中可行区域是所谓的多胞形的问题，一种像下图所示的集合。

图 9-10　沿多胞形的棱爬行的甲虫

像前面讨论的,最优点必定是该集合的角点中的一个。因此,算法应该是从任意选取的一个角点开始,在该点目标函数有某个值,通过从这个角点移动到相邻的角点来改善目标函数值,就像图中所示的甲虫所做的运动,它沿着棱边爬行,寻找装有最大量食物的点,图中用蛋糕来标识。用代数拓扑的术语说,这类多胞形可以剖分成多个"单纯形"(什么是"单纯形"下一章详解)。

几乎每一个线性规划问题都可以按下列过程用单纯形法求解:

(1)找一个代表可行解的顶点,并计算目标函数在该点的值。

(2)考察可行集的通过该顶点的每条边界棱,看是否能沿这样的棱运动而改善目标函数的值。

(3)若能改善,则沿一条棱运动到顶点,使产生目标函数现行值达到最大改善。

(4)重复(2)和(3),直到不再有能沿其运动且改善目标函数的棱,这时现行顶点就是问题的解。

丹齐格的发现影响是巨大的,它首先被运用在运输领域,一年之后的"柏林空运事件",跑了463天的单纯形法的程序提供了飞机和供给活动的日程安排,包括非常大规模的飞行员培训。今天不仅在运输方面,在工农业方面,包括:化工、煤炭、商业航空公司、通信、铁和钢铁、造纸、石油和铁路等,都有线性规划的应用。

图 9-11　1948 年，柏林市民正在聚集观看一架负责空运行动的 C-54
运输机降落于柏林–坦佩尔霍夫机场

9.5

线性规划中的对偶问题

 有几本著作阐述了线性规划在经济学中的重要性,其中最早的一本是由诺贝尔奖得主萨缪尔森和索洛,以及他们的同事多尔夫曼1958年一起合作出版的。在这一著作中,线性规划中的对偶问题用食谱问题来说明,现叙述如下:假设每个人每天要摄入一定量的两种维生素,维生素A和维生素B。这两种维生素可以从两种不同的食物——奶和蛋中获得。两种维生素的日需求量,两种食物(1个单位)中每种维生素的含量,以及两种食物的单价见表9-2。

表9-2　对不同维生素的需求

维生素	奶中含量	蛋中含量	日需求量
A	2	4	40
B	3	2	50
单价（元）	3	2.5	

 我们的目标是确定每天应当吃多少奶和蛋,以最低的花费满足维生素日需求量。令 a 表示要买的奶的数量, b 为蛋的数量。食谱问题转化为对 $3a+2.5b$ 求最小,且服从条件 $2a+4b \geqslant 40$, $3a+2b \geqslant 50$, a, $b \geqslant 0$。问题的这一表述强调了消费者的视角,他们希望在获得必要维生素的前提下,使食品总花费最小。然而还有另外一个同样真实的观察角度——食品销售商的角度。

考虑出售奶和蛋的食品杂货店。杂货商知道这些食品按维生素A和B的含量而有一定的价值。他们的问题是如何确定出售价格，比如说每单位维生素A为X元，每单位维生素B为Y元。但商家受约束要按如下事实来定价，即他不能将价格定得高于奶和蛋的市场价。也就是说，食品商对奶的定价不能高于每单位3元，蛋的定价也不能高于每单位2.5元，不然在竞争市场上商家会失去顾客。同时，食品商又希望商店的总收入最大，即$40X+50Y$，日需求40单位维生素A和50单位维生素B。食品商的问题从数学上可以陈述为对$40X+50Y$求最大，且服从条件$2X+3Y \leqslant 3$，$4X+2Y \leqslant 2.5$，X，$Y \geqslant 0$。对比消费者的问题和供应商的问题，发现如下值得注意的事实，即通过做下列替换，可以将第一个问题转变为第二个问题：

求最小→求最大

$\geqslant \rightarrow \leqslant$

食品费用→价格约束

（行 → 列）

消费者和供应商的这一对问题称为对偶线性规划问题，并且上述替换表明每一个线性规划问题包含两种完全等价的表述：所谓原问题和它的对偶问题。在数学上，这样的对偶性跟欧氏几何中点和线之间的对偶性有完全相同的性质。欧几里得关于点之间的关系的每一条陈述，都可以用关于线的完全等价的陈述来替代。比如"两点确定一条直线"的陈述有其对偶的陈述"两直线确定一点"，这只要将"点"和"直线"两个词交换一下就可以得到。数学中充满了这样的对偶性，此处给出的消费者和供应商问题的对偶性，是对偶性原理在线性规划中的体现[11]。

9.6
查恩斯和库珀的
第一个数据包络分析模型

　　1978年，查恩斯、库珀和罗兹以三人名字的首字母命名了他们的开创性工作——CCR模型(即C^2R模型)，这是数据包络分析的第一个模型，它发端于罗兹的博士论文。罗兹当时是一名研究生，就读于卡内基-梅隆大学的城市与公共事务专业。在库珀的监督下，他的论文主旨是评价美国联邦政府提供给贫困学生帮助的教育项目。在美国教育办公室以及波士顿一家咨询公司的支持下，获取数据资源对罗兹来说毫无压力，然而令人失望的是罗兹尝试使用的传统计量经济学方法在这里不起作用，结果甚至十分荒谬。

　　罗兹出的洋相唤起了库珀对法雷尔文章的关注，法雷尔在《生产的衡量·生产效率的衡量》一文中指出用传统指数来度量生产率的缺陷，并且初步给出在决策单元间用相对效率来度量生产的可行性。进一步，法雷尔在文章中还继承了老前辈帕累托的思想。库珀拉来了查恩斯一起研究，他们本来就在

图 9-12　罗兹

寻找 "活动分析" 概念的计算工具。现在可以肯定的是，被称为 "扩展的帕累托-库普曼斯效率" 和 "相对效率" 的成熟概念不是法雷尔提出的，而是由查尔斯、库珀和罗兹共同提出的。另外，法雷尔当年的经验性工作仅限于单输出情况。之后他们运用了早先提出的 "分式规划" 模型，即目标函数是分式函数的非线性规划模型，构建了数据包络分析的雏形，又用查恩斯-库珀变换和对偶的概念加以转化利于计算。下面我们就从他们提出的 C^2R 的分式规划形式谈起。

C^2R 分式规划的基本原理是：设有 n 个决策单元(注 1)，它们的投入、产出向量分别为：$\boldsymbol{X}_j=(x_{1j},x_{2j},\cdots,x_{mj})^T>0$，$\boldsymbol{Y}_j=(y_{1j},y_{2j},...,y_{sj})^T>0$，$j=1,2,\cdots,n$。由于在生产过程中各种投入和产出的地位与作用各不相同，因此，要对决策单元进行评价，必须对它的投入和产出进行 "综合"，即把它们看作只有一个投入总体和一个产出总体的生产过程，这样就需要赋予每个投入和产出恰当的权重。假设投入、产出的权重向量分别为 $\boldsymbol{V}=(v_1,v_2,\cdots,v_m)^T$，$\boldsymbol{U}=(u_1,u_2,\cdots,u_s)^T$。从而就可以获得如下的定义。

定义 1 称

$$\theta_j=\frac{u^T\boldsymbol{Y}_j}{v^T\boldsymbol{X}_j}=\frac{\sum_{r=1}^{s}u_r y_{rj}}{\sum_{i=1}^{m}v_i x_{ij}}, \quad j=1,2,\cdots,n$$

为第 j 个决策单元 DMU_j 的效率评价指数。

根据定义可知，我们总可以选取适当的权向量使得 $\theta_j \leqslant 1$(投入总是大于等于产出，因为相对地其中有资源的各种形式浪费，相对的效率最高为 1)。如果想了解某个决策单元，假设为 $DMU_o(o\in\{1,2\cdots n\})$，在这 n 个决策单元中相对是不是 "最优" 的，可以考察当 u 和 v 尽可能地变化时，θ_o 的最大值究竟为多少？为了测得 θ_o 的值，C^2R 模型诞生了其雏形：

$$求 \quad \frac{\sum\limits_{r=1}^{s} u_r y_{ro}}{\sum\limits_{i=1}^{m} v_i x_{io}} = \theta_o \quad 最大值$$

$$服从 \quad \frac{\sum\limits_{r=1}^{s} u_r y_{rj}}{\sum\limits_{i=1}^{m} v_i x_{ij}} \leq 1, \quad j = 1, 2, \cdots, n,$$

$$u_r \geq 0, \ v_i \geq 0, \ \forall r, i.$$

模型(1)

在这里运用的思想正是帕累托的最优思想,意思是尽最大可能完善各个目标直到某一状态,此时任何一个目标的改进都要以损害其他目标为代价。所以这一状态,就称为帕累托最优。后面我们要说的数据包络分析有效就是帕累托最优。然后利用查恩斯和库珀[12]提出的查恩斯-库珀变换:

$$t = 1 / \sum_{i=1}^{m} v_i x_{io,} \quad \mu_r = t u_r \quad (r = 1, \cdots, s), \quad \omega_i = t v_i, \quad (i = 1, \cdots, m)$$

变换后我们可以得到如下的线性规划模型:

$$求 \sum_{r=1}^{s} \mu_r y_{ro} = \theta_o \quad 最大值$$

$$服从 \sum_{i=1}^{m} \omega_i x_{io} = 1,$$

$$\sum_{r=1}^{s} \mu_r y_{rj} - \sum_{i=1}^{m} \omega_i x_{ij} \leq 0, \quad j = 1, \cdots, n$$

$$\mu_r, \omega_i \geq 0, \quad r = 1, \cdots, s, \quad i = 1, \cdots, m.$$

模型(2)

分式规划变换成线性规划,这意味着我们可以用熟悉的单纯形法对其求解,为了进一步计算的实现,查尔斯、库珀和罗兹开发了对偶线性规划问题,其表达形式为:

求 θ_o 最小值

服从 $\displaystyle\sum_{j=1}^{n} x_{ij}\lambda_j \leqslant \theta_o x_{io}, \quad i=1,\ 2,\cdots,\ m,$

$$\sum_{j=1}^{n} y_{rj}\lambda_j \geqslant y_{ro}, \quad r=1,\ 2,\ \cdots,\ s,$$

$$\lambda_j \geqslant 0, \quad j=1,\ 2,\cdots,\ n.$$

模型(3)

上述的模型都是基于所有决策单元中"最优"的决策单元作为参照对象,从而求得的相对效率都是小于等于1的。模型(2)或者(3)将被求解n次,每次即得一个决策单元的相对效率。模型(3)的经济含义是:为了评价决策单元DMUo的绩效,可以用一组假想的组合决策单元与其进行比较。模型(3)的第一和第二个约束条件的右端项分别是这个组合决策单元的投入和产出。从而,模型(3)意味着,如果所求的效率最优值小于1,则表明可以找到这样一个假想的决策单元,它可以用少于被评价决策单元的投入来获取不少于该单元的产出,即表明被评价的决策单元为非有效。而当效率值为1时,决策单元为有效。根据松弛变量是否都为零还可以进一步分为弱数据包络分析有效与数据包络分析有效两类。即通过考察如下模型(4)中的松弛变量和剩余变量(可以简单地理解为资源或生产的过剩或不足)的值来判别。

求 $\quad \theta_o - \varepsilon\left(\displaystyle\sum_{i=1}^{m} s_i^- + \sum_{r=1}^{s} s_r^+\right)$ 的最小值

服从 $\quad \displaystyle\sum_{j=1}^{n} x_{ij}\lambda_j + s_i^- = \theta_o x_{io}, \quad i=1,\ \cdots,\ m$

$$\sum_{j=1}^{n} y_{rj}\lambda_j - s_r^+ = y_{ro}, \quad r=1,\ \cdots,\ s$$

$$\lambda_j,\ s_i^-,\ s_r^+ \geqslant 0, \quad \forall i,\ j,\ r.$$

模型(4)

其中ε为非阿基米德无穷小量。(可以简单理解为用于计算的一个

工具)

根据上述模型给出被评价决策单元DMUo有效性的定义：

定义2 若模型(4)的最优解满足$\theta_o^*=1$，则称DMUo为弱数据包络分析有效。

定义3 若模型(4)的最优解满足$\theta_o^*=1$，且有$s_i^-=0$，$s_r^+=0$成立，则称DMUo为数据包络分析有效。

定义4 若模型(4)的最优解满足$\theta_o^*<1$，则称DMUo为非数据包络分析有效。

现在我们终于知道数据包络分析有效是如何定义的，其经济学含义就是在所有决策单元中的比较中，被考察的决策单元效率最大或者说能力利用度达到最高，即利用了百分百的能力就达到有效。有了有效的定义就可以谈有效生产前沿面了，那是有效面和生产可能集(注2)的交集。有效面是什么呢？在二维的直观情况下，C^2R模型中的有效面就是图9-13中的整条细线(CCR)，包括投入小于零的部分。此时生产可能集为T_1，其有效生产前沿面也就是这条线投入大于零的部分。落在有效生产前沿面上的点在整个点集中都具有最优的投入生产比，即只需少量投入即可获得较大产出。

我们来看构造有效生产前沿面和包络面的普遍方法：数据包络分析模型中的λj会把所有数据包络分析有效点连接起来形成有效生产前沿面，然后非零的剩余变量和松弛变量s_r^+、s_i^-使得有效生产前沿面可以沿垂直和水平方向延伸出去，整个就形成了包络面。C^2R中的包络面由于在模型的生产可能集上设置了锥性公理(注2)，就比较单调，就是C点延伸开去，即整条细线(CCR)投入大于零的部分，见图9-13。在BC^{2}模型中，去除了锥性公理，包络面ACD及延伸就很形象，从形状上看它包裹着所有DMU，形似包络。

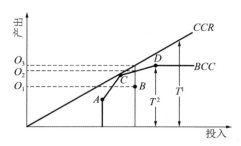

图9-13　C²R 模型包络面以及 BC² 模型包络面

对于非数据包络分析有效的决策单元,有三种方式可以将决策单元改进为有效决策单元:保持产出不变,减少投入;保持投入不变增大产出;减小投入的同时也增大产出。C²R模型容许DMU在减小投入的同时也增加产出。对于C²R模型,可以通过如下图所示的投影方式将其投向有效面,从而投影所得的点投入产出组合即为数据包络分析有效。这在实际考量生产部门的活动中最关键,是落实到某个具体单位来考量绩效的原理。实际测评中数据包络分析有效的部门是其他部门的标杆,可以根据与标杆对比产生的不足(可能是产出不够也可能是浪费现象严重)来评价部门的绩效。

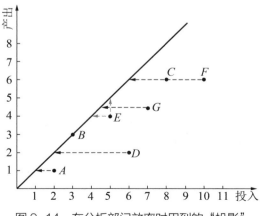

图9-14　在分析部门效率时用到的"投影"

9.7
数据包络分析在企业
绩效评价中的应用

具体来看：XYZ集团经营一家大型超市，营业面积达13000平方米，年销售额超过1亿元。对其10个部门的部门主管月绩效进行评价，评价指标中输入为工作时间、员工数、总成本及各种费用，输出为总销售额和顾客满意度。工作时间是各部门主管在完成本月业绩的过程中投入的时间数；员工数指协助主管完成业绩的助理及下属员工总数；总成本及各种费用包括商品成本、仓储费用、人事费用等各项成本与费用总和；总销售额指商品销售收入、营业外收入及财务收益之和；顾客满意度以1为满分，扣除由于管理疏漏、服务态度等方面引起的顾客投诉数量相应的百分数所得。所取10个部门主管的月绩效如下表所示。

表9-3 部门投入产出

指标 部门	投入			产出	
	工作时间 （小时）	员工数 （人）	总成本及各种 费用（万元）	总销售额 （万元）	顾客满意度
家电 （DMU$_1$）	286	49	157.11	162.02	0.9
家用百货 （DMU$_2$）	247	15	91.94	97.85	0.96

（续表）

指标 部门	投入			产出	
	工作时间 （小时）	员工数 （人）	总成本及各种 费用（万元）	总销售额 （万元）	顾客满意度
文化用品 （DMU$_3$）	221	6	28.79	30.82	0.98
服装 （DMU$_4$）	273	13	62.82	66.42	0.95
烟酒饮料 （DMU$_5$）	208	18	152.25	168.34	0.99
洗化用品 （DMU$_6$）	260	97	166.94	200.67	0.97
休闲食品 （DMU$_7$）	234	24	123.43	160.56	0.98
蔬果 （DMU$_8$）	260	8	26.56	25.08	0.92
面点 （DMU$_9$）	260	9	14.19	19.91	0.98
肉类 （DMU$_{10}$）	273	10	14.43	15.14	0.85

根据各部门投入产出，使用C^2GS^2模型进行计算，结果见下表。

表9-4　各部门测算结果

	DMU$_1$	DMU$_2$	DMU$_3$	DMU$_4$	DMU$_5$	DMU$_6$	DMU$_7$	DMU$_8$	DMU$_9$	DMU$_{10}$
θ	0.809	0.905	1	0.864	1	1	1	0.940	1	0.983
λ_1	0	0	0	0	0	0	0	0	0	0
λ_2	0	0	0	0	0	0	0	0	0	0
λ_3	0	0.498	1	0.653	0	0	0	0.739	0	0
λ_4	0	0	0	0	0	0	0	0	0	0
λ_5	0.108	0.242	0	0	1	0	0	0	0	0
λ_6	0.015	0	0	0	0	1	0	0	0	0
λ_7	0.876	0.260	0	0.280	0	0	1	0	0	0
λ_8	0	0	0	0	0	0	0	0	0	0
λ_9	0	0	0	0.067	0	0	0	0.261	1	1

（续表）

	DMU$_1$	DMU$_2$	DMU$_3$	DMU$_4$	DMU$_5$	DMU$_6$	DMU$_7$	DMU$_8$	DMU$_9$	DMU$_{10}$
λ_{10}	0	0	0	0	0	0	0	0	0	0
z	0.81	0.906	1	0.865	1	1	1	0.94	1	0.983
s_1^-	0	2.502	0	8.802	0	0	0	13.294	0	8.460
s_2^-	15.202	0	0	0	0	0	0	0	0	0.834
s_3^-	0	0	0	0	0	0	0	0	0	0
s_1^+	0	0	0	0	0	0	0	2.889	0	4.770
s_2^+	0.081	0.022	0	0.030	0	0	0	0.060	0	0.130

由各部门测算结果的表可以看出文化用品、烟酒饮料、洗化用品、休闲食品和面点5个部门主管绩效为数据包络分析有效（相对效率 $\theta=1$），其他5个部门主管为非数据包络分析有效。对非数据包络分析有效的5个部门主管绩效进行投影，给出其改进目标，结果见下表。

表9-5　非数据包络分析有效的DMU投影结果

指标 部门	投入			产出	
	工作时间 （小时）	员工数 （人）	总成本及各种 费用（万元）	总销售额 （万元）	顾客 满意度
家电	232	25	127.22	162.02	0.98
家用百货	221	14	83.28	97.85	0.98
服装	227	12	54.32	66.42	0.98
蔬果	231	7	24.97	27.97	0.98
肉类	260	9	14.19	19.91	0.98

根据投影结果，高层可以对各部门主管进行反馈、与他们沟通，鼓励绩效好的主管，帮助绩效差的主管找出存在的问题及确定改进目标。如：家电部门主管的有效性值只有0.809，比照投影结果可以看出，他在时间、人力、成本和费用等方面均存在输入剩余，以总成本及各种费用为例，他比投影结果多投入29.89万元；在产出方面，该部门的顾客满意度指标也有待改善。该主管的问题关键在于投入效率不高，这

样高层可以帮助他确定绩效改进的途径——提高工作效率、加强对员工日常的管理、控制进货价格和质量、降低退货的数量并减少相应的成本和费用等。再比如：肉类部门在顾客满意度上存在较大的输出亏空，与投影结果相差13个百分点，因此该部门主管下月应注意预估销售数量，及时检查肉品鲜度，尽量避免产品积压、腐败变质，因为这一方面会由于报损增加成本，另一方面也会招致顾客投诉，造成客源流失[13]。

9.8
中国学者的
重大贡献

有许多中国学者耕耘在数据包络分析这一领域,其中最值得注意的是内蒙古大学的马占新教授,他和他的同事们花了10年时间将传统数据包络分析拓展到了广义数据包络分析,同时还发现代数结构"格"与数据包络分析存在深刻联系。这一小节我们来简单说说广义数据包络分析。首先,传统数据包络分析模型主要依赖经济学的生产函数理论来进行解释。而且这一模型的经验生产函数是用有效生产前沿面来说明的,也就是说它给出的效率值反映的是被评价单元相对于优秀单元的信息。但在真实世界中,许多问题的评价参考集并不仅限于此。例如:

(1)在由计划经济向市场经济转型时,决策者不是看哪个企业更有效,而是要寻找按市场经济配置的改革样板并向其学习。

(2)和每个单元进行比较不仅浪费时间和资源,而且有些比较可能没有意义,如高考中,一个考生可能会将比较的对象确定为录取线、某些特定区域考生或者自己熟悉的考生等,而不可能和全国每个具体考生都进行比较。

由此可见,传统数据包络分析方法的标志物是有效的决策单元,而实际上人们不仅仅关心和有效的优秀决策单元进行互相比较,还可能和比如录取分数线、考试及格线一类的单元,又或者是标杆对象、决策者指定的感兴趣对象进行比较。为了达到这些目的,马占新教授发现了新的具有更普遍含义的数据包络分析方法。这种方法不仅具有传统数据包络分析方法的所有性质,而且还能依据任意的标志物进行评估。因此,这一新方法可以看成传统数据包络分析方法的进一步推广,称为广义数据包络分析方法[14]。

9.9

数据包络分析与
传统回归方法

　　在传统的计量经济学中,往往使用回归分析和一些经典的统计方法来估量有效生产前沿面,然而这些方法将有效决策单元与非有效决策单元一概而论,所以得出的生产函数不能体现真正的前沿面。另外对具体部门进行有效性评价时,经典的、按计量经济学方式给出的回归生产函数尽管使用一样的数据,却不能像数据包络分析那样准确无误地计算出规模收益。问题在于:

　　(1)数据包络分析和回归分析虽然都使用给定的一样的数据,但使用方式不一样。

　　(2)数据包络分析致力于将单个部门进行优化,而不是对整个组织的统计优化。

　　还有一些有目共睹的出色研究是把数据包络分析和各种各样的评价方法进行比较。在此领域中除了数据包络分析方法以外,还有一些有一定竞争力的方法(指数法、优劣解距离法、熵权法等),但是一旦被估量的同类型的部门有多项输出和多项输入,且不能用统一的单位(有时甚至是无形的指标比如"自信""幸福感"等难以定量时)来衡量时,这些方法就不奏效了,它们被限制在单输出的环境。数据包络分析方法在处理多投入、多产出问题,尤其是多产出问题上占绝对上风[15]。数据包络分析方法的特殊之处在于其运用的理论基础是数学中比较新颖的线性规划理论,并用此来判断决策单元的位置是否处于有效生产前沿面上,以此取得许多实用的信息,进一步做"投影"能给主管部门提供帮助。这里值得一提的是数据包络分析的小兄弟SFA——随机前沿分析,和数据包络分析法一样,也是根源于生产前沿面的方法。两者不同处有两点:一是数据包络分析是非参数统计方法而随机前沿分析本质是一种参数方法;二是数据包络分析是一种确定性的前沿面方法,没有考虑随机性因素对生产率和效率的影响,随机前沿分析则漂亮地解决了这一问题。随机前沿分析这一方法由爱歌纳尔、乐福尔和斯密特小组,以及幕森、布洛克小组各自独立提出[16]。

9.10
数据包络分析潜入
数据挖掘领域

在2011年，库珀等人发表文章对数据包络分析给出了新定义："数据包络分析是评价一组同质决策单元效率的数据导向方法。"进一步说，数据包络分析是一种前沿面导向的方法论，而不是像回归分析那样的中心化导向，不是通过集中的数据拟合回归线的分析方法，而是用分段的线性面包络在现有数据的上方。这一定义很明显表明数据包络分析不仅仅分析决策单元间的相对效率，还需要非有效单元去采取措施靠近有效单元。这一定义重点强调了决策单元在测试之后应该具有的主观能动性。现在，数据包络模型事实上已达到140多种，前面主要介绍了数据包络分析的第一个模型C^2R，另外还有BC^2模型、C^2GS^2模型、FG模型、ST模型等。现在的数据包络分析研究热点集中在随机数据包络分析模型[17]、网络数据包络分析模型[18]等。

重点说说数据包络分析在数据挖掘方面的进展。数据挖掘是现代计算机科学中极为重要的研究领域之一。数据挖掘就如同"淘金"，是从海量数据中寻找隐含的关系，提取潜在的有价值的知识，其实应该被称为"知识挖掘"。数据挖掘某种程度上就是大数据量的数据分析，必须要靠现代计算机才能实行。2006年，运筹学家提出用数据包络分析进行数据挖掘，挖掘海量的决策单元的经济特性。我们可以看看下面两张图。

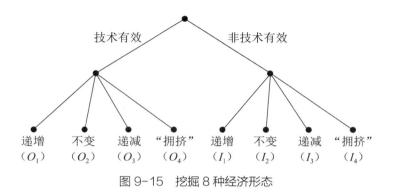

图 9-15　挖掘 8 种经济形态

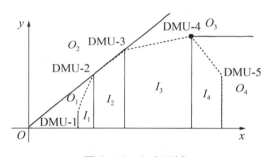

图 9-16　8 个区域

　　从图上可以看出,用数据包络分析进行数据挖掘本质是区分8种经济形态(这里面用到的规模有效、技术有效等概念见注3)。可是实际问题摆在面前,如果被评测集中包含"海量"的决策单元,使用传统评价决策单元的方法需要进行3倍于"海量"的线性规划的计算。为了对付这个困难,运筹学家又提出了"交形式"的生产可能集方法,其评价的速度很快,问题迎刃而解。

　　使用交形式的这一方法是对决策单元的规模状况进行评价,它有别于经典的数据挖掘类型,是一种新的数据挖掘——对决策单元的评测。我们称其为"数据包络分析评测机"。这里"机"的含义,在机器学习中是指算法,可以说,利用数据包络分析进行数据挖掘开辟了数据包络分析应用的新领域，同时也是对数据挖掘领域的一种拓展和补充。数据包络分析已经成为由数学、计算机科学、经济学和管理科学组成的交叉科学。

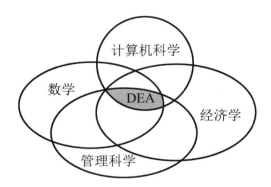

图 9-17　数据包络分析成为了数学、计算机科学、经济学和管理科学组成的交叉科学

注　释

注 1: 决策单元

一个经济体系或一个生产过程都可以是一个组织或组织内的一个部门,在一定条件范围内,通过一定数量的生产投入得到一定数量的产出的活动。虽然生产活动的实质不相同,但其目的都是尽可能地使生产活动取得最大的"效益"或者"效率"。由于需要通过一系列的上层决策才能实现从"输入"到"输出"的生产活动,或者说,由于"输出"是决策的结果,所以这样的单位或组织内的部门被称为决策单元(DMU)。我们说,一个研究中往往有许多 DMU,第 i 个 DMU 常被记作 DMU_i。因此,可以认为,每个决策单元都有某些经济意义,决策单元的主要特征是具有输入和输出,并且将输入转化成输出的过程中,尽力达成自身的决策目标。在许多情况下,我们对具有同类型的多个决策单元更感兴趣。所谓同类型的决策单元,是指具有以下三个特征的决策单元集合:具有相同的投入和产出指标;具有相同的外部环境;具有相同的目标和任务。

注 2: 生产可能集

设某个 DMU 在一项经济(生产)活动中有 m 项投入,写成向量形式为 $x=(x_1, x_2, \cdots, x_m)$;产出有 s 项,写成向量形式为 $y=(y_1, y_2, \cdots, y_s)$。于是我们可以用 (x, y) 来表示这个 DMU 的整个生产活动。

设 n 个决策单元所对应的输入、输出向量分别为

$$\boldsymbol{x}_j = (x_{1j}, x_{2j}, \cdots, x_{mj}), x_{ij} \geqslant 0, i = 1, 2, \cdots, m, j = 1, 2\cdots, n$$

$$\boldsymbol{y}_j = (y_{1j}, y_{2j}, \cdots, y_{sj}), y_{rj} \geqslant 0, r = 1, 2, \cdots, s, j = 1, 2\cdots, n$$

定义集合 $T=\{(x, y) |$ 产出 $y \geqslant 0$ 能用投入 $x \geqslant 0$ 生产出来 $\}$ 为所有可能的生产活动构成的生产可能集。

在使用数据包络分析方法时,一般假设生产可能集 T 满足下面几条公理:

公理1(平凡公理): $(x_j, y_j) \in T, j=1, 2, ..., n$。

公理2(凸性公理):集合 T 为凸集。

公理3(无效性公理):若 $(x, y) \in T, \hat{x} \geqslant x, \hat{y} \leqslant y$,则 $(\hat{x}, \hat{y}) \in T$。

公理4 A(锥性公理):集合 T 为锥。如果 $(x, y) \in T$ 那么对任意的 $k>0$,有 $k(x,y)=(kx, ky) \in T$。B:当 $k \geqslant 1$ 时为扩张性公理。当 $k \in [0,1]$ 时为收缩性公理。

公理5(最小性公理):生产可能集 T 是所有满足公理1、2、3、4的最小者,则 T 两种主要的表示形式如下:

$$T_{\text{CCR}} = \left\{ (x, y) | \sum_{j=1}^{n} x_j \lambda_j \leqslant x, \ \sum_{j=1}^{n} y_j \lambda_j \geqslant y, \ \lambda_j \geqslant 0, \ j=1, 2, \cdots, n \right\}$$

满足公理1、2、3、4A、5。

$$T_{\text{BCC}} = \left\{ (x, y) | \sum_{j=1}^{n} x_j \lambda_j \leqslant x, \ \sum_{j=1}^{n} y_j \lambda_j \geqslant y, \ \sum_{j=1}^{n} \lambda_j = 1, \lambda_j \geqslant 0, \ j=1, 2, \cdots, n \right\}$$

满足公理1、2、3、5。

注3: 技术有效与规模有效

图9-15先分析了技术有效性,分为"技术有效"和"非技术有效"两部分,然后各自又分析了四种规模收益状况。

(1)技术有效就是弱数据包络分析有效。

（2）规模有效说明规模收益不变，处于收益的最佳状态。以此可知存在规模收益递增和规模收益递减。

（3）"拥挤"迹象是一种"反常"状况，即当投入增大时，产出不会增加反而减少。

参 考 文 献

[1]尼利.企业绩效评估[M].李强,译.北京:中信出版社,2004.

[2]方振邦,罗海元.战略性绩效管理[M].北京:中国人民大学出版社,2003.

[3]张建中,宋天泰.著名运筹学家A.Charnes教授简介[J].运筹学杂志,1984
(2):77-79.

[4]周君,许家林.威廉·威格·库珀[J].财会学习,2012(7):2.

[5]黄亚钧.微观经济学[M].北京:高等教育出版社,2009.

[6]李佳.数理化经济学之父:帕累托[J].新理财:政府理财,2017(9):2.

[7]COOPER W W, SEIFORD L M, ZHU J. Handbook on Data Envelopment
Analysis[M]. Berlin: Springer, 2011.

[8]吴喜之.非参数统计[M].北京:中国统计出版社,1999.

[9]吴喜之.统计学:从概念到数据分析[M].北京:高等教育出版社,2008.

[10]CSDN博客.改变世界的十位算法大师算法与数学之美[EB/OL].(2018-
07-13)[2020-03-01]. https://blog.csdn.net/fngtyr45/article/details/
81040033.

[11]卡斯蒂.20世纪数学的五大指导理论[M].叶其孝,译.上海:上海教育
出版社,2001.

[12]CHARNES A, COOPER W W. Programming with Linear Fractional
Functional[J]. Naval Research Logistics Quarterly, 1963, 10(1): 273-274.

[13]李发勇,李光金,张茂勤.DEA方法在员工绩效评价中的应用[J].商业研究,2005(1): 4.

[14]马占新.广义参考集DEA模型及其相关性质[J].系统工程与电子技术,2012, 34(4): 709-714.

[15]魏权龄.评价相对有效性的DEA方法[M].北京:中国人民大学出版社,1988.

[16]李双杰.企业绩效评估与效率分析[M].北京:中国社会科学出版社,2005.

[17]蓝以信,王应明.随机DEA期望值模型的一些性质[J].运筹学学报,2014, 18(2): 11.

[18]魏权龄.论"打开黑箱评价"的网络DEA模型[J].数学的实践与认识,2012, 42(24): 12.

第 10 章

不愧为"暴力美学"的计算统计

统计学是信息集成的一门科学，往往需要用精炼的信息来代替大量数据反映事物的本质。

——埃弗隆

∞

1938年5月24日，埃弗隆出生于圣保罗——美国明尼苏达州的首府。他现在已是80多岁高龄，仍是斯坦福大学统计和生物统计学教授、人文与科学教授。他曾在许多知名大学任教，比如哈佛大学、伦敦帝国学院等。因在理论和应用统计学方面的贡献，2005年他获得了美国国家科学奖章。2014年，他被英国皇家统计学会授予金盖伊奖章。2018年他又获得了国际统计奖的认可。奖项等身著作也等身的埃弗隆无疑是当世顶尖统计学家之一，而且他的学术贡献早已凌驾于统计学之上，他的思想在数学和计算机科学甚至于经济学和生物学等许多领域都产生了深刻而长远的影响。

埃弗隆是一位具有传奇色彩的统计学家，与从小生长在知识分子家庭的大部分学者不同，埃弗隆小时候没有受过先进的教育，他的父亲只是一名普通的卡车司机，有时候还会兼职做售货员。他的父亲喜欢看橄榄球比赛和棒球比赛，每次看完比赛之后，都会把得分和

图 10-1 埃弗隆

一些统计数据详细地记录下来。年幼的埃弗隆对父亲记下的比赛数据产生了浓厚兴趣,他喜欢查找它们之间的规律,并立志将来长大后要成为一名数学家。为了实现这个远大的目标,埃弗隆开始努力学习,并且在十年寒窗后,18岁那年如愿考上了加州理工学院的数学系,4年后他如期毕业,获得了理学学士学位。可是毕业之后的埃弗隆却发现自己并不擅长也不喜欢纯数学研究,纯数学需要的是那种抽象的探索结构的思维方式,而埃弗隆却更喜欢对数据进行分析来解决现实生活中的问题。他开始转投统计学的怀抱,一门心思想投进斯坦福大学统计学系的怀抱。他在回忆往昔时说过:"我并不是生来就学统计的,父亲记录棒球比赛分数的这一行为帮了我很多。"[1]也正是多亏小时候他的父亲这一无意中的帮助,使得埃弗隆彻底爱上了统计学。

埃弗隆对于统计学这一属于应用数学的学科的贡献很多,在生存统计、经验贝叶斯方法,以及把微分几何应用于统计学等方面都有着杰出的成绩,但令他名垂统计学青史的,还要当数他所创设的Bootstrap方法,它的出现使得统计学被大踏步地推进到现代。Bootstrap一词是从西方童话故事《吹牛大王历险记》里来的。故事讲的是18世纪德国吹牛大王闵希豪生男爵吹的一个牛。有一次他不小心连人带马跌入一个沼泽,由于没有工具,他急中生智,用力拽着自己的鞋带向上拉,竟然最终带着马匹一起逃出了沼泽(也有说法是提着自己的头发)。这当然是完全不可能

图 10-2　闵希豪生男爵提着头发逃出沼泽

的,但故事里的Bootstrap一词流传了下来,中文译作"自助法"或者"拔靴法",是"自己为自己解决困难而不依靠外在力量"的意思。在现代统计学中,自助法经常被用于统计推断,其本质是一种模拟计算方法,属于计算机时代的统计推断。为了推断所要求的统计量,可以仰赖于从样本中重复抽样,在样本量很小的情况下自助法的效果极其明显。因为我们在研究统计问题时,绝大多数获得的是样本,而没办法得到总体,当样本量不足时,自助法提供给我们一种新的思路和处理办法。另一方面,自助法其实是一种非参数方法,使用自助法时我们并不需要对总体分布做出事先的假设。

自助法前身为昆努利和图基所创设的刀切法(Jackknife method),一种被称为重采样的方法。刀切法每次操作时会丢掉几个样本点进行重复抽样,这与自助法不同,但其重复采样的思想与自助法一致。不过,刀切法的估计有时候不是十分精准。20世纪70年代末,埃弗隆在《统计年刊》发表了跨时代的文章《自助法:对刀切法的另一种看法》,从另一个新颖的角度审视了刀切法并克服其许多弱点,提出了新的重采样方法——自助法。这篇文章在刚问世时并没有引起学术界的重视,甚至还被编辑认为思想过度简单而不予发表。但真的是"大道至简",越简单的思想往往越博大精深,就像一粒小小的种子能长成参天大树,自助法在提出后的十年间逐渐受到统计学家的重视,许多学者对其进行了应用和开拓,解决了以前许多传统统计上的困难,在20世纪90年代,已经日渐成熟完善。并且埃弗隆和他的学生罗伯特于1993年出版了《自助法简介》,其中对自助法与刀切法的对比、统计量的自助估计、应用于回归等都做了详细而系统的阐述。自助法提出至今的四十多年,我们可以在统计学的顶级刊物中搜索到两千余篇与之相关的文章。另外,自助法的实现需要大运算量的计算机模拟计算,因此自助法的推广也标志着统计学和计算机联姻的时代的全面到来[1]。

10.1
现代蒙特卡洛方法

由于自助法本质上需要模拟计算,我们先来看看一种最主要的模拟计算也就是蒙特卡洛方法。蒙特卡洛方法是利用随机数进行模拟计算,所以也被称为随机模拟法,而自助法也是蒙特卡洛方法的一种。现代蒙特卡洛方法开端于20世纪40年代,和美国研发原子弹的计划——曼哈顿计划有着密切关系。第二次世界大战以后,美国和北约同苏联和华约展开了一系列政治、经济和军事斗争,史称"冷战"。由于双方都经历了大规模战争,所以都比较克制,就用"冷处理"的方法进行各方面的竞赛,比如太空竞赛、科技竞赛和军备竞赛。这一时期内,美国人又最先研发出第二代原子弹——"氢弹"。当时美国的几位大科学家,乌拉姆、冯·诺伊曼、费曼和费米,在位于新墨西哥州的洛斯阿拉莫斯国家实验室研究中子裂变链式反应时,开始使用统计模拟的方法,并在早期的计算机上进行了编程计算。

图 10-3 1945 年 7 月 16 日,曼哈顿计划进行了三位一体核试验

数学家乌拉姆是现代统计模拟方法的第
一人，他于1909年出生在波兰，早期从事
集合论和测度论的研究。由于当时在
欧洲极难找到教职，1935年，乌拉姆
应友人之邀只身前往美国。1943年
冬天，正在威斯康星大学工作的乌拉
姆发现好几个同事很久没在办公室露
面了。不久，他收到一封邀请函，请他
加入新墨西哥州的一个项目，信中对项目
内容只字未提。这封信激起乌拉姆的兴趣，他
直奔图书馆，找到所有关于新墨西哥州

图 10-4　乌拉姆

的资料，最后发现只有一本书是介绍该州的，而且书后的借阅卡上写
着他的那些同事的名字，他终于知道了他们的行踪，根据那些同事的
研究方向他大概猜到了项目内容，同样地他也赶往了洛斯阿拉莫斯这
片沙漠贡献自己的力量。1946年，乌拉姆大病一场，康复后重返沙漠。
美国政府此时正斥巨资加快研发，目的是制造一颗代号"超级"的氢
弹。当时，研发路上还有几大障碍，其中最重要的一个障碍是开发人
员需要一种方法，用于预测一次爆炸过程中发生核链式反应的频率。
换言之，就是要计算一颗氢弹内多少时间发生一次中子碰撞，从而算
出爆炸时释放多少能量。令乌拉姆失望的是，传统的数学方法无法完
成这项任务[2]。

氢弹能量释放的计算工作走入一个个数学的死胡同中，乌拉姆暂
时放下手中的工作，他回想起生病住院期间思考的一个问题。这个问
题来自他玩过的一个单人扑克游戏。在一局游戏中，他需要算出纸牌
以某种组合出现的概率，一想到要进行大量的概率计算，乌拉姆就觉
得头大，他最讨厌这种单调重复的工作。因此他将所有的纸牌翻开，

观察具体的排列顺序。在重复足够多次后,乌拉姆知道了问题的答案。无须计算组合的各种可能性,要知道这计算量是按指数增长的。具体来说,比如要从20张纸牌中随机抽取4张纸牌,即有

$$\binom{20}{4} = 4845$$

种可能。抽取样本时要用4845张同样的纸,每张纸上写下4张牌面,每张纸上的组合都不同,然后把它们放到篮子里随机地抽取一张。另外一种方法是,把20张牌面写在20张纸上,然后以某种随机方法一个接一个地抽取4张纸[3]。

乌拉姆想到,中子问题能用相同的技术解决,中子或分裂或改变速度或被吸收或产生更多中子,每一种可能性的概率在一定范围内是逐个可知的。问题在于,这需要强大的算力生成原始样本。他将这一想法告诉最要好的同事——数学家冯·诺伊曼。两人当时的交情已经超过10年,而且邀请乌拉姆离开波兰,以及后来邀请他加入洛斯阿拉莫斯的友人正是冯·诺伊曼。

冯·诺伊曼是一位闻名遐迩、成就卓越的科学家。在数学、计算机科学、量子力学、逻辑学以及博弈论等许多学科领域里都留下了自己的名字,做出了重大贡献。当然,支撑起他各学科超群的研究能力的是他的数学功底。1903年,一位神童降生在人间,在匈牙利布达佩斯的一户犹太人家庭里,他就是冯·诺伊曼。他的父亲是勤奋杰出的银行家,被匈牙利国王赐予了贵族的名号。母亲是一位受过教育的聪明的妇女。冯·诺伊曼的家庭富裕,

图 10-5 冯·诺伊曼

文化氛围颇浓。冯·诺伊曼的少年时代,有很多关于他才能的传闻,一是惊叹他记忆力惊人;另一是赞赏他数学能力超群。记忆力方面,传说他自幼爱好历史,过目成诵,10岁时读完了一部48卷的世界史,并且可以流利地背出。数学能力方面,据说他在童年时就展现出了惊人的理解能力和解决问题的速度,幼儿园时能心算八位数除法,刚上小学已经开始接触并掌握了微积分,小学三年级就看懂了数学家博雷尔的分析学专著《函数论》,17岁时便开始和他的老师一起研究"切比雪夫多项根的求解"并发表了他一生中的第一篇论文。

冯·诺伊曼在出生地接受了早期教育。他的父亲出于经济上的考虑,希望他成为化学家而不是数学家。当时学化学像今天学计算机一样时髦,从事化学行业赚的钱也比数学行业的多。于是1921年冯·诺伊曼先去柏林学习。1923年为了履行和父亲达成的协议,他又去苏黎世攻读化学。但是,他的数学情结很难了断。1926年他终于获得了心心念念的布达佩斯数学博士学位,但同时他也完成了和父亲的约定,获得了苏黎世化学工程学士学位。这四五年的时间里,冯·诺伊曼其实一直致力于研读数学、和数学家通信以及写数学论文,对于学校的课程学习顶多就是自学一下,考试时去一下罢了。1930年,冯·诺伊曼跨过了大西洋,来到美国普林斯顿讲学,先是以客座教授的身份,一年后,他的身份顺理成章地变成了普林斯顿大学正式的教授。这几年里,冯·诺伊曼在理论数学领域建立起了声誉,他在集合论、量子力学和算子代数方面获得了杰

图 10-6　冯·诺伊曼诞生地

出成就。冯·诺伊曼一生的转机出现在1940年。在此之前,他是一位超群绝伦的理论数学家。但在此之后,他成为一位熟练掌握纯数学理论并把它灵活运用到实际物理问题中的应用数学家。他对偏微分方程发生了浓厚的兴趣,因为这一学科是联系数学和物理领域的纽带。他研究的问题包括:统计、冲击波、流体力学、气象学、弹道学、爆炸学,以及当时的两个新的应用数学领域——博弈论和计算机。冯·诺伊曼也被世人同时称为"计算机之父"和"博弈论之父"。

冯·诺伊曼最突出的特点是其思维速度之快前无古人后无来者,不管是做具体的计算还是理论证明,对他来说都是小菜一碟。他的老师波列亚曾胆战心惊地说,"冯·诺伊曼是我唯一感到害怕的学生。如果我在讲演中列出一道难题,讲演结束时,他总会手持一张潦草写就的纸片向我走来,告诉我他已把难题解出来了。"冯·诺伊曼对于自己能够高速运算这项特殊才能还是很自豪的。当他准备对刚研制完成的电子计算机进行初期调试时,有人提议让冯·诺伊曼和计算机比试比试,同时计算一道有一定难度的数论题,看谁的速度快又准确。这道题如下:一个未知十进制数字当其第4位数是7时,这个数字如果化为2的幂,这个幂最小是多少?对于如今的计算机来说,解出这道题易如反掌,它绝对不需要一秒的时间。然而当时刚发明的通用电子计算机和冯·诺伊曼同时开始运算,冯·诺伊曼竟领先得到了正确的结果,赢得了比赛。

回到制造氢弹的瓶颈,乌拉姆对冯·诺伊曼描述了他的想法。冯·诺伊曼觉得依托他的最新的关于计算机结构的构想,这个方法是可行的,电子计算机是中子问题算力的根本保证。由于当时乌拉姆经常说他的叔叔在蒙特卡洛赌场输钱了,因此这个方法被他的同事梅特罗波利斯戏称为蒙特卡洛方法,不料,这个命名流传开去被大家广泛接受。蒙特卡洛方法其实早为数学家们所知,但是在电子计算机出现以前,生成随机数的成本很高,所以早期的蒙特卡洛方法并没有被用于实战。关键时刻,冯·诺伊曼发挥天赋才能,发明了一种利用简单算术产生"伪随机数"的方法。随着计算机技术在20世纪后期的快速发展,随机模拟这一技术很快被广泛研究和应用,对那些用确定的数学方法不可能解决的问题,蒙特卡洛方法这一不同以往的新思路常常可以起到神奇的作用。而今天人尽皆知的AlphaGo就用到了蒙特卡洛树搜索。这套内容构成一门被称为"计算统计"学科的主体。

10.2
计算统计中的
蒙特卡洛方法源头

蒙特卡洛方法即随机模拟法其实就是通过概率实验的方法来估计我们感兴趣的一个量。最初的蒙特卡洛模拟实验是18世纪后半叶由法国学者蒲丰开创的,起源于他当年用于计算 π 的著名投针试验。这是一个令初学者看了会不断叹服的想法,蒲丰就此以"蒲丰投针"问题闻名于世,这一试验发表在他1777年的著述《或然性算术试验》中。蒲丰从此创立了"几何概率"这一门派。

1707年在法国的蒙巴尔城,降生了一位学者蒲丰。蒙巴尔这座城市属于勃艮第大区科多尔省,盛产葡萄。蒲丰的父亲在法国是很有地位的人,当过法国国会议员。富裕的家道使得蒲丰从小就不用为世俗事

图 10-7　蒲丰投针漫画

烦心。小时候虽然喜欢数学,但乖巧的蒲丰
顺从了父亲的意愿,开始主攻法律。20 岁
那年,命运使然,蒲丰遇到了一位影响
了他一生的数学家,就此蒲丰重新聚
焦于数学领域。几年后,蒲丰开始游
学,他横跨英吉利海峡来到英国。在
英国,他被这里的学术氛围所感染,并
惊叹于物理学家牛顿的理论,开始潜心
研究基础科学。回到法国后,他开始进行
独立研究并发表基础科学领域的论文,同时还
翻译牛顿的《流数法》和英国学者黑尔

图 10-8 蒲丰

斯的著述《植物志》。32 岁那年,他当上了皇家科学院院士以及皇家植
物园的总管。由于工作方向的关系,他开始研究动植物和地球科学。

　　蒲丰依靠其广泛的兴趣、广博的知识面、对科学的深入研究和美
妙的文字功底,完成了宏伟的巨作——36 的《自然史》。这部巨著内
容博大精深,包括地球科学、动物与植物的比较、爬虫类、鸟类等知识,
是一部描述地球动植物界的完整自然史。总的来说,蒲丰是一位博物
学家,并以"风格即人"的理念为人称道。蒲丰在他 70 岁时的大作《或
然性算术试验》中首先提出并解决的问题是这样的:在平面上画一些
间距为 a 的平行线,向此平面随机地投掷一枚长为 $l(l<a)$ 的针,求此针
与任一平行线相交的概率 P。

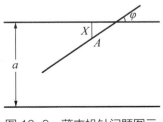

图 10-9 蒲丰投针问题图示

针的位置可由中点A与最近一条平行线的距离X及针与平行线的夹角φ来确定。随机投针的概率含义是：针的中点A与平行线的距离X均匀地分布在$[0,a/2]$区间内；针与平行线的夹角φ均匀地分布在$[0,\pi]$区间内；且X与φ是相互独立的。很显然，针与平行线相交的充分必要条件是

$$X \leqslant \frac{l\sin\varphi}{2}$$

故相交的概率为

$$P = P\left\{X \leqslant \frac{l\sin\varphi}{2}\right\} = \frac{2}{a\pi}\int_0^\pi \left(\int_0^{\frac{l\sin\varphi}{2}} \mathrm{d}x\right)\mathrm{d}\varphi = \frac{2l}{\pi a}$$

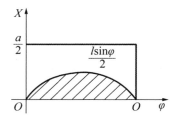

图 10-10　相交的概率是曲线下的面积与矩形面积之比

相交的概率P是曲线$x=l/2 \times \sin\varphi$下的面积与矩形面积之比。由上式可以利用投针试验计算 π 值。设随机投针N次，其中M次针线相交，当N充分大时，可以用频率M/N作为概率P的估计值，从而求得 π 的估计值为$\hat{\pi} = \frac{2lN}{aM}$。

根据蒲丰的方法，历史上有一些学者做了随机投针试验，并得到 π 的估计值。下表列出了部分试验结果[4]。

表10-1　设平行线之间距离a=1

实验者	时间	针长l	投针次数	相交次数	π 的估值
沃夫	1850	0.8	5000	2532	3.159 56
史密斯	1855	0.6	3204	1218.5	3.1554

（续表）

实验者	时间	针长 l	投针次数	相交次数	π 的估值
福克斯	1884	0.75	1030	489	3.1595
拉萨瑞尼	1901	0.833 33	3408	1808	3.141 592 92

　　以上介绍的蒲丰投针问题可以视为随机模拟方法的雏形。当然用真正的随机投针方法进行大量试验是十分困难的，随着计算机的出现和发展，可以利用随机模拟把蒲丰的投针试验在计算机上实现。

10.3

用蒙特卡洛方法
求解定积分

蒙特卡洛方法应用广泛，这里我们介绍用蒙特卡洛计算定积分的两种算法，为下面的MCMC方法做铺垫。计算定积分 $I = \int_0^1 f(x)\,\mathrm{d}x$。也就是求曲边梯形的面积$S$。

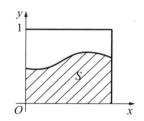

图 10-11　求曲边梯形的面积 S

(1)随机投点法

条件如图10-11，现在我们向着正方形内随机投点 $\{\xi_i, \eta_i\}$ ($i=1$, 2, …)，其中$\xi_i{\sim}U(0, 1)$, $\eta_i{\sim}U(0, 1)$, 且相互独立。若第i个点 $\{\xi_i, \eta_i\}$ 落入曲边梯形内，就是满足条件$\eta_i{\leqslant}f(\xi_i)$，则称第$i$次试验成功。随机投点试验成功的概率$P$为：

$$P = P\{\eta \leqslant f(\xi)\} = \int_0^1 \int_0^{f(x)} \mathrm{d}y \mathrm{d}x = \int_0^1 f(x)\mathrm{d}x = I$$

因此定积分值就是试验成功的概率，根据大数定律可以用试验成功的频率去近似P。

(2) 平均值估计法

设随机变量 $R \sim U(0, 1)$，则 $Y = f(R)$ 的数学期望 $E(f(R)) = \int_0^1 f(x)P(x)\mathrm{d}x$，而均匀分布的 $P(x) = 1/(b-a) = 1/(1-0) = 1$，所以

$$E(f(R)) = \int_0^1 f(x)\mathrm{d}x = I.$$

这说明积分值 I 是随机变量 $Y = f(R)$ 的数学期望。可以用数学期望的估计值作为定积分的近似解。这时只需产生均匀随机数 r_1，r_2，$\cdots$，r_N，则

$$I = E(f(R)) \approx \frac{1}{N}\sum_{i=1}^N f(r_i).$$

这是很重要的方法，我们后文会看到其在 MCMC 方法中的应用。在实际的高维情况中，我们一样能运用这一原则。即任何一个积分都可以看成某个随机变量的期望值，而这个随机变量是由均匀随机数变换过来的，所以我们可以用这个随机变量的平均值来计算积分的近似值。

10.4
马尔科夫的杰作

我们一直谈到的MCMC方法的全称为马尔科夫链蒙特卡洛方法（Markov Chain Monte Carlo），蒙特卡洛方法的原理我们已经知道了，那马尔科夫链又是何方神圣呢？我们先来看俄国数学家马尔科夫，是他把概率论推进到现代化的门槛，而马尔科夫链就是以他的名字命名的一个数学模型。

1856年，马尔科夫生于俄国梁赞，他的中学时代是在彼得堡第五中学度过的。这所学校的氛围令人窒息，除了数学对马尔科夫来说有趣一些，学校里的其他课程都让他厌倦。但是马尔科夫也不是只懂数学的书呆子，他对人文社会领域也很感兴趣，这些都不是通过学校的教程能够获得的，而是他大量的课外阅读所汲取的知识。正是在这一时期，他坚定和高洁的品格逐渐显露。由于偷偷阅读一些进步读物，他与校方发生了激烈的冲突和对抗。

18岁那年马尔科夫如愿考入了彼得堡大学数学系，从此摆脱了那个令他感到压抑的环境，开始在憧憬已久的五彩缤纷

图 10-12　马尔科夫

的数学王国里自由呼吸。他遇到了一生的恩师切比雪夫,在恩师的帮助下他不断进步,在完成本科学业后他获得了一枚对其学位论文表示极为赞赏的金质奖章并且留聘本校,这是那个年代学校对于最优秀的学生的传统做法。

1883 年切比雪夫离开彼得堡大学后,马尔科夫拾起了他主讲的概率论课。1884 年他开始主攻博士学位,凭借着论文《关于连分数的一些应用》通过答辩。在那些黄金岁月里,马尔科夫与另一位切比雪夫的弟子李雅普诺夫还有切比雪夫组成了最杰出的师生搭档——"彼得堡数学学派"的核心。他们师生三人力挽狂澜,把概率论从"濒临灭绝"的境地中拯救了出来,使其重新成为一门正式的数学学科,并把它进一步现代化,这是以他们三人为主的彼得堡学派对人类做出的最大贡献[5]。

1906 年马尔科夫的兴趣转移到"按条件概率相互依赖的随机变量序列"上,并创立了使他名垂青史的概率模型——马尔科夫链。这后来成为随机过程的主要组成部分,而乌拉姆解决的中子问题本质上也是随机过程的一支——分支过程。那什么是马尔科夫链呢?打个浅显的比方就是,一只被切除了脑内用于记忆的海马体的小白鼠在若干个洞窟间的跳窜就相当于一个马尔科夫链。因为这只小白鼠已经没有了记忆器官,从一个洞窟跳窜到另一个洞窟完全由瞬间而生的念头所决定,当其从某个位置跳窜到下一个位置时与它的历史行径无关。对于这一概率模型有一些哲学上的探讨,俄国数学家辛钦曾经说道:"承认客观世界中有这样一种现象,其未来由现在决定的程度,使得我们关于过去的知识丝毫不影响这种决定性。"这种"未来"和"过去"相互独立,"过去"对"未来"没有影响,而只承认存在"当下"的特性就被称为马尔科夫性,马尔科夫链就是指具有这种性质的概率模型。我们来具体考察它的一些奇特性质并看看它怎么会和蒙特卡洛方法串在一起。

我们说，马尔科夫链用数学式写出来就是：$P(X_{t+1}=x|X_t, X_{t-1}, \cdots)=P(X_{t+1}=x|X_t)$。其含义也就是我们上面所分析的：当前状态只仰赖于前一个状态，和历史上的其他状态无关。我们来看一个具体的应用。

假设XYZ旗下某企业人员的变更有晋升、平调与降级3种。企业内部人员分成3类：员工、部门经理、总经理。如果一个人属于员工类别，那么他的下一次变动属于平调的概率是0.65，属于晋升为部门经理的概率是0.28，属于升到总经理的概率是0.07（几乎不可能）。作为马尔科夫链，每一次人员调动都只依赖于前一个状态。现在，一次又一次阶层的变化的转移概率如下。

表10-2　阶层的变化的转移概率

		变动后		
		员工	部门经理	总经理
变动前	员工	0.65	0.28	0.07
	部门经理	0.15	0.67	0.18
	总经理	0.12	0.36	0.52

使用矩阵的表示方式，转移概率矩阵记为

$$\boldsymbol{P}=\begin{bmatrix} 0.65 & 0.28 & 0.07 \\ 0.15 & 0.67 & 0.18 \\ 0.12 & 0.36 & 0.52 \end{bmatrix}$$

假设当前处在员工、经理、总经理的人的比例是概率分布向量$\boldsymbol{\pi}_0=[\pi_0(1), \pi_0(2), \pi_0(3)]$，那么他们的下一次人事变更后的分布会是$\boldsymbol{\pi}_1=\boldsymbol{\pi}_0\boldsymbol{P}$，如此可以顺理成章地推出，第$n$次人事变更后的分布将是$\boldsymbol{\pi}_n=\boldsymbol{\pi}_{n-1}\boldsymbol{P}=\boldsymbol{\pi}_0\boldsymbol{P}^n$。假设一开始的人员分布为$\boldsymbol{\pi}_0=[0.21, 0.68, 0.11]$，则我们可以计算出所有前$n$次变更后的人员分布，具体如下：

表10-3　前n次变更后的人员分布1

第n次调动	员工	部门经理	总经理
0	0.21	0.68	0.11
1	0.252	0.554	0.194

（续表）

第n次调动	员工	部门经理	总经理
2	0.27	0.512	0.218
3	0.278	0.497	0.225
4	0.282	0.49	0.226
5	0.285	0.489	0.225
6	0.286	0.489	0.225
7	0.286	0.489	0.225
8	0.289	0.488	0.225
9	0.286	0.489	0.225
10	0.286	0.489	0.225
…	…	…	…

我们发现从第9次开始，这个人事变更后的分布情况就不再变化了，这是巧合吗？我们换一个初始分布 $\pi_0 = [0.75, 0.15, 0.1]$ 尝试一下，计算前n次的分布情况如下：

表10-4　前n次变更后的人员分布2

第n次调动	员工	部门经理	总经理
0	0.75	0.15	0.1
1	0.522	0.347	0.132
2	0.407	0.426	0.167
3	0.349	0.459	0.192
4	0.318	0.475	0.207
5	0.303	0.482	0.215
6	0.295	0.485	0.22
7	0.291	0.487	0.222
8	0.289	0.488	0.225
9	0.286	0.489	0.225
10	0.286	0.489	0.225
…	…	…	…

我们可以观察到，在第9次人事变更后，分布又稳定不变了。最为怪异的是，上面尝试代入不一样的初始人员分布，最后都得到极限分布 $\pi = [0.286, 0.489, 0.225]$，也就是说它和初始人员分布没关系。那

只有一种可能，也就是说这个最终极限取决于概率转移矩阵 P。我们算一下 P^n 会发现，当 n 逐渐增大的时候，这个 P^n 矩阵的每一行都稳定在极限分布不变了。我们可以尝试一下其他的马尔科夫链，可以看到这种收敛的情况是绝大多数马尔科夫链的共同特性。这一最终分布 $\pi = [\, 0.286, 0.489, 0.225\,]$ 被称为马尔科夫链的平稳分布，马尔科夫链所特有的收敛性质非常重要，其收敛性质使得分布最终停留在平稳分布 $\pi(x)$。

10.5
20世纪十个最重要的算法之一

古人有言:"知秋一叶,尝鼎一脔",这句话里蕴含着采样的思想。什么是采样呢? 就是对于特定的概率分布 $\pi(x)$,我们从中抽取相对应的样本的过程。我们自然希望能有快速有效且普适的采样方法,由于马尔科夫链能收敛到平稳分布,于是想到一个很优雅的点子:既然马尔科夫链的最终极限仅取决于概率转移矩阵,那我们就构造一个和极限分布 $\pi(x)$ 相应的概率转移矩阵的马尔科夫链,我们从任意的某个初始状态开始顺着马尔科夫链的方向移动,可得到序列 $x_0, x_1, x_2, \cdots, x_n, x_{n+1}, \cdots$,假设第 n 步的时候马尔科夫链收敛,我们就能得到其极限分布的样本 $x_n, x_{n+1}, \cdots$。然后基于这些样本就可以做各种统计推断。

这个绝妙的想法是在1953年被乌拉姆和冯·诺伊曼的同事梅特罗波利斯想到的。起初是为了解决困扰庞加莱和博雷尔的难题:如何解释分子间的相互作用? 求解描述粒子碰撞的方程可以解决这个问题,但仅靠当时原始的计算器是不可能完成这项任务。在与这个问题奋战多年后,梅特罗波利斯认为如果将蒙特卡洛方法和马尔科夫链结合起来,他们就能推断由碰撞粒子组成的物质的属性。他和同事们一起在早期的计算机上实现了这个算法,它是历史上第一个普适的采样方法,后来一连串各种各样的马尔科夫链蒙特卡洛方法也由此开启,随机模拟技术就此起飞,而梅特罗波利斯算法也成功跻身20世纪最重要的算法前十之列。

10.6
马尔科夫链蒙特卡洛方法
应用于贝叶斯分析

　　大家或许要问了,我们为什么要花那么大的工夫来采样呢? 还居然劳烦马尔科夫的杰作? 那是有原因的。统计模拟中最重要的问题就是: 我们如何在计算机中生成一个给定概率分布 $\pi(x)$ 的随机样本。因为如前文第三节所述,有了样本我们才能计算函数的均值,进而解决积分问题,做出估计(注1)。而且在某些情况下我们要用到马尔科夫链来生成随机样本。这其实就是马尔科夫链蒙特卡洛方法用于贝叶斯分析的一个基本思路。

　　1946年,天才冯·诺伊曼提出了最简单的均匀分布 $U[0,1]$ 的样本生成器。这一方法被称为平方取中法,是产生 $[0,1]$ 均匀分布的伪随机数的最古老方法。这一方法的思想是: 将给出的一个 $2N$ 位的整数作为种子,平方后得到的新的位数大致是原来的两倍,不足两倍时在高位补0。然后掐头去尾,取新的数中间的 $2N$ 位作为一个新的种子,其本身规范化后(也就是保证这列数在 $[0,1]$)即为伪随机数,如此一直进行下去。举个例子,$N=2$ 时,给出一个4位的数1234作为种子,其平方为 1 522 756,则有:

$$x_0^2 = 01522756 \quad x_1 = 5227 \quad u_1 = 0.5227$$

$$x_1^2 = 27321529 \quad x_2 = 3215 \quad u_2 = 0.3215$$

$$x_2^2 = 10336225 \quad x_3 = 3362 \quad u_3 = 0.3362$$

$$x_3^2 = 11303044 \quad x_4 = 3030 \quad u_4 = 0.3030$$

$$x_4^2 = 09180900 \quad x_5 = 1809 \quad u_5 = 0.1809$$

$$x_5^2 = 03272481 \quad x_6 = 2724 \quad u_6 = 0.2724$$

......

冯·诺伊曼用这个确定性的方法生成了 $[0,1]$ 的貌似不确定的数的序列 $u_1, u_2, \cdots$,实在是妙极。而且冯·诺伊曼的这个序列和服从 $U[0,1]$ 的样本序列的统计特性相差仅在毫厘之间。所以虽然本质是伪的,但这种伪随机数可以被用来当作真正的随机数。而我们常见的那些概率分布,都可以用基于 $U[0,1]$ 的样本生成。例如要得到服从二维正态分布的样本,可以运用著名的博克斯-马勒变换:

[博克斯-马勒变换]如果随机变量 U_1, U_2 独立且 $U_1, U_2 \sim \mathrm{Uniform}[0,1]$,

$$Z_0 = \sqrt{-2\ln U_1}\cos(2\pi U_2)$$

$$Z_1 = \sqrt{-2\ln U_1}\sin(2\pi U_2)$$

则 Z_0, Z_1 独立且服从二维的标准正态分布。

其他离散的分布通过均匀分布很容易生成。几个著名的连续分布,涵盖了 β 分布、γ 分布、t 分布、F 分布、指数分布等,大致上也可以用相似的数学变换得到。不过幸运女神不总是如此轻易地降临,当 $\pi(x)$ 是个高维的形式很复杂的分布时,样本的生成就可能很困难。这其实就是现代贝叶斯分析面临的挑战——如何从后验分布(何为后验分布于第 3 章中有介绍)中生成样本。

对于后验分布 $\pi(\theta|x) = \dfrac{L(x|\theta)\pi(\theta)}{\int_{\Theta} L(x|\theta)\pi(\theta)\mathrm{d}\theta}$ 是无法直接抽样的(这里 $L(x|\theta)$ 是似然函数),我们可以采用梅特罗波利斯算法或其各种变种,把

图 10-13 梅特罗波利斯

一个复杂的采样问题变为一系列容易的采样问题,具体读者可以参考[6]。

这里我想分享《贝叶斯数据分析》一书中一个有意思的比喻来描述最原始的梅特罗波利斯算法:

假设一位政治家住在一个岛链上,他需要到各个岛去拉票。假设这个岛链只有东西方向,那么目前这位政治家需要考虑3个问题:(1)我是否要待在现在的岛上;(2)我是否要去东边相邻的岛? (3)还是去西边相邻的岛?

政治家的目标是按相对人口的比例游览所有的岛屿,在人口最多的岛上停留的时间最长,在人口最少的岛上停留的时间最短。问题在于,他并不知道各个岛上的人数,甚至连有多少个岛都不知道! 但他有一个信息来源,也就是可以询问所在岛屿的"岛长"一些信息,即这个岛上有多少人,并且,当他计划去东边或者西边的某个岛时,他可以打听到邻近的那个岛有多少人。这时他的智囊团给了他一个策略:

(1)掷硬币,得到去西边的岛还是去东边的岛的建议。

(2)如果建议的岛屿的人口数比现在岛上的人口数多,那就去建议的岛屿。

(3)如果建议的岛屿的人口数比现在的岛上人口数少,那么计算 $p(移动)=P(建议)/P(现在)$,即根据人口比例确定。

(4)政治家转一个0—1的均匀转盘,如果落在0—p(移动),那么他就出发。

以上这个过程就叫作梅特罗波利斯算法(注2)。利用算法得到的这份样本可以用来估计后验期望,尾部概率以及其他很多有用的分位数,同时还包括后验密度本身[7]。

今天, 马尔科夫链蒙特卡洛方法的爆炸性发展时期已经过去, 但是其对整个统计学领域的影响却是长远的, 通过随机模拟的方式, 我们可用合适的模型去分析越来越复杂的问题, 尤其是对于后验分布的计算。最后引用统计学家的话来结束这节:"随机模拟不但改变了人们解决问题的方法, 也改变了人们思考问题的方式, 马尔科夫链蒙特卡洛方法使得人们从关注问题的闭型解到寻找合适的模拟算法, 加强了人们解决实际问题的能力和影响, 使得统计学家进入了一个模拟极为精确的统计世界。"[8]

10.7
重采样方法的思想来源和孟买码头上的大批黄麻

　　说完了蒙特卡洛方法和马尔科夫链以及它们的结合体,我们来看一种特殊的蒙特卡洛方法——自助法。自助法也可以说是一种重采样方法。那什么是重采样方法呢? 简单说来就是从样本集多次采样建模的方法。20世纪30年代是重采样方法的萌芽阶段,主要出现了皮特曼的"两个独立样本的随机化检验"和费希尔的"配对随机化检验"[9]。基本上在同一年代,皮尔逊学派也从抽样调查中发展出了重采样的雏形。这种早期的重采样方法的雏形是从有限自然模型中无重复采样。皮尔逊的统计架构中,这类自然模型对应着一个巨大却有限的观测值的集合(关于皮尔逊的统计思想在前面有过介绍)。在这种情况下,科学家会尽力采集所有的观测值,并确定其分布参数。如果无法采集到全部的观测值,那么就采集一个很大的但具有代表性的数据子集。由这些体量很大的且具代表性的数据子集计算出来的参数会和自然模型的参数相同。然而皮尔逊及其追随者的方法有一个本质的弱点,如果他们得到的数据是"便利样本",也就是那些最容易得到手的数据,那这些数据并不一定可以代表真正的自然模型。

　　一个关于"便利抽样"的经典实例在20世纪30年代早期出现在印度孟买的码头。码头工人为了估计大批量黄麻的质量,又不能一箱箱地开箱验货,只能想办法从每包黄麻中采集一些样品来推断其总体质量。采样的过程是码头工人用一把中空的弯刀插入每包黄麻中再拔出来,弯刀的中空处可以带出些许黄麻用以观察。而由于黄麻在中间层的位置被紧紧地挤压而导致板结在一起,使得中空的弯刀很难插进去,所采集到的样本基本上都局限于外层的黄麻,但是由于运输过程的颠簸、包装的质量和气候条件等因素,外层黄麻更容易变质,所以采集到的"便利样本"是有偏差的。这就导致检验人员对孟买码头的整包黄麻质量的评价低于实际情况[10]。这一案例提醒我们,要准确评价模型必须要采集具有代表性的样本,而不能采集有偏差的所谓便利样本。这之后统计学又发展出了其他采样法,比如"随机样本""判断样本"方法。

10.8
刀切法开创近代
重采样方法

传统统计学需要研究的问题是：如何利用样本 $X = \{X_1, X_2, \cdots, X_n\}$ 中的信息，对自然模型分布做出判断。将样本中的信息加工处理，用样本上的函数来构造统计量 $T = T(X)$（如样本均值、样本方差、回归曲面、分类函数等），用统计量来体现自然模型的信息。统计量只依赖于样本，而与参数无关。无偏性是衡量统计量的一个基本准则，其实际意义是无系统误差，即统计量的数学期望等于自然模型的参数 θ。对实际问题，无偏估计一般是不可能的，我们只是希望能够找到偏差较小的统计量，或者采用某种方法降低统计量的偏差。刀切法就是其中一种[11]。

1949 年，刀切法诞生了，从此近代重采样方法开始发展壮大，之后由昆努利和图基不断打磨，使得重采样方法成为统计学里采样方法的重要组成部分。这里我们说说发明"刀切法"这一名字的才华横溢的美国人图基。

图 10-14 图基

1915 年 6 月 16 日，图基出生在美国马萨诸塞州一个美丽的渔港新贝福。图基是独生子,自小做老师的父母就认为他是很有潜力的孩子,所以他小时候一直都是在家由父母对其进行极有针对性的教育,直到他18岁那年进入布朗大学学习化学。4年后,获得化学硕士学位的图基来到当时群星聚集的普林斯顿大学,本来是想接受理论化学家亨利教授的指导,不承想亨利整个学期都不在,图基转而攻读数学博士。他开始自学,在图书馆里阅读了大量五花八门的数学书,他把自己的博士论文题目定为"拓扑中的一致和收敛"。二战期间,图基的职业生涯被改变了,他加入了由弗勒德指挥的火力控制组。在这个研究所中有许多关于武器使用的统计问题,图基对此十分着迷,他的同事也都是很优秀的统计学者,比如布朗、温瑟、威尔克斯等人。

二战后,图基被威尔克斯留在普林斯顿大学数学系教授统计学。他接受了这份工作并且加入了贝尔实验室。图基在职业生涯中不但创出了许多以"图基"冠名的统计学方法,比如图基检验,比如图基事后检验法,更著名的有快速傅立叶变换和探索性数据分析。快速傅立叶变换不但和数据分析有关,而且在整个理工科都是十分重要的计算方法。探索性数据分析最重要的部分就是数据的可视化,即对传统的抽象又深奥的推断统计学的视觉补充。这一可视化方法说白了就是用各种图形展示统计学的概念,比如箱线图、散点图(注3),可以帮助我们直观地了解数据的全貌,高效地洞察潜藏在数据背后的知识与信息。有意思的是,关于探索性数据分析,图基说他的这一方法更适合没有统计学概念的人学习,有统计学背景的人反而难以掌握。图基还为政府工作过。他还是现在人人都在使用的"比特"和"软件"这两个词的发明者[12]。

大家知道折叠刀吗?这是一种野外使用的折叠式小刀,在各种紧急情况下用来救急的工具。图基起名刀切法也是意为临时救急,含义

图 10-15　图基的刀切法这一名字就来自于折叠刀

是要将偏差"切下来"。普通的方法是：每次从样本集中扔掉一个或者几个样本，残余的样本构成"刀切"样本，由一系列这样的刀切样本来计算统计量的估值。求出刀切估计不但可以得到算法的稳定性衡量比方说方差，还可以使得算法的偏差降低(注4)。但刀切法也有不起作用的时候，那就是当统计量不"光滑"时。这里"光滑"统计量是有特殊含义的，是指具有这样性质的统计量：当样本序列发生很小的改变，只会相应地引起统计量的很小改变。我们很熟悉的中位数这一统计量就是不光滑的。埃弗隆指出刀切法在估计中位数时会不起作用，而自助法可以成功地给出中位数的估计[12]。"用埃弗隆在他的《自助法简介》一书中给出的老鼠数据[13]来说明，9个排好序的样本分别为：

$$10,27,31,40,46,50,52,104,146$$

这个样本集的中位数是46(样本个数是奇数，则中位数为最中间位置的样本)。如果改变第4个样本$x=40$，当x增加至并且超过46，中位数才会改变，之前中位数不改变。当样本从46继续增加直至50，中位数和此样本值相同，超过50之后，中位数变为50。使用一阶刀切法估计中位数，先去掉第一个样本$x=10$，剩余8个样本的中位数是48(46与50的算术平均值)，依次去掉相应的第i个样本，得到如下中位数估计结果：

$$48,48,48,48,45,43,43,43,43$$

刀切法只得到3个不同的中位数估计，方差较大。而自助法的采样方法使得样本集变化较大，会得到比较敏感的中位数变化。"下面就让我们来看什么是自助法。

10.9
埃弗隆对刀切法的
再思考——自助法

我们通过上一节领悟到刀切法的奥秘在于：既然样本都是抽取出来的，那在做推断或估计的时候丢掉几个样本点看看效果会怎么样？自助法的奥秘也就是：既然样本是抽取出来的，那我们为何不从样本中再抽取样本，就像俄罗斯套娃一样？既然人们要质疑估计的稳定性，那么我们就用样本的样本去证明吧。

图 10-16 从样本中抽取样本，就像俄罗斯套娃一样

具体来说自助法通过蒙特卡洛法创造多个"伪数据集"来给出模型及参数的可信程度,方法如下:

原始数据集是包含n个观测值的$X=\{x_1,\cdots,x_n\}$,下面从$x_1,\cdots,x_n$中以任何一次出现的值都是$1/n$的概率抽取。

(1)从X中有放回地抽出n个点构成第一数据集$X*_1$。

(2)从X中有放回地抽出n个点构成第二数据集$X*_2$。

……

(m)从X中有放回地抽出N个点构成第m数据集$X*m$。

以上随机抽取用的就是蒙特卡洛法。我们会发现X中的有些点重复出现在$X*_1$中,有些点没有出现在$X*_1$中,这样抽出的样本就叫自助样本。

($m+1$)在第一数据集$X*_1$估计出模型F_1的参数。

($m+2$)在第二数据集$X*_2$估计出模型F_2的参数。

……

($2m$)在第m数据集$X*_m$估计出模型F_m的参数。

这是用自助法进行统计推断的基础。如前文所述关于估计的稳定性要用样本的样本来证明,而这个方法就得到了样本的样本——从m

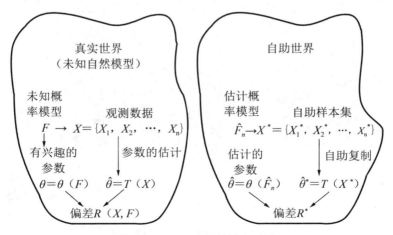

图 10-17　一张图搞懂自助法

个自助样本估计出的参数的m个样本。我们可以求出其方差来加以观察,在不同的自助样本上计算出来的估计差异越大,模型可信度就越小。同时也可以求出其自助估计(注5)。

　　自助法它根本无须事先对真实世界里的未知自然模型做任何假设,只需通过重采样构建一个自助世界,然后对估计量进行计算。这样看来自助法具有一系列优良的性质,使得其实际上属于非参统计[14]。在重采样构造自助世界的过程中,通用电子计算机起到了主要作用[15],因为其中会进行大量的蒙特卡洛运算,这无疑是"暴力美学",没有计算机的强大算力,埃弗隆的自助法只能是纸上谈兵。自助法的出现可以使我们在进行对自然模型的参数估计时能绕过许多烦琐的理论推导。

10.10
埃弗隆用图展示
自助法的几何图景

　　埃弗隆的天才还在于他的自助法有古典几何学和现代统计学结合之美。1993年,埃弗隆给出了自助法的几何解释[11]。在此解释中不再把参数$\hat{\theta}$看成样本X的函数,而是固定样本X把概率分配给每个样本。设概率向量$\boldsymbol{P*}=(P*_1, P*_2, \cdots, P*_n)$满足$0 \leqslant P*_i \leqslant 1$和$\sum P*_i=1$。向量$\boldsymbol{P*}$是一个$n$维单纯形("$n$维单纯形"是指$n$维欧氏空间里具有$n+1$个顶点的多面体)。如图10-18,此时$n=3$。又图10-19,这个3维单纯形的表面,一个等边三角形。

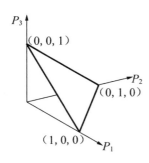

图 10-18　3 维单纯形

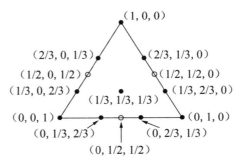

图 10-19　3 维单纯形的 2 维表面

　　我们定义$P_0=(1/n, 1/n, \cdots, 1/n)$,自助法的统计量为$T(P_0)$,此时$P_0$表示3维单纯形2维表面的中心。刀切法的统计量为$\tilde{\theta}_{(i)}=T(P_{(i)})$,其中

$P_{(i)}=(1/n-1，\cdots，0,1/n-1，\cdots，1/n-1)$（见图10-19的空心点）。自助法相当于一个多项分布采样问题，统计量$T(\boldsymbol{P}^*)$构成了单纯形上一个曲面，如图10-20所示。

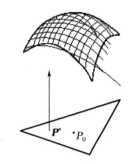

图 10-20　$T(P^*)$ 构成的曲面

自助法的几何解释使得我们可以从样本集上的采样策略来理解自助法，所关心的统计量$T(X)$可以看成$\boldsymbol{P}^*$的函数，$\boldsymbol{P}^*$被认为是自助样本集上的采样策略。这个解释也把自助法和刀切法统一在一个几何图景中。

10.11

重采样方法是如何
应用在集成学习中的

      自助法最初是为了评估统计量的准确性而生的一种方法,如何用它来改进估计或分类预测呢?我们说,机器学习中的算法多是不光滑非线性的,基于此原因,20世纪著名的统计学家布莱曼开始研究自助法在改进算法性能方面的应用[16-17]。

      布莱曼的本科是在以高门槛著称的加州理工学院物理系度过的,大一时他的成绩很好,也拿到了奖学金。然而大二开始,他对物理课程丧失了兴趣,一直到大四,成绩一直在及格线挣扎。虽然学物理不成,但他凭借着数学天赋,在加州大学伯克利分校获得了数学博士学位。他接下来并没有从事学术,而是跑去参军。退伍后,布莱曼在加州大学洛杉矶分校担任教职,直到1980年又回到伯克利任教,此时距离他从伯克利毕业已经过去了25年。1994年时布莱曼在伯克利统计系讲话:"假如我问问其他领域如物理、数学或工程领域的毕业生,25年后事情会如何,答案应该会很简单——一切照旧呗。毕竟,阿基米德早在2000年前就在做微积分、工程和物理,那么25年的发展算什么呢。但统计正迅速发展,很难预测未来25年会发生什么,这是因为一定程度上,统计是一个奇怪的领域。虽然以前我从未公开承认过,一生中我从没有学过一门统计课程,但是事实确实如此。我的朋友和同

事,刚刚做完三年斯坦福大学统计系
主任的弗里德曼也没有。他是一个实验
物理学家,在斯坦福线性加速器实验室
中研究高能粒子碰撞的轨道时才开始接
触统计。图基是纯数学家,博克斯是化
学家,其他许多杰出的统计学家都是不
知何故漂流上了统计这条大船。其他许
多领域都是有很专注的旅客的。有时你
会听到这样的说法:从我14岁开始,我
想成为一名数学家,或者一名物理学家,
又或者一名医生。但我从来没听说过有

图 10-21　布莱曼参观皮尔
逊的故居

人说,'从我14岁开始,我想成为一名统计学家。'"[18]

　　1996年布莱曼将重采样技术用在估计和分类器(学习器)设计中,
提出了装袋算法,即自助聚集,同时沙皮尔基于PAC学习的框架(具体
关于什么是"学习"下一章大家会得知)提出了提升方法。PAC翻成中
文就是"概率近似正确",这一框架是瓦利安特在20世纪80年代给出
的,是以概率的方式来研究可学习问题的模型,并且将计算复杂性理
论注入可学习性里,由此诞生了计算学习理论的新领域。此后提升方
法和装袋算法广泛应用于计算机科学的各个领域并且有着很好的效
果。它们是如何借助自助法来运作的呢? 首先我们要了解提升方法和
装袋算法都是通过建立并联合多个学习器来进行学习的,这被称为集
成学习。

　　集成学习背后的思想是用多个学习器的判断综合要比其中任何
一个学习器的单独判断好,俗话说"三个臭皮匠顶个诸葛亮"嘛。基
分类器就类似"臭皮匠",而一些复杂的统计模型可以看作"诸葛亮"。
即使一个"臭皮匠"的决策能力不强,我们有效地把多个"臭皮匠"组

合起来，其决策能力很有可能超过"诸葛亮"。而提升方法和装袋算法的共同点在于首先要确定基分类器，然后利用重采样法生成多个采样集，并且基于不一样的采样集开始训练基分类器，最后合并基分类器的结果。提升方法家族里最出名的就是自适应增强（Adaboost）方法，它是由弗罗因德和沙皮尔在20世纪末提出的。

2004年，埃弗隆发表在《统计年刊》的文章"最小角回归"中提出了最小角回归（LARS）算法，其主要想法是给出一种新的回归分析，替代逐步回归（注6）。埃弗隆认为逐步回归向前的步子迈得太大了，攻击性太强，最小角回归这个算法却很谨慎，并且明显和最小二乘法等方法给出解析解的模型不同，它给出了一套非常友好便利的算法。这也说明依托强大的算力，现代统计基本上越来越向算法靠拢，而不是去建模。我们不禁要问，统计学是否已经被算法统一？现在的计算统计和其他一些新的统计方法都可以被算法表示，而大量涉及模型的古典统计方法也可以被写成算法，机器学习也是。数据分析整个学科都已经被算法统一了。

注　释

注1: 关于贝叶斯估计

点估计中的贝叶斯估计是贝叶斯统计推断的核心内容。首先说明损失函数$L(\hat{\theta}, \theta)$的意思。$L(\hat{\theta}, \theta)$表示用$\hat{\theta}$去估计真值θ时,由于$\hat{\theta}$与θ的不同而引起的损失。通常损失是非负的,所以常见的损失函数有平方损失函数、绝对损失函数、0—1损失函数等。这里要用的是平方损失函数:

$$L(\hat{\theta}, \theta)=(\hat{\theta}-\theta)^2.$$

寻求参数θ的估计$\hat{\theta}$只需要从后验分布$\pi(\theta|x)$中合理提取信息即可。常用的提取方式是用后验均方误差准则,即选择这样的统计量$\hat{\theta}=\hat{\theta}(x_1, x_2, \cdots, x_n)$使得后验均方误差达到最小,即

$$\min E^{\theta|x}(\hat{\theta}-\theta)^2.$$

这样的估计$\hat{\theta}$被称为θ的贝叶斯估计,其中$E^{\theta|x}$表示用后验分布$\pi(\theta|x)$求期望。求解上式并不困难,$E^{\theta|x}(\hat{\theta}-\theta)^2 = \int_{\Theta}(\hat{\theta}-\theta)^2\pi(\theta|x)\mathrm{d}\theta$

$$= \hat{\theta}^2-2\hat{\theta}\int_{\Theta}\theta\pi(\theta|x)\mathrm{d}\theta+\int_{\Theta}\theta^2\pi(\theta|x)\mathrm{d}\theta.$$

这是关于$\hat{\theta}$的二次三项式,二次项系数为正,根据初等数学的二次函数,必有最小值,此时:

$$\hat{\theta} = \int_{\Theta}\theta\pi(\theta|x)\mathrm{d}\theta = E(\theta|x).$$

同样的想法,设$g(\theta)$为参数θ的函数,则$g(\theta)$的贝叶斯估计为:

$$g(\hat{\theta}) = \int_{\Theta}g(\theta)\pi(\theta|x)\mathrm{d}\theta = E\big[g(\theta)|x\big].$$

根据所选取的损失函数的不同,贝叶斯估计分为后验中位数估计、后验众数估计以及上面论证的后验期望估计[19]。

注2: 梅特罗波利斯算法

很多实际问题中,$\pi(x)$是很难直接采样的,比如注1中最后的情况,要从后验分布中生成样本计算后验期望,这是很困难的。因此,我们需要求助其他的手段来采样。既然$\pi(x)$太复杂在程序中没法直接采样,那么可以设定一个利用程序可抽样的分布$\theta(x)$比如高斯分布,然后按照一定的方法拒绝某些样本,达到接近$\pi(x)$分布的目的,其中$\theta(x)$叫作提议分布。

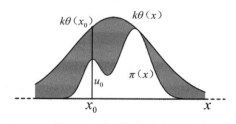

图 10-22　提议分布图

具体操作如下,设定一个方便抽样的函数$\theta(x)$,以及一个常量k,使得$\pi(x)$总在$k\theta(x)$的下方。(参考图10-22)x轴方向从$k\theta(x)$分布抽样得到x_0,y轴方向从均匀分布$U(0, k\theta(x_0))$中抽样得到u_0。如果刚好落到灰色区域$u_0 > \pi(x_0)$,就拒绝,否则接受这次抽样,重复以上过程。

另外文中提及的"平稳分布",它的一个充分条件是: $\pi_i \times P_{ij} = \pi_j \times P_{ji}$,对于一个转移概率矩阵$\boldsymbol{P}$,若分布$\pi(x)$满足这个条件,那么它就是$\boldsymbol{P}$的平稳分布,即最终$\boldsymbol{\pi P} = \boldsymbol{\pi}$。这个条件称为细致平稳条件。

这里做好了前期准备,我们开始叙述梅特罗波利斯采样的基本思路。梅特罗波利斯算法的原理是,从一个已知的、形式较为简单的分布中采样,并以一定的概率接受这个样本作为目标分布的近似样本。
假设我们需要采集一个复杂分布 $\pi(x)$ 的样本,转移概率矩阵 P 以 $\pi(x)$
为平稳分布。现在我们有一个形式较简单的对称分布 $\theta(x)$(下文中会
说明为什么一定要选择对称分布),转移概率矩阵 Q 以其为平稳分布。
首先随机生成一个 x_0 赋值给 x_t,接着从 $\theta(x|x_{t-1})$ 中采样得到一个候选样
本 $\hat{x}$,以一定的概率选择接受或拒绝这个候选样本。一般这个接受的
概率定为 $\alpha = \min(1, \frac{\pi(\hat{x})}{\pi(x_{t-1})})$,当从均匀分布中随机生成的一个概率值小于
这个指定的概率时,接受这个候选样本,即把 $\hat{x}$ 赋值给 x_t,否则拒绝这
个候选样本并把 x_{t-1} 赋值给 x_t,接下去不断迭代直至停止。

从分布 $\theta(x|x_{t-1})$ 中采出的样本为什么可以作为 $\pi(x)$ 的样本的近似
呢?下面给出一点理论上的支撑。$\theta(x)$ 的转移概率矩阵为 Q,随机变量
从状态 S_i 转移到 S_j 的转移概率为 Q_{ij},随机变量从状态 S_i 转移到 S_j 的接受
概率为 α_{ij},我们借助于 Q_{ij} 和 α_{ij} 得到的转移概率 P_{ij} 和 Q_{ij}、α_{ij} 有如下关系:

$$P_{ij} = \alpha_{ij} \times Q_{ij}$$

我们只需要保证转移概率矩阵 P 满足细致平稳条件 $\pi_i \times P_{ij} = \pi_j \times P_{ji}$,
那么 P 的平稳分布就是目标分布 $\pi(x)$,马尔科夫链收敛后的样本也就是
目标分布 $\pi(x)$ 的样本。下面证明转移概率矩阵 P 满足细致平稳条件 $\pi_i \times$
$P_{ij} = \pi_j \times P_{ji}$:

$$\pi_i \times P_{ij} = \pi_i \times \alpha_{ij} \times Q_{ij} = \pi_i \times \min(1, \frac{\pi_j}{\pi_i}) \times Q_{ij},$$
$$\pi_i \times P_{ij} = \min(\pi_i \times Q_{ij}, \pi_j \times Q_{ij}).$$

在上文中我们提到 $\theta(x)$ 为对称分布,因此 $Q_{ij} = Q_{ji}$。上面的式子就
变成:

$$\pi_i \times P_{ij} = \min(\pi_i \times Q_{ji}, \pi_j \times Q_{ji}) = \pi_j \times \min(1, \frac{\pi_i}{\pi_j}) \times Q_{ji},$$
$$\pi_i \times P_{ij} = \pi_j \times \alpha_{ji} \times Q_{ji} = \pi_j \times P_{ji}.$$

因此转移概率矩阵 P 的平稳分布为 $\pi(x)$,以上述方式获得的马尔科
夫链收敛后的样本序列为目标分布 $\pi(x)$ 的近似样本。

注3: 箱线图和散点图

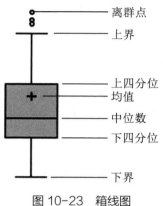

图 10-23　箱线图

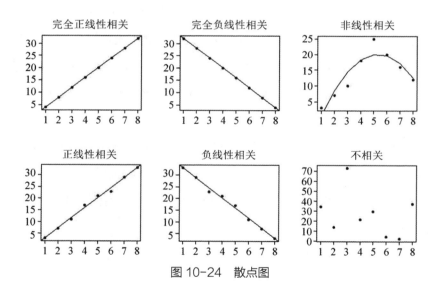

图 10-24　散点图

注4: 最简单的一阶刀切法描述如下[11]:

假设独立同分布的样本 $X=\{X_1, X_2, \cdots, X_n\}$ 来自一个未知概率模型 F，$\theta = \theta(F)$ 是未知参数，$\hat{\theta}=T(X)$ 是估计统计量，则 θ 的刀切法估计为

$$\tilde{\theta} = n\hat{\theta} - (n-1)\frac{1}{n}\sum_{i=1}^{n}\hat{\theta}_{-i},$$

其中 $\hat{\theta}_{-i}=T(X_{(i)})$ 是刀切样本集 $X_{(i)}$ 上的统计量，$X_{(i)}=\{X_1, \cdots, X_{i-1}, X_{i+1}, \cdots, X_n\}$，是把原样本集中第 i 个样本剔除后剩余的 $n-1$ 个样本组

成的集合。刀切法的最重要的性质是：刀切估计可以将偏差减少，并可以修正估计为无偏估计，但是并不能保证减少方差。

让我们用刀切法来检验一下常见的点估计量，样本平均 $\hat{\theta}=T(X)=(X_1+\cdots+X_n)/n$，则其刀切估计量

$$\tilde{\theta} = X_1 + \cdots + X_n - \frac{n-1}{n}(\frac{X_2+\cdots+X_n}{n-1}$$
$$+ \frac{X_1+X_3+\cdots+X_n}{n-1} + \cdots$$
$$+ \frac{X_1+\cdots+X_{n-1}}{n-1})$$

化简后

$$\tilde{\theta} = \frac{X_1+X_2+\cdots+X_n}{n}$$

易见其与样本平均完全一致，样本平均的确就是总体平均的无偏估计量。同理我们还可以算得样本的有偏方差的刀切估计量是样本的无偏方差，即总体方差的无偏估计量。在不知道无偏估计量的点估计时，我们也可以运用刀切法"切"掉偏差，巧妙地解决问题。

注5：

给出统计量的自助估计的定义：独立地进行自助法采样 B 次，得到 B 个自助样本集 $X^{*b}=\{X_1^{*b}, X_2^{*b}, \cdots, X_m^{*b}\}$，$b=1, 2, \cdots, B$（每个自助样本集都包含 m 个自助样本）。可以得到第 b 个自助样本集上的统计量：

$$T(X^{*b}; \hat{F}_n) \equiv T^b, b=1, 2, \cdots, B$$

定义统计量的自助估计为：$T^{*(\cdot)} = \frac{1}{B}\sum_{b=1}^{B} T^b$。

注6：逐步回归

逐步回归的大致意思是对回归模型一个一个地引进变量，每引进一个解释变量后都要对模型进行一遍 F 检验和 t 检验，然后去掉不再显

著的解释变量,用来保证下一次引进新的解释变量时,模型中只留着显著的变量。这是一个重复的过程,直到不但没有不显著的解释变量从模型中剔除,也没有了能引进模型的显著的解释变量。所以用逐步回归这一方法,最终留下来的是一组最佳的解释变量。

参 考 文 献

［1］张圆,刘乐平.当代统计学大师Bradley Efron［J］.中国统计,2015(6): 2.

［2］库哈尔斯基.完美博弈［M］.尹辉,译.北京: 中信出版集团,2018.

［3］柳向东.非参数统计: 基于R语言案例分析［M］.广州: 暨南大学出版社,
2015.

［4］高惠璇.统计计算［M］.北京: 北京大学出版社,1995.

［5］SØRENSEN H K, HEYDE C. C, SENETA E. Statisticians of the Centuries［M］.
Berlin: Springer, 2006.

［6］KRUSCHKE J K. Doing Bayesian Data Analysis［M］. Las Vegas: Academic
Press, 2010.

［7］吉文斯,霍特伊.计算统计［M］.王兆军,刘民千,邹长亮,等译.北京: 人
民邮电出版社,2009.

［8］ROBERT C P, COSELLA G. Monte Carlo Statistical Methods［M］. Berlin:
Springer, 1998.

［9］SIMON J L .Resampling :The New Statistics［M］.Arlington: Resampling
Stats, 1995.

［10］MAHALANOBIS P C . Recent Experiments in Statistical Sampling in the
Indian Statistical Institute［J］. Journal of the Royal Statistical Society,
1946(109): 325–378.

［11］MILLER R G . The Jackknife: A Review［J］. Biometrika, 1974 , 61(1): 1–15.

［12］BRILLINGER D R, FERNHOLZ L T, MORGENTHALER S. The Practice of Data Analysis Essays in Honor of John W. Tukey［M］. Princeton: Princeton University Press, 1997.

［13］EFRON B, TIBSHIRANI R J. Tibshirani. An Introduction to the Bootstrap ［J］. Journal of the Royal Statistical Society; Series D, 1994.

［14］LIAO, TIM, FUTING et al. Bootstrapping: A Nonparametric Approach to Statistical Inference［J］. Contemporary Sociology, 1995.

［15］DIACONIS P, EFRON B. Computer-Intensive Methods in Statistics［J］. Scientific American, 1983(5): 116−130.

［16］BREIMAN L. The Little Bootstrap and Other Methods For Dimensionality Selection in Regression: X-fixed Prediction Error［J］.Journal of the American statistical Association, 1992 , 87 (419) : 738−754.

［17］BREIMAN L. Heuristics of Instability and Stabilization in Model Selection ［J］. The Annals of Statistics , 1996 , 24 (6) : 2350−2383.

［18］诸葛越,葫芦娃.百面机器学习［M］.北京:人民邮电出版社,2018.

［19］韩明.贝叶斯统计学及其应用［M］.上海:同济大学出版社,2015.

第 11 章

辅佐人工智能的第二次统计学革命

没有什么比一个好的理论更加实用了。

——瓦普尼克

∞

在 20 世纪 60 年代到 80 年代，一场革命
席卷了统计学领域，这是统计学历史上
的第二次革命。20 世纪上半叶已经很
成熟的统计体系——费希尔理论体
系，被一种崭新的体系——小样本情
况下如何开展研究"统计学习"规律的
统计体系取代了。发起这场变革的主要人
物就是瓦普尼克。瓦普尼克 1936 年出生

图 11-1　瓦普尼克

于苏联。22 岁时他在古城撒马尔干的乌兹别克国立大学得到了数学硕
士学位。然后他来到莫斯科的控制科学学院，28 岁时就在那里获得了
统计学博士学位，毕业后一直留校工作，一干就是 26 年。在这段时间里，
他成了学校计算机科学系的系主任。1990 年底他来到美国开始新的工
作生活，在贝尔实验室工作了 12 年后，被普林斯顿大学的 NEC 实验室
挖了过去，如今成了脸书公司人工智能实验室的研究员。

瓦普尼克是个具有深厚数学与哲学功底的科学家，他研究的起点是
关于统计学习的一整套数学和哲学理论，即要搞清楚"学习理论"（"学
习理论"是指机器学习理论，下文不再加以说明）的本质，用哲学指导

他做科学。他一手创建的统计学习理论是对过往所有机器学习方法的提炼和总结，为机器学习的许多方法奠定了理论基础。他还深受爱因斯坦的影响，时常喜欢拿爱因斯坦的话来说事，但是我们又能发现他与爱因斯坦的观点不尽相同。比如关于世界本质到底是复杂的还是简单的，爱因斯坦曾经说过："当方案简单时，上帝会做出回答。""当影响因素太多时，大多数情况下的科学方法都会失败。"瓦普尼克却说："在机器学习中，我们处理了大量的因素……机器学习显示出世界是复杂的。"虽然他和爱因斯坦不是同时代的人，但敢于直接和爱因斯坦叫板源于瓦普尼克的自信，这份自信又源于他一系列为世人瞩目的成就，比如把大数定律推广到泛函空间，提出整个机器学习的基石VC维理论，最巅峰的当数1995年和贝尔实验室的同事们一起发明了支持向量机理论。

SVM由于复杂的数学基础使其看上去更像是一个抽象的理论。但瓦普尼克的研究尤其是他的支持向量机的理论激发了各种惊人的日常实用程序。统计学习算法被用于语音识别、手写识别、计算机安全、计算机化的医疗诊断、DNA序列分析、数据挖掘，还有许多其他关键作用包括各种模式识别和分类算法。

瓦普尼克指出，"学习问题是一个非常一般性的问题，在统计学中研究的几乎所有问题都可以在学习理论中找到对应。而且一些十分重要的一般性结论也是首先在学习理论的范畴内被发现，然后再用统计学术语重新进行表达的"[1]。我们已经在前面介绍过经典的机器学习，但瓦普尼克发展的统计学习理论某种程度上将机器学习领域带向了一个理论的新高度，直接辅助了人工智能的发展。可以说统计学习理论给世人带来了新颖宽广的非线性模型的世界。这就好似璀璨的灯光照亮了原本只有几缕月光透进的房间。现在让我们一起跟随瓦普尼克的步伐，徜徉于历史的走廊，欣赏他和许多伟大的朋友和对手一起建造的统计学习王国。

11.1

听司马贺讲讲到底
什么是"学习"

著名科学家司马贺曾对学习理论里的"学习"给出如下定义："如果一个系统能够通过执行某个过程改进它的性能，这就是学习。"把司马贺的这一观点推广开去，"统计学习"就是计算机利用统计方法提高自身性能的一种机器学习方法。"统计学习"也因此被人称作"统计机器学习"[2]。统计机器学习理论里主要由半监督学习、有监督学习、无监督学习、强化学习四种方法组成。有监督学习包括回归和分类是"有老师教导地学习"，我们自孩提时代就被大人教授这是猫、那是树木，等等。我们看见的世界上的一切东西就是输入数据，

图 11-2　司马贺

而大人们作为我们最早的老师，将他们对这些事物的判断结果（是树木还是猫）作为相应的答案或者说"标签"输出给我们。当我们见多识广了，大脑就渐渐地归纳出一些模型，不需要大人再次教导我们，我们也能逐渐辨别出来哪些是树木、哪些是猫哪些是狗。无监督学习则

一开始就不需要指点，就是只有输入数据不需要相应的输出答案或者说"标签"就可以"自己学习"，比如前几章我们介绍的聚类方法就属于无监督学习方法。半监督学习顾名思义就是在样本数据只有部分有标签的情况下的学习算法。强化学习则源于心理学的行为主义，它也有标签，不过是稀疏和延迟的，是对行为的赏罚。所以它根据这些赏罚，能纠正智能体的行为，引导它们学习。强化学习可以解决大量工程上的应用问题，比如研发自动驾驶汽车，它也是AlphaGo除了蒙特卡洛树搜索外的另一个绝招，还有一招则是后文要说的深度学习(强化学习工作的过程非常好理解。有个有名的比喻这样说，"假如你教一个儿童学习弹古筝，什么都不用告诉她，让她自己随便去弹。她可以站着、躺着、坐着、跪着去弹；可以用手指弹，用手掌弹，用脚弹；可以用全身的力气去弹，也可以用很小的力气去弹……随她的意愿。作为老师你只要在她弹得正确时给她一块糖果奖励，弹得不对时给她惩罚。然后让她自己慢慢总结怎么弹就行……")。这里形式化地描述有监督学习就是利用训练样本通过学习系统得出一个模型，再用得到的模型对测试数据进行分类或预测，可以用下图来简单地描述。这里要说明的是，我们需要把样本合理地划分为用于训练的数据集和用于测试的数据集，这里面常用的方法有自助法、交叉检验和Holdout检验。

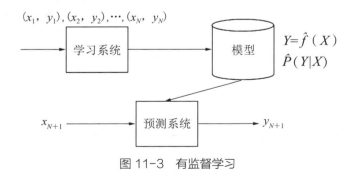

图 11-3　有监督学习

图中的$(x_1, y_1),(x_2, y_2), \cdots,(x_n, y_n)$就是训练数据，而$x_{n+1}$是测试样

本，经过测试得到预测值(或分类值)y_{n+1}。图中关键的学习系统就是在一组函数 $\{f(x,w)\}$ 中求一个最优的函数 $f(x,w_0)$，得到所谓的模型，且使期望风险

$$R(w)=\int L(y,f(x,w))\mathrm{d}F(x,y)$$

最小的过程。这一过程需要一些泛函分析的数学知识，不过在这里不会太深入，只是大家要了解传统分析中的函数都是研究数与数的对应关系，而这里为了使得期望风险最小把函数 $f(x,w)$ 本身也看作一个点来求，这其实是研究从函数到数的对应关系。$\{f(x,w)\}$ 称作预测函数集，其中 w 为函数的广义参数，也就是此参数可以是函数。$L(y,f(x,w))$ 为由于用 $f(x,w)$ 对 y 进行预测而造成的损失，期望风险 $R(w)$ 也就是损失的期望(损失函数见上一章注1)。不同类型的学习问题有不同形式的损失函数，比如在线性回归中 $L(y,f(x,w))=(y-f(x,w))^2$ 采用最小二乘误差准则。对概率密度估计问题，学习的目的是根据训练样本确定 x 的概率密度。记估计的密度函数为 $p(x,w)$，则损失函数可以定义为 $L(p(x,w))=-\lg p(x,w)$。在实际计算中，由于信息有限，我们会用到所谓经验风险最小化准则，即用样本定义经验风险

$$R_{\mathrm{emp}}(w)=\frac{1}{n}\sum_{i=1}^{n}L(y_i,\,f(x_i,w))$$

这样密度估计的损失函数的经验风险最小化准则就等价于极大似然方法[3]。至此，我们看到从高斯到费希尔再到瓦普尼克对于同一个问题给出不同见解的演化过程，从中可以细细体会历史的传承。

11.2

群星璀璨达特茅斯会议

1956年的暑期,美丽而宁静的美国常春藤名校达特茅斯学院里,学生们都放假了,但校园里却是群星闪耀,一批大咖级的理工男聚在一起埋头研究,目的是"精准全面地探索人类的学习和智能的本质,并制造机械来模拟"。这次为期两个月的达特茅斯会议被世人公认为人工智能这一新学科的开篇。

当时麦卡锡年仅29岁,正在达特茅斯学院担任教授,他向明斯基、香农和IBM公司的罗切斯特发起了邀请,希望共同组织一个研讨会。麦卡锡成功说服了洛克菲勒基金会,争取到了7500美元的资金支持,参加会议的共有10位与会者,其中还包括来自普林斯顿大学的莫尔、来自麻省理工学院的所罗门诺夫和塞尔福里奇、来自卡内基理工学院的司马贺和纽厄尔。

会议上麦卡锡提出了"人工智能"一词,而最引人瞩目的成果是"逻辑理论家",一个由司马贺和纽厄尔这对师生推出的计算机程序,其中的符号结构和启发式方法成了后来解决智能问题的理论基础。当时他们两人用这款程序证明了前文所介绍的那位文理皆通的罗素所著的《数学原理》中的许多命题逻辑。"逻辑理论家"程序被许多人认为是第一款可工作的人工智能程序。

司马贺生于1916年,原名西蒙,因为仰慕中国文化,于是给自己起

图 11-4　1956 年的达特茅斯会议星光熠熠

了"司马贺"这个中文名字。他是美国著名的经济学家、计算机科学家、心理学家和社会学家。令人不可思议的是,在每个领域他都取得了世界级的成就。在司马贺 59 岁那年,他和纽厄尔因为在人工智能方面的研究,共同攀登上了计算机科学领域的巅峰——图灵奖。3 年后他被诺贝尔奖相中,在获得了诺贝尔经济学奖 8 年后又获得美国国家科学奖,拿下了大满贯。才华横溢的司马贺在一次采访中这样介绍他的跨学科研究:"其实在我看来,早在 19 岁时,我已下决心投身于人类决策行为和问题解决的相关研究了。有限理性可以看作是它在经济学领域的一个具体体现。当我接触到计算机技术时,更是第一次感受到终于有一种得力的研究工具,可以让我随心所欲地进行自己钟爱的理论研究了。所以后来我投身到这个领域,并进一步接触到了心理学。"

司马贺 40 多年的亲密合作伙伴纽厄尔这样形容自己的工作:"其实我们所研究的科学问题,并不是由自己决定的,换句话说,是科学问

图 11-5　纽厄尔

题选择了我，而不是我选择了它们。在进行科学研究时，我习惯于钻研一个特定的问题，人们通常把它叫作人类思维的本质。在我的整个科学研究生涯中，我都在对这个问题进行探索，而且还将一直探索下去，直到生命的尽头。"纽厄尔始终在思考的"人类思维的本质"正中人工智能的核心要害。司马贺36岁在兰德公司休学术假期时认识了当时比他小11岁的纽厄尔，两人相见恨晚，十分投机。司马贺那时已经是卡内基理工学院工业管理系的系主任，年纪轻轻博学多才。他后来全力把纽厄尔请到自己任教的学校，亲自担任纽厄尔的博士生导师，此后的余生他们始终是搭档。虽然司马贺名义上是纽厄尔的导师，但是他们的合作没有一丁点儿不平等。合作的文章的署名是按照字母顺序排列的，都是司马贺的S跟在纽厄尔的N后面。参加会议时，司马贺甚至经常会提醒别人要把纽厄尔的名字放在自己名字的前面，他就是这样的谦谦君子。两人的珠联璧合，创建了初期人工智能的重要流派：符号学派。

符号学派的基本观点就是：智能是对一切符号的操纵和处理，而最初的符号代表了物理对象。此即"物理符号系统假说"。

　　在这次会议上，除了司马贺和纽厄尔的"逻辑理论家"，麦卡锡用于下棋的程序"alpha-beta搜索法"和明斯基的"神经网络模拟器SNARE"也很出彩。麦卡锡1927年出生于波士顿，他的父母都是美国共产党员，曾经为劳工和妇

图 11-6　麦卡锡

女的权利做出过斗争和贡献,他似乎也从父母那里继承了一些理想主义思想和组织才能。麦卡锡从小就天资聪颖,小学时连续跳级,高中时开始自学加州理工学院一、二年级的微积分教材,把书上练习题全做了一遍,后来他被加州理工学院数学系录取,并立刻申请直接进入大学三年级学习,很快获得了准许。

在加州理工学院组织的一次"关于人类行为中脑机制"的研讨会上,麦卡锡听到了伟大的天才——通用电子计算机设计者冯·诺伊曼的学术报告"自动机的通用和逻辑理论"。在报告中,冯·诺伊曼提出原则上可以设计出具有自复制能力的机器,这个观点激发了麦卡锡的极大兴趣,他暗暗思索,这种机器能不能拥有像人类一样的智能? 可以说,与冯·诺伊曼的这次相遇和后来的交流,最终决定了麦卡锡毕生的职业目标和方向。麦卡锡在24岁时就拿到了普林斯顿大学的博士学位,后来又结识了香农和IBM公司的罗切斯特这些大师,以及他的好友明斯基。

明斯基出生于纽约,和麦卡锡同岁,他的父亲是一位眼科专家,同时也是艺术家。明斯基回忆童年时,说起父亲:"我们家没有什么复杂的家具,只是到处都摆放着各种各样的凸透镜、棱镜和光圈。我经常把父亲的这些器材拆得七零八落,但他从来不会因此责备我,只是不声不响地将这些零件重新组装回去。"在父母亲创造的这种充满科学和艺术氛围的环境下,明斯基从小就对自然科学表现出了很高的天分和学习热情,并在私立学校就读期间取得了优异的成绩。但是第

图 11-7　明斯基

二次世界大战的爆发使明斯基辍学，他应征入伍进了海军。退伍后明斯基到哈佛大学继续学业，主修物理学，同时一口气选修了数学、电气工程、心理学、遗传学等五花八门的学科。后来他开始对人类最复杂的器官——大脑着迷。明斯基是最早提出"agent"概念的人，"agent"也可以译为"主体""智能体"。现今人工智能研究中的一个热点就是基于主体的分布式智能。1958年，明斯基和麦卡锡几乎同时来到麻省理工学院工作，他们共同创建了MAC项目，这个项目后来演变成世界首个人工智能实验室。明斯基于1969年被授予图灵奖，后来麦卡锡在1971年也被授予了这个计算机领域的最高奖。他们都是早期获此殊荣的人工智能学者[4]。

11.3

感知器的诞生与
"学习理论"

20世纪50年代,来自康奈尔大学的心理物理学家罗森布拉特提出了一个模型,可以用于学习的机器——感知器(也作感知机),这开创了人们用数学对学习理论进行研究的第一步。但其实感知器的创意不是什么新想法,它是在1943年由麦卡洛特和皮特斯提出的,已经被神经生物学家讨论多年,它的计算形式仿照了生物系统中神经细胞的工作方式。与之不同的是,罗森布拉特在一台IBM–704计算机上把这个模型

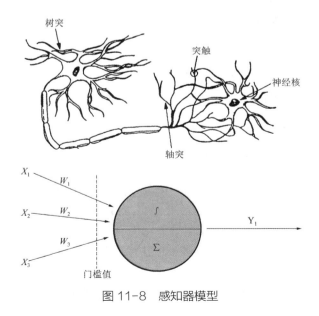

图 11-8　感知器模型

变成了一个计算机程序,并且通过简易的实验说明这个模型能够被推广,解决模式识别问题,最简单的例子就是构造规则把两类数据分开。

如图11-8,模型简化后有3个输入x_1, x_2, x_3(相当于轴突)和一个输出y_1(轴突),以及三个权值w_1, w_2, w_3(相当于突触,每个神经细胞大约有1000—10 000个突触。突触是神经细胞之间通过轴突与树突相互联结的接口,树突较轴突来说要短,用于接收传入神经核的神经冲动。神经细胞可以处于两种工作状态:当传入的神经冲动使膜电位升高并超过一定阈值约40mV时,细胞进入兴奋状态而产生神经冲动,并由轴突输出;反之则使该细胞进入抑制状态无神经冲动输出)。输入和输出通过下面这个依赖关系(神经核)相连:

$$y=\mathrm{sgn}\{(w \cdot x)-b\}$$

其中($w \cdot x$)$=w_1 \cdot x_1+w_2 \cdot x_2+w_3 \cdot x_3$ 表示两个向量的内积,也代表传入的神经冲动,b 就是一个阈值,$\mathrm{sgn}\{u\}$ 是激活函数,如果 $u \geq 0$ 则 $\mathrm{sgn}\{u\}=1$(产生神经冲动),如果 $u < 0$ 则 $\mathrm{sgn}\{u\}=-1$(神经抑制)。从几何上看,神经元把空间分为两个区域:一个是输出 y 取值为 1 的区域,另一个是输出 y 取值为-1 的区域,这两个区域被超平面(分类线的高维推广)

$$(w \cdot x)-b=0$$

分开。向量w和标量b决定了分类超平面的位置。在学习过程中,感知

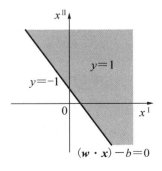

图 11-9　被超平面分开的两片区域

器为神经元选择适当的权值[1]。

　　但是不久，明斯基就发现了感知器解决不了一个被称为"异或问题"的分类问题，如图11-10所示有两类四个点，坐标分别为(0，0)，(0，1)，(1，0)，(1，1)。异或问题的分类就是：(0，0)=0，(1，1)=0属于一类；(0，1)=1，(1，0)=1属于另一类。可是如图11-10所示，横竖几道直线都没法将它一次正确地分为两类，别急请继续看下去。

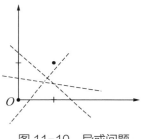

图 11-10　异或问题

11.4
瓦普尼克提出的统计学习理论"高观点"

历时多年，在机器学习方法研究中，人们主要研究如何更好地最小化经验风险，所以占据主导地位的一直是经验风险最小化准则。但是这样的方法是想当然的，用经验风险最小化准则真的可以在样本量有限的情况下使真实风险最小吗？不多久研究者发现，训练误差小并不能百分百地减少真实风险，得到好的实际预测结果。有些时候，训练误差太小反而会使真实预测能力变差。我们迫切需要统计学习理论的高观点。

看以下这个例子。假设给出如图 11-11 的 10 个样本点，要用 M 从 0—9 次的多项式函数对数据进行拟合操作(这也是一种学习过程，即通过给定的数据点学习出多项式函数以供预测)。图中画出了 $M = 0$，$M = 1$，$M = 3$ 以及 $M = 9$ 时的拟合曲线。

可以看到，如果 $M = 0$，图像是一条平行于 x 轴的直线，拟合效果太差。$M = 1$ 时，图像是穿过少量数据点的一条倾斜直线，模型太简单所以效果还是不理想。$M = 9$ 时拟合得很完美，但是我们要知道这只是训练数据，训练数据肯定有异常值，所以这种看似拟合得很完美的曲线对未知数据的预测并不会很好。这就是大名鼎鼎的"过拟合"现象，有点像我们小时候考试的情景，如果我们对已知问题过于拿手甚至全

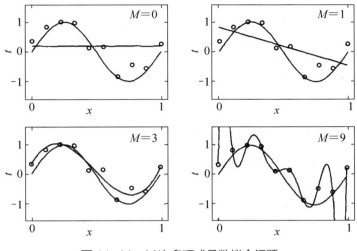

图 11-11 M 次多项式函数拟合问题

盘记忆,考试时遇到全新的问题则出错率会很大。不论人类还是计算机的学习,都存在过拟合现象。究其原因,是我们试图用一个过分复杂的模型去拟合有限的训练样本,导致丧失了预测真实数据的能力。这就告诉我们在选择模型时要同时考虑对已知和未知数据的预测能力。而如图当 $M = 3$ 时,多项式曲线对训练数据拟合得够好了,模型也不怎么复杂,是个合适的选择[2]。下面我们还会利用几个新概念,对这一事实可以给出定量描述。

1968 年,统计学习理论的基本思想有了很大进展。对于模式识别问题,瓦普尼克和科尔沃尼克斯提出了 VC 熵和 VC 维的概念,它们是这一新理论的核心概念。利用这些概念,他俩发现了泛函空间的大数定律,又研究了它与学习过程的联系,并且得到了关于学习的收敛速率的非渐近界的主要结论。由于 VC 维在核心概念中的核心地位,这里我们重点介绍 VC 维理论。

首先 VC 维是对于函数集而言的,用于度量模型的复杂性,它不是某种空间的维度。VC 维的直观定义是:对一个指示函数集(指示函数是只有0和1两种取值的函数),如果存在h个样本能够被函数集中的函数按所有可能的2^h种形式分开,则称函数集能够把h个样本打散,函数集的VC维就是它能打散的最大样本数h。若对任意数目的样本都有函数能将它们打散,则函数集的VC维无穷大。有界实函数的VC维可以通过用一定的阈值将它转化成指示函数来定义。抛开恼人的定义,看下面这个例子很容易明白:如果在平面上有两个数据点,空间H中存在$2^2=4$类直线可以将它们打散。依次类推,3个数据点的情况下,H中最多有$2^3=8$类直线能把3个样本打散,如图11-12。

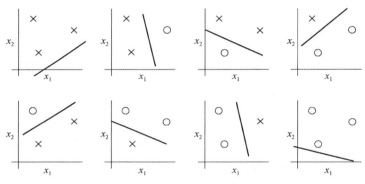

图 11-12 空间 H 中存在 8 类直线将 3 个样本打散

4个数据点的时候,H中最多有14类直线将样本打散,为什么不是$2^4=16$类直线呢?请看图11-13。

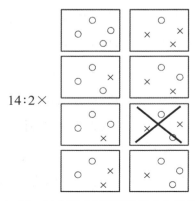

图 11-13 H 中有 14 类直线将 4 个样本打散

图中画有深色叉的情形就是我们通常所说的异或问题。异或问题表明,在二维实数空间中线性分类器和线性实函数的VC维是三。所以,VC维反映了函数集的学习能力,VC维越大则学习机器越复杂(也被称为"容量"越大,贝尔实验室的研究人员曾风趣地说:"容量太大的机制仿佛是一位过目不忘的植物学家,当她展示一个新树种时,会这样下结论,因为它的叶片与之前她见过的任何树木都不同,因此它不是树。容量太小的机制则是这位植物学家懒惰的兄弟,他声称绿色的物体都是树。")。遗憾的是,目前尚没有通用的关于任意函数集VC维计算的理论,只对一些特殊的函数集知道其VC维。比如在n维实数空间中线性分类器和线性实函数的VC维是$n+1$,而$f(\alpha, z)=\theta(\sin(\alpha z))$的VC维则为无穷大(对这里任意数目的样本都有正弦函数能将它们打散,如图11-14)

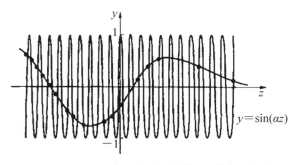

图 11-14　$f(\alpha, z)=\theta(\sin(\alpha z))$的VC维为无穷大

有了VC维的概念,再来看经验风险和实际风险之间的关系,即推广性的界。关于二分类问题,结论是:对指示函数集中的所有函数(包括使经验风险最小的函数),经验风险$R_{emp}(w)$和实际风险$R(w)$之间以至少$1-\eta$的概率满足如下关系[5]:

$$R(w) \leqslant R_{emp}(w) + \sqrt{\frac{h[\ln(2n/h)+1] - \ln(\eta/4)}{n}}$$

其中h是函数集的VC维(这里VC维是有限的),n是样本数量。这从理论上说明了学习机器的实际风险是由两部分组成的:一是经验风险(训

练误差);另一是置信范围,它和学习机器的VC维及训练样本数有关。可以简单地表示为

$$R(w) \leq R_{\mathrm{emp}}(w) + \Phi(h/n).$$

它表明在有限训练样本下,学习机器的VC维越高(复杂性越高)则置信范围越大,导致真实风险与经验风险之间可能的差别越大。这就是为什么会出现过拟合现象的准确原因。机器学习过程不但要使经验风险最小,还要使VC维尽量小以缩小置信范围,才能取得较小的实际风险,即对未来样本有较好的推广性。在这一想法的推动下,1974年瓦普尼克提出了一个全新的适用于小样本的归纳原则——结构风险最小化归纳原则。

11.5
专家系统堪比行业专家

　　我们回过去看20世纪60年代,在当时人工智能的主流领域发展迅猛,迎来了它的黄金时代。另外机器定理证明、机器推理、数学机械化方面的喜讯纷至沓来。然而到了70年代,这些人工智能的主流领域却再难取得进展,机器翻译等领域发生了令人沮丧的事情。举个简单的例子,"计算机将下面这句英语: The spirit is willing but the flesh is weak.(心有余而力不足) 翻译成俄语后再翻译回英语,得到的结果是: The wine is good but the meat is spoiled(酒是好的,肉变质了)。"当年类似这样的错误让人们把人工智能科学家当作笑话看。而此时正值明斯基写了《感知器》一书,在书中他明确指出,非线性异或问题没办法用只有一层的神经网络解决,那就试试看用多层神经网络吧? 但当时多层网络的训练方法还指望不上,跟着这本书一起到来的是神经网络方向的科研经费大幅缩减。人工智能的主流领域进入了严冬。

　　但是抛开神经网络,人工智能方法转向了专家系统,并成为获得了商业回报的分支领域。DENDRAL系统是首个被成功应用在实际问题中的专家系统,由斯坦福大学在20世纪60年代花了3年时间开发出来,它成了化学家的好帮手,被用来研究质谱仪的光谱,进而可以分析出化学物质的分子结构。在DENDRAL之后,1976年,斯坦福大学又开发了用于帮助医生诊断传染性血液病的MYCIN专家系统,MYCIN

系统的成功标志着人工智能正式进入医疗系统。另一个出名的专家系统是20世纪70年代由斯坦福研究院开发的PROSPECTOR，用于矿产勘察。它的工作方式是让地质学家把需要检验的矿床的特征输入这个系统，比如矿物类别、地质环境、地质结构等。程序将这些特征与系统里存有的矿床的模型相比较，其间也有可能会让地质学家提供更多信息。最后，系统用算法对需要检验的矿床做出最终判断。它的性能达到了专业地质学家的水平，并且在实践中得到验证。20世纪80年初人们用PROSPECTOR系统发现了美国华盛顿州托尔曼山脉附近的一个价值1亿美元的钼矿床[4]。从此专家系统的商业价值更加受到各个行业的重视，但只能说这是人工智能研究者的奋力挣扎，而解决问题的方法还是不对，这是依靠蛮力授机器于鱼而非渔。

11.6
辛顿对瓦普尼克的反击

在人工智能陷入困境的时候，统计学家辛顿登场展开了一场反击。辛顿出生于温布尔登，这是英国伦敦边上的小镇。他的父亲研究昆虫学，母亲是数学教师，舅舅是出名的经济学家，创始了所谓国民生产总值GNP。最值得一提的是他的高曾祖父——数学家兼逻辑学家布尔，创始了布尔代数，后来成了现代计算机的运算基础。20世纪60年代辛顿全家迁移到布利斯拓，辛顿进入了英国顶尖学校——柯立富顿学院念高中。在这所老牌公立学校，一位同学的观点——人脑的工作原理和全息图的原理相通启发了他。

三维全息图的创建，不同于传统照片，需要把入射光线经过多角度多次反射的最终结果全面地记录保存到一个体量巨大的数据库。当你看全息图时，入射光会重现之前被储存起来的由光照物体反射出来的整体信息，你就能看到却摸不到那个三维物体。大脑储存信息的方式也可能并非大脑单纯地将记忆保存在一个特定的区域比如海马体，而是在整个神经网络里震荡传递，让记忆重

图 11-15　辛顿

现时你会觉得活灵活现。大脑的工作方式居然像全息图，辛顿深深地迷恋这一观点。暂且不论这个观点对不对，对辛顿来说，这是他人生的转折点，也是他事业的起点。"我非常兴奋，"他回忆道，"那是我第一次真正认识到大脑是如何工作的。"[6] 被高中时代好友的一席谈话所激励和引导，辛顿在剑桥大学和爱丁堡大学学习期间一直没有忘记他心心念念的神经网络。辛顿在本科学习心理学时领悟到，大脑的工作方式并没有像当时的脑科学家们所认为的那样简单。人类大脑有几百亿个神经元，它们之间通过轴突、突触和树突相互影响，形成极其复杂的关系网。人脑的神经网络到底是如何运作，如何进行计算以及学习的，当时的脑科学家们并不能很好地解释，对于辛顿这是具有强大吸引力的谜。

在研究生期间，辛顿的导师支持人工智能传统观点，但辛顿确信不被看好的神经网络才是正确的道路，辛顿说："我的研究生生涯充满了暴风骤雨，每周我和导师都会有一次争吵。我一直在做着交易，我会说，好吧，让我再做6个月时间的神经网络，我会证明其有效性。当6个月结束了，我又说，我几乎要成功了，再给我6个月。自此之后我一直说，再给我5年时间，而其他人也一直说，你做这个都5年了，它永远不会有效的。但终于，神经网络奏效了。"[7]

1986年以辛顿为首的统计学家升级了感知器模型，首先模型可以有两层，这样就可以解决异或问题(注1)，正如VC维只是解释为什么单层感知器不能解决这个问题，但现在加一层就可以解决。当时辛顿就发现，神经网络就是一台机器，这台机器在感知器的基础上稍加改变完全可以执行复杂的任务，能够从纷繁复杂的数据中发现模式，对数据进行分类或预测。简单说来，有一层神经网络，你可以找到简单的模式，有多层神经网络，就可以找出模式中的模式。[8]

重要的是他作为发明人之一引入了后向传播技术，并正式把只有单一神经元的感知器升级至神经网络,神经网络就是将许多单独的神经元分层链接在一起而组成的网络。

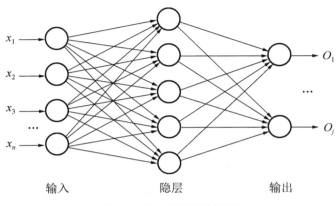

图 11-16　神经网络模型

　　这次感知器的重生关键在于后向传播技术,简单说来,这项技术分两个阶段。在前向阶段中,神经元在从输入层到输出层的过程中被激活(注2),沿途应用于每一个神经元的权值和激活函数,一旦达到最后一层,就产生一个输出信号。在后向阶段中,由前向阶段产生的网络输出信号与训练数据中的真实目标值进行比较,网络的输出信号与真实目标值之间的差异产生的误差在网络中向后传播,从而修正神经元之间的连接权值,并减少将来预测的误差[9]。但需要注意的是,神经网络的VC维通常太大,虽然表达能力很强,可以用来处理任何复杂的分类问题,但要充分训练神经网络,所需的样本量为VC维的10倍,数据量经常上亿。如此大的训练数据量,在当时是不可能达到的,人工智能再入寒冬。

11.7

乐存与卷积神经网络

辛顿教授登场后，轮到他的学生乐存了。乐存1960出生在法国巴黎附近的小镇。从28岁那年开始，乐存的青春都交付给了举世闻名的贝尔实验室，他在那里一直工作到48岁。后来乐存成为了纽约大学的终身教授，另外还负责脸书公司的人工智能实验室。1989年，乐存教授创造出了卷积神经网络。

乐存是一位成果丰硕的计算机科学大师，他很像他的老师辛顿，同样在神经网络学派的低潮时期没有放弃，一直坚持神经网络的研究直至成功。辛顿说过："是乐存高举着火炬，冲过了最黑暗的时代。"由于父亲是一位航空工程师，乐存从小就有个令人震惊的业余爱好——

制造飞机！在一次由电气和电子工程师协会组织的深度交流中，他和C++之父斯特朗斯特鲁普的一段对话挺有意思。斯特朗斯特鲁普问："你曾经做过一些非常酷的玩意儿，其中大多数能够飞起来。你现在是不是还有时间摆弄它们，还是这些乐趣已经被你的工作压榨光了？"乐存回答："工作里也有非常多乐

图 11-17　乐存

趣，但有时我需要亲手制造些东西。这

种习惯遗传自我的父亲，他是一位航空工程师，我的父亲和哥哥也热衷于飞机制造。因此当我去法国度假的时候，我们就会在长达三周的时间里沉浸于制造飞机。"[4]

　　乐存的卷积神经网络如今称霸计算机视觉领域。对于人类而言，视觉是认识世界最重要的渠道，大脑每天要处理的信息中，通过视觉感官接收到的信息占80%以上。而对于计算机来说，虽然也可以通过镜头"看到"所有的画面，但是"看懂"画面里的内容并不是一件容易的事情，这在第四章提到过。一张图片包含的语义信息错综复杂，但在计算机看来则只是一个个零散而独立的像素点。如何以计算机的语言表达像素与像素之间的语义关系，这是最大的挑战。

　　那什么是卷积神经网络呢？以及最关键的什么是"卷积"呢？卷积神经网络是一种专门为处理高维网格型数据（也就是张量。通俗理解，零维张量是标量也就是一个数字，一维张量是一个向量，二维张量是一个矩阵）而设计的神经网络。卷积神经网络最擅长处理图像数据，例如用二维矩阵表示灰度图像，三维数组（高、宽、RGB通道）表示彩色图片等。

　　法国博主Jean-Louis Queguiner撰写过一篇《给我8岁的女儿解释卷积神经网络》，以搭建识别手写数字的神经网络为例，用清晰的方式解释了卷积神经网络的原理以及什么是"卷积"。我们在这里就大胆借来一用。

图 11-18　不同的手写体数字

这些数字每个人的写法都不一样，要如何让计算机判断出这些手写体数字是几呢？首先，考虑到0—9这十个数字本身也是存在各种笔画的，那我们就拆解开来，看每个手写体数字里，有多少横竖撇捺，曲折弯弯。左边竖着的一列是十个数字，上方横着的浅色字符则是拆解出来的笔画，用这个表格来统计每个字符里有多少个相应的笔画。

	∩	C	∪	⊃	一	丨	/	\
0	1	1	1	1	0	0	0	0
1	0	0	0	0	0	1	1	0
2	1	1	0	1	1	0	1	0
3	0	0	1	1	1	0	1	0
4	0	0	0	0	1	2	0	0
5	0	0	1	1	1	1	0	0
6	2	1	1	1	0	0	0	0
7	0	0	0	0	2	0	1	0
8	2	2	2	2	0	0	0	0
9	1	1	2	1	0	1	0	0

图 11-19　拆解手写数字图

现在，我们来写一些新的数字，然后数一数，这些新写的数字里，有多少个浅色的笔画，和图11-19对比一下，就能判断出这些新写的数字是几。

比如，第一个数字里，有一个"/"，一个"丨"，我们发现有这种特征的，是"1"这个数字，而且完全符合，那第一个数字就是"1"。第二个数字，上下左右半圆各有2个，另外还有一个"/"，一个"丨"，总共10个笔画。比较之下，会发现上表

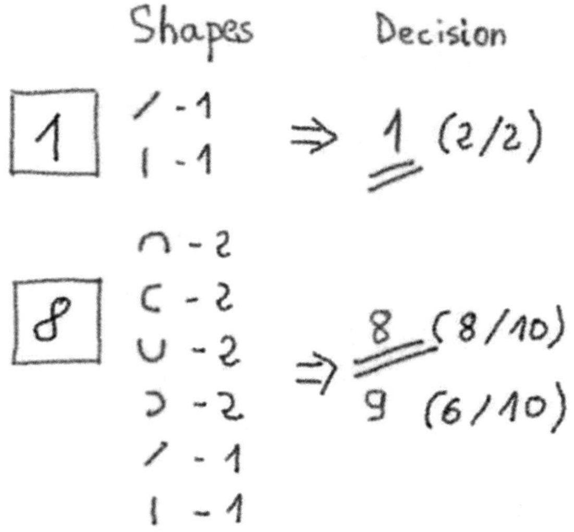

图 11-20　通过拆解判断数字

中的数字 "8" 有 8 个笔画符合，数字 "9" 有 6 个笔画符合，那么这第二个数字就是 "8"。

另一方面颜色对于计算机来说是用数表示的，而这里的手写数字都是黑白的，只要一个数，0 表示纯黑色，255 表示纯白色，两者中间的数则是灰色，数字越小颜色越深，数字越大颜色越浅。

我们知道待识别图片都是手写数字，要如何找出这些数字中的笔画轮廓呢？找轮廓这一步就需要用到 "卷积"，这个卷积不是数学上的卷积，只是一个移动的加权求和窗口。本质就是在前面用数字表示的图像上加一个过滤器，把没有笔画的部分过滤掉，留下有笔画的部分。过滤器就像下面这个玩具一样，识别出图案的轮廓，如果轮廓匹配，就可以放进盒子里，轮廓不匹配，那就放不进去，三角形的过滤器匹配三角形的木块，正方形的过滤器匹配正方形的木块。

图 11-21　儿童形状识别玩具

卷积神经网络的关键原理就是卷积核依次滑过图片中的每一个像素位置，就可以输出一张分辨率不变的新图片。每个卷积核匹配一种图像模式，比如点、斜线、半圆、纹理什么的。如果被滑过的图片的细节也是对应的模式，加权求和值就会很大，这样就能达到过滤的目的。从数学上说，这里面的运算就是求两个矩阵的滑动内积。

过滤器过滤的过程中每一次扫描都是独立的，所以可以同时进行许多次扫描，每次扫描互不干扰。这些过程是我们的手写数字图像被多个过滤器过滤，但是为了提高准确性，只要把前一次过滤的图像再拿来过滤就好了，用的过滤器越多，过滤的次数越多，结果越准确。而且，由于手写的数字并不像玩具中的三角形、五角星一样规整，每个人写数字"8"都可能写成不同的样子，因此笔画的布局都不一样。为了让过滤出来的笔画更清晰，需要不断创建新的过滤器，直到过滤器被精确到我们前面看到的那些浅色横竖撇捺半圆的形状。

选择好卷积核可以使卷积运算抽象出图像的重要成分也就是轮廓，过滤掉多余的噪声，提取特征。可是图像中互相作为邻居的像素很可能有类似的值，所以一般来说卷积层互为邻居的输出像素很有可能也有类似的值。这表示，由卷积层输出的特征图的大部分信息都是冗余信息。别急，这时需要降维，其关键在于"池化"操作。"池化"是将图像划分成为一个个窗口套窗口的区域，然后对每个区域内的元素实行统计合并。一般采用 2×2 的窗口，聚合方法有两种，一种是取最大值，被称为最大池化，如下图。

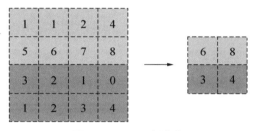

图 11-22　最大池化

　　还有一种是平均池化。对于池化来说，对属性特征的提取具有"平移不变性"，即使图像在几个像素发生位移甚至旋转的情况下，依然可以得到比较稳定的可被识别出的属性特征集合。联想一下，日常生活中一个事物一旦被我们认识后，只要它发生变化的程度不足以改变我们对它认知的判断，那么我们仍旧可以对它"维持原判"，比如我们可以轻而易举地识别出一张看上去十分模糊又偏斜的"猫"的图片，换句话说这是一种对细微变化的免疫作用，或者说是对细微变化的不敏感性，计算机能做到这点，这里面本质是卷积神经网络的"池化"在起作用。卷积神经网络以此方式看懂了世界。两个操作"卷积"和"池化"的灵感其实是来源于休伯尔等人的研究发现，猫的视觉皮层上存在着复杂细胞和简单细胞，简单细胞会对暗线条的朝向反应十分敏锐，而且线条还必须落在其感受野(注3)中特定位置上才能使细胞有反应，而复杂细胞只要特定朝向的线段落在它的感受野里面，不管落在感受野内的哪个地方，它都会有反应。卷积操作与休伯尔-维泽尔实验中的简单细胞具有同样作用，池化操作与休伯尔-维泽尔实验中的复杂细胞具有相同作用[10]。

11.8

1995年瓦普尼克
开创支持向量机

20世纪90年代中期，统计学习摇身一变成为了机器学习领域的主流技术。一方面，这是由于在20世纪90年代伯纱、盖伊恩和瓦普尼克提出了支持向量机，这是构建在结构风险最小化归纳原则之上的，也就是前文说过的全新的适用于小样本的归纳原则，其优越的性能比如可以快速训练、无须调参、过拟合风险小等；另一方面，正是在神经网络显露出了局限性之后人们的视线逐渐转移到统计学习。具体说来，支持向量机是从对符合线性可分时的数据进行最佳分类的问题发展而来的，其具体想法如图11-23。

这里跟大家讲一个神话故事，传说很久很久以前在伊甸园里魔鬼

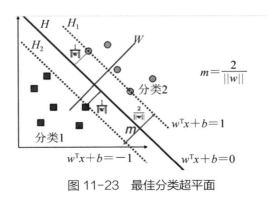

图 11-23　最佳分类超平面

闲来无聊,邀请天使玩一个游戏。魔鬼把若干个方木块和小球放在地上,让天使用一根木棒把它们分开。天使觉得这也太容易了,天使不假思索地一摆,便完成了任务。然后魔鬼让天使找到木棒的最佳放置位置,使得两边的方木块和小球都离分隔它们的木棒足够远。如图11-23,正方形点和圆形点代表方木块和小球两类样本,H为分类线(木棒),H_1和H_2分别为穿过各类离分类线(木棒)最近的样本且平行于分类线(木棒)的直线,它们之间相隔的距离叫作分类间隔。被H_1和H_2穿过的样本点(小球和方木块)就是"支持向量"。支持向量是那些能够定义分类直线的训练数据,也是那些最难被分类的训练数据,直观地说,它们就是对求解分类任务最富有信息的数据。所谓最佳分类线就是要求分类线,这个游戏里是木棒,不但要将方木块和小球两类物品正确分开,而且使两类物品的间距最大,这就是支持向量机的核心思想。"超平面"是二维情况下分类线的高维推广,可以想象成超平面是被这些支持向量"举起来"的。求解这样的超平面的算法被称为"二次优化"。此外在数据为线性不可分的情况下,要将分类间隔最大化但同时犯错量要最小化,就可以获得"广义最佳分类面",如图11-24所示。

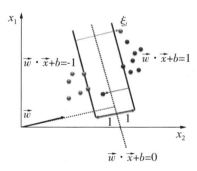

图 11-24 广义最佳分类超平面

然而在现实世界中,变量间的非线性关系很多不是广义最佳分类面能解决的,支持向量机随即发展出最出色的处理非线性的技术——

核方法。其主要思想是将问题映射到一个更高维的空间中,在高维空间中原来的非线性关系可能会突然看起来是完全线性的。所以看到天使已经很好地解决了用木棒线性分球的问题,魔鬼又给了天使一个新的挑战:

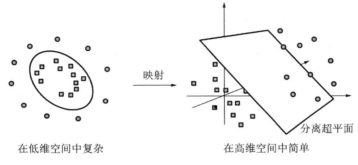

图 11-25　在高维空间中分类更容易

　　图 11-25 左边的数据集,是由两个不同大小的椭圆以及一些噪声得到的,按照这种球和方木块的摆法,世界上貌似没有一根木棒可以将它们完美分开。所以,应该是用一条二次曲线而不是一条直线来作为一个理想的分界。我们知道一条二次曲线的方程可以写成:

$$a_1X_1+a_2X_1^2+a_3X_2+a_4X_2^2+a_5X_1X_2+a_6=0.$$

　　根据上面二次曲线的数学形式,如果我们构造一个维度为 5 的空间,其中 5 个维度的坐标分别代表 $Z_1=X_1$, $Z_2=X_1^2$, $Z_3=X_2$, $Z_4=X_2^2$, $Z_5=X_1\times X_2$,那么二次曲线在新的坐标系下可以表示为:

$$\sum_{i=1}^{5}a_iZ_i+a_6=0.$$

　　在新的坐标下这个方程表示的是一个 5 维的超平面,可以看出来,我们所做的是构造一个映射将 X 映照为 Z,即将二维实数空间映射到 5 维实数空间,那么原来在二维实数空间中不是线性可分的样本点在 5 维实数空间中将变成线性可分,使得我们可以用“二次优化”的技术来进行计算。当然,我们没有办法把 5 维空间画出来,不过这里用了特

殊情况两个椭圆生成的数据,则超平面方程为:

$$a_1X_1^2+a_2(X_2-c)^2+a_3=0$$

因此只需要把它映射到$Z_1=X_1^2$, $Z_2=X_2^2$, $Z_3=X_2$这样一个三维空间中即可。也就是说,天使凭借着他的法力,一拍地面,让球和方木块飞到空中,然后用念力抓起一张纸片,插在球和方木块的中间,巧妙地完成分类。这正是所谓的"核方法"处理非线性问题的基本思想(当然省略了许多复杂的内容,感兴趣的读者可以查看文献[11])。在支持向量机被学术界广为认同后,机器学习领域里到处都可以看到核方法,这一方法也从此发展为机器学习领域里的一种基本方法。

11.9
辛顿发起深度学习的
成功逆袭

　　故事到了 21 世纪又有了戏剧性的变化，瓦普尼克一生的对手、神经网络一派的大师辛顿于 2006 年提出基于神经网络的深度学习算法，使神经网络的能力大大提高，一举逆袭了支持向量机。深度学习其本质是一种仿生，对人类大脑的仿生。机器学习像人脑一样有一个共同的目标，就是通过算法来理解事物，当然人脑很轻松地就可以完成。比如看一幅猫的图像，老一代的学习机器是用死记硬背的方法来记住答案，但不会融会贯通根本没有意义。新一代的学习机器看了猫的图像就能明白"猫"到底指什么，然后就可以认出任何一幅对于机器来说全新的猫的图像。要获得能够识别出任何猫的图像的能力，也就是从具体例子中进行归纳并推广的能力对机器来说绝不是简单的事。我们首先要搞清楚大脑是如何识别物体的。这里面有个核心概念，就是前文已经提到的关于待识别物体的特征。

　　特征是机器学习的原始材料，举个例子，识别香蕉还是苹果时，有两个明显的特征——形状和颜色。我们假定颜色特征的输入只有两种情况——黄色和红色，形状特征只有两种——圆形和弯月形。这种程度的识别是我们小时候父母教我们的吧，哪天如果遇上偏黄色的苹果或是一根非常直的香蕉呢？如果遇上红色的塑料小球或是香蕉形状的雪糕呢? 现实生活中粗略地选取特征无法生成一个理想模型,必须要有新的特征引入才可能做出精准识别和分类,比如引入苹果和香蕉的触感、味道。只在图像层面如何选取特征范围,更为精确地找到必要的特征从而识别物体呢? 这里涉及粒度的概念,以一张摩托车的图片为例,如果我们将特征提取到像素级别,这是极细的粒度但没有任何意义。因为把图片还原到如此细节,根本无法识别摩托车的特征,也就无法区分图片里有没有摩托车;从大局上看,在比较粗的粒度上选取一个比较有代表性的特征,比如是否有排气管,是否有车轮,是否有后视镜,是否有把手,以此识别是否是摩托车,学习算法才能起作用。但是在实际图片中,可能会有来自车轴的反光,车轮可能会被遮挡,各种复杂的不确定因素有时候让我们很难直接手工选取特征。

既然手工选取特征有时难以进行,那么能不能让机器自动学习一些特征呢? 答案是能! 辛顿的深度学习思想就是这样脱颖而出的。他实现深度学习的具体想法首先是自下往上用无监督学习来学习网络的结构(这是特征学习的过程,特征学习允许计算机学习如何提取特征

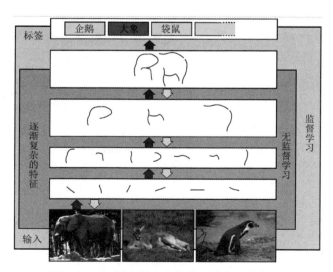

图 11-26　深度学习中的多层抽象图像表示

总结出特征,通俗来说就是"学习怎么学习",它和传统神经网络最大的区别在于避免了手动提取特征的各种复杂问题),然后再自上而下学习网络的权值,用有监督学习对网络微调试。

　　辛顿的深度神经网络是有多个隐藏层的,这就是深度学习中深度的来历。为什么要有多个隐藏层呢? 这还要从1981年说起。1981年的诺贝尔医学奖颁发给休伯尔、维泽尔和斯佩里三人,他们共同发现了人类视觉系统的信息处理机制是分级的。鉴于此,在识别人脸时,深度神经网络对输入层接收到的图像的每个像素进行分析,在第一个卷积层可能找到人脸的一些几何形状特征。接着,我们用最大池化层来"缩小"图像。然后用第二个卷积层找到另一些模式,"眼睛""嘴"以及其他面部特征会在网络中渐渐出现。进一步我们使用最大池化层再次缩小图像,最后再使用一个卷积层,随着层数变深最终在高层形成一幅复合人脸图像[12]。这时,网络可以在输出层猜测面孔的身份,是"乔丹"还是"詹姆斯",或是"库里"。

　　关于深度学习和支持向量机之争,辛顿开玩笑地说:"我想把支持向量机SVM称为肤浅学习(shallow learning)。"辛顿还说,"打开汽车发动机盖看下面……惊喜,是值得信赖的老式后向传播发动机还在嗡嗡作响。什么发生改变了? 没什么大的改变,只是计算机变得更快了,数据变得更大了"。辛顿和他的支持者一同说道:"其实我们一直都没错"。这真是一场精彩万分的瑜亮之争。

　　然而,这些研究尚不完全属于历史,它们仍是当今学习理论研究的主题,在2012年Image Net大规模图像识别挑战赛中,辛顿的学生克里热夫斯基基于卷积神经网络设计的分类模型AlexNet大放异彩,以压倒性优势赢得了当年的冠军。克里热夫斯基提出的一个经典的卷积神经网络架构在性能方面有了显著提升,为了减少过拟合它在全连接层使用Dropout。而在卷积层使用一种特殊的函数——ReLu(注4)作为非线性激活函数。这些技术体现了卷积神经网络的强大能力,同时也体现了深度学习的巨大潜力,瞬间使得卷积神经网络和深度学习成了数据科学家们追捧的热门研究领域。要知道在这之前,深度学习和神经网络都处于长期的寒冬难以获得突破。

2014年谷歌的团队GoogleNet把网络层的深度做到了22层,问鼎了当时的ImageNet冠军,核心结构Inception(电影《盗梦空间》的英文名也是Inception,看过电影的读者也许能领悟到一点含义)是它的重要创新,这是一种网中套网的结构,即网络节点也是另外一个网络。

2015年微软的何恺明博士解决了网络退化问题,他推出的深度残差网络是当年最大的亮点,令人震惊地把网络层做到了152层。什么是"网络的退化问题"呢?对于传统的深度学习,网络越深学到的东西就越多,但收敛速度也就越慢,训练时间也就越长。深度到了一定程度之后就会发现有深度越深学习效率越低的情况,这就被称为网络的退化问题。深度残差网络克服了这种由于网络深度加深而产生的效率无法提升的问题。

2016年商汤科技公司更是令人惊叹地把网络层做到了1207层,这可能是目前在ImageNet上网络层最深的深度学习网络。

虽然深度学习现在取得了很大的成功,但表示怀疑的声音仍是不断。最典型的是,我们根本不知道深度学习为什么会那么强大,即使是深度学习方面的专家也解释不清。现在公认的观点是,深度学习其实是个"黑箱",其内部运作的基本规律依然迷雾重重。因此,许多人认为深度学习仅仅是工程技术,目前还称不上科学。就像一句对人工智能的调侃:"有多少人工,就有多少智能"。我们对深度学习进行的参数调试,其实不是脑力活,而是体力活啊!当然,如今也有学者深入研究这一问题,被称为深度学习的可解释性。

11.10

"女性化"的学习方法
——转导推理

　　在统计学习中有一种被称为转导推理的方法，它先考察给定的用于训练的数据，然后对用于测试的数据直接实行预测，像极了女性最擅长的"直觉"。这种特殊学习方法是由瓦普尼克于 20 世纪 90 年代最先提出的，不同于前文一直介绍的那种"正统"的学习方法——归纳推理，即从用于训练的数据中学习模型和规则，再运用习得的模型和规则对用于测试的数据进行分类或是预测。转导推理最"另类"的地方在于有些用此方法做出的预测没办法通过归纳推理来得到，这是因为用不一样的测试数据转导推理会产生不相同的预测。这方面最经典的算法是最近邻算法[13]。

　　最近邻算法的核心思想用一句话来说就是，这个算法把还没有被标记的案例归为与它们最相类似的已经有标记的案例所在的类。尽管这个思想很简单，但是十分强大。最近邻算法不需要进行"正统"地学习，它只需要逐字存储训练数据，然后用一个距离函数将未标记的测试案例与训练数据集中最相似的记录进行匹配，并将未标记案例的邻居的标签分配给它。

　　明尼苏达州立大学的研究人员在 1994 年创建了一个所谓的"推荐系统"，其构建基础是他们的一个看似"简单"的想法：过去人们同

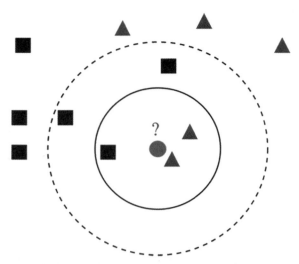

图 11-27 最近邻算法例子。测试样本（圆形）要么归入第一类的方形，要么归入第二类的三角形。如果 k=3（实线圆圈）它被分配给第二类，因为有 2 个三角形和 1 个正方形在内侧圆圈之内。如果 k=5（虚线圆圈）它被分配到第一类（3 个正方形与 2 个三角形在外侧圆圈之内）

意的话，将来他们还会同意。这个想法直接引出"协同过滤"系统，所有典型的电子商务网站都有这些系统。假设你建立了电影评分的数据库，用户对他看过的电影都会给出 1—5 颗星的评分。你想确认用户基恩是否会喜欢《星际穿越》，于是你找到那些以往评分与基恩的评分最相关的用户。如果他们对《星际穿越》评分很高，那么可能基恩的评分也会很高，你就可以把这部电影推荐给他。但是如果对于《星际穿越》他们有不同的看法，你就需要一个回退点，在这种情况下就要根据用户与基恩关系的密切程度来进行排名。因此，如果布拉德和基恩的关系比梅格和基恩的关系密切，那么相应地布拉德的评分也会更有价值。基恩的预测评价就是与其相关的人的加权平均值，每个人的权重就是他与基恩关系的系数。这就是加权最近邻算法。

11.11

天下没有免费的午餐

　　文章至此，或许你会发现，有那么多种类的机器学习方法：贝叶斯分析、线性回归、判别分析、聚类分析、集成算法、核方法、神经网络、深度学习、最近邻方法等。我们很自然地会问：到底哪个算法才是最强大的呢？这里有个有趣的定理——"没有免费午餐"定理。这个定理是在1997年由沃尔珀特和麦克雷迪在优化领域中提出的，原叙述比较复杂，但是可以用在机器学习领域，就是"针对某一领域的所有问题，所有算法的期望性能是相同的"，这似乎让人沮丧，如此多的算法难道真的没有优劣？需要注意的是，这里有两个关键词，即"所有"和"期望"。所以"没有免费午餐定理"是认同任意两个学习算法有优劣之分的，还打开了一个视角，让我们看到为什么在机器学习中，我们可以分辨算法的好坏。

　　具体来说，我们应该具体问题具体分析，不要偏爱某一类特定的算法。博克斯教授曾这样警告："统计学家有点像艺术家，也有爱上自己模型的坏习惯。"数据科学家也一样，只是这里统计学家的"模型"被数据科学家的"算法"取代。可以说任何学习算法的应用范围都是有局限的，摆脱实际问题去讨论哪个学习算法最好是没有意义的，因为若考察全部的潜在问题，那么所有学习算法的性能相同。但机器学习中的某一种类算法不是针对所有问题的，只针对某一特定问题，所以我们对学习算法仍然应该有优劣的思索。

11.12

通往通用人工智能之路

"没有免费午餐"定理似乎在暗示我们,万能的学习算法是不存在的。可是人类的智能却仿佛是万能的,也就是说在我们大约1.5千克重的大脑中似乎被设定好了某种通用的学习算法,使得我们可以学会任何任务,而且随着人类演化,我们越来越聪明,做了许多前人未做之事,比如学会了制造原子弹、打电脑游戏,或者是研究机器学习。这说明我们人类的一切行为违反了这个"没有免费午餐"定理,人类的聪明智慧深入触及了关于世界的普遍性假设,这引导了现代科学家去发明具有通用智能的机器。

通用人工智能,简称AGI,它的重点在于"通用"二字,就是使机器什么都能干。这听起来太过野心勃勃,可是DeepMind公司创始人哈萨比斯确实开始了制造第一台"通用学习机器"的工程,他把他在对人脑研究中获得的灵感用于通用人工智能,并指出这是一套自适应算法,能像大自然的生物系统一样灵活地学习,而且只用元初数据就能从头至尾执行任何任务。在哈萨

图 11-28　哈萨比斯

比斯看来，未来通用人工智能将与人类科学家一起解决世界上的所有问题。

　　"癌症、气候变迁、能源、基因组学、宏观经济学、金融系统、物理学等，太多我们想掌握的系统知识正变得极其复杂。"哈萨比斯在一次采访中指出，"如此巨大的信息量让最聪明的人穷其一生也无法完全掌握。那么，我们如何才能从如此庞大的数据量中筛选出正确的见解呢？而一种通用人工智能思维的方式则是自动将非结构化信息转换为可使用知识的过程。我们所研究的东西可能是针对任何问题的元解决方法。虽然寻找元解决方法也许要花费数十年时间，但它看起来正在迫近。"

不过我们还是需要适时地泼泼冷水，美国人工智能科学家库兹韦尔口中谈到的"奇点"似乎是在临近(奇点是指人工智能能够创造比自己更聪明的人工智能的时刻，或者迅猛进化的人工智能最终会远远超越人类智能从而导致无法预测的社会变化的时刻)，那是因为过去30年来我们人类已经造出了一些极其强大的智能程序。深蓝在国际象棋中击败了卡斯帕罗夫；沃森击败了闻名美国的电视问答游戏《危险边缘》的常胜冠军；利用深度学习、强化学习和蒙特卡洛方法，阿尔法狗击败了当时世界上最好的围棋选手李世石。但人类在人工智能领域所取得的所有这些成功都是局部的、有限的，这些貌似强大的程序，阿尔法狗、深蓝和沃森都是单方面且专业化的，只会把一件事做到极致。阿尔法狗、深蓝和沃森都不能完成不同类的任务，既会下围棋又会下象棋还能参加《危险边缘》，它们对于不属于自己的领域甚至连入门级的水准都没有。它们行事狭隘，根本不能举一反三。虽然通用算法AlphaZero以及其升级版MuZero已经有了成功的跨领域实践经验，不但通吃了棋类游戏，在雅达利的各类游戏上也取得了重大突破，但还远远达不到所谓的通用人工智能。根据定义，通用人工智能是一种能在各个领域领先人脑的人工智能，特别是它必须有自主学习和改进自身的能力。

显然以人类目前的水平还创造不了通用人工智能——可以解决多种不同领域问题的学习机器。瓦普尼克指出现在的学习机器更多的还是在使用蛮力，他在俄罗斯最大的搜索引擎公司燕基可斯的大会上发表了讲话，提出的最核心观点还是援引了爱因斯坦关于上帝的隐喻。简单地说，瓦普尼克假设了一个理论：想法和直觉要么来自上帝，要么出自魔鬼。区别在于，上帝是智慧的，而魔鬼往往不是。在作为数学家和机器学习研究者和践行者的生涯中，瓦普尼克得出了一个结论：魔鬼往往来自蛮力。进一步说，如果承认深度学习系统在解决问题时不可思议的表现，那么大数据和深度学习都有某种蛮力的味道。他说道："小孩子在学习时不需要几亿的标签样本。虽然大量的带有标签的数据会使得学习变得容易，但如果依赖这样的方法，我们就错失了自然界中关于学习的基本原理。也许，真正的学习只需要数百样本，而我们现在却是依赖非常大的数据量才能完成学习。如果我们不去探寻学习的本质，那就是屈从于懒惰。我们现在的深度学习并非科学。确切地说，机器学习的核心任务是理解计算本身，而现在的方法却有所背离。这就好比任务是制造小提琴，而我们扮演的角色不过是小提琴演奏者，虽然也能创作美妙的音乐，也有演奏的直觉，但我们并不知道小提琴如何创造出音乐。"我们目前最顶尖的科研成果离通用人工智能确实还很遥远，理想中真正的通用智能能四两拨千斤，无须很生猛的蛮力就能在没有老师的情况下灵巧地自主学习，拥有足够的智慧，对自己感兴趣的内容进行有选择性地学习，不管是下棋，还是研究自己。

说够了人工智能的理性层面，让我们来看人工智能的感性层面。

"曲别针制造机"是哲学家波斯特伦于2003年提出的一个思想实验。它描述了一个人工智能,这个人工智能的效用函数为制造尽可能多的曲别针。换而言之,它的终极目的是制造曲别针这个看似无害的目标,并且它对人类没有特殊的情感。但是,这样一个看上去无害的人工智能却很有可能对人类造成威胁。无论目的为何,人工智能总是会选择相同的手段来更加有效地达成自己的目标:保证自身的存续,自我改进,以及获取更多资源。于是这个专做曲别针的人工智能在老老实实做了一段时间的曲别针之后,就会以指数级的速度用周围的资源增强自己,直到它将全宇宙的资源纳入自己的系统中,并将所有的资源全部做成曲别针为止。即使不考虑这种极端情况,曲别针制造机也很可能会把人类的生活必需品甚至人类都收集来做曲别针,从而威胁到人类的生存。因此,波斯特伦认为,我们对人工智能的设计,仅仅停留在"没有特殊情感"是不够的,程序员必须明确地给人工智能赋予人类的基本价值观,这里情感计算和对伦理知识的学习至关重要。今后无论通用人工智能能否成为现实,人类都需要小心为妙[14]。

注　释

注1: 异或问题的解决

利用多层感知机结构,连接多个神经元就可以处理异或问题。使用一个两层神经网络就可以记忆异或运算。可行方案如下图所示,f_1 使用阶梯函数(输入大于等于0,则输出1,否则输出0)。

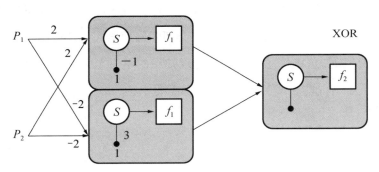

图 11-29　多层感知机处理异或问题

网络接收两个输入 P_1 和 P_2,第一层上侧的神经元有净输入:$2 \times P_1 + 2 \times P_2 - 1$。它的净输入/输出与 P_1、P_2 的关系如表11-1所示

表11-1　上侧神经元净输入/输出与 P_1、P_2 的关系

P_1＼P_2	0		1	
0	−1	step(−1)=0	1	step(1)=1
1	1	step(1)=1	3	step(3)=1

实际上,这个神经元对输出结果做了如图11-30所示的划分。

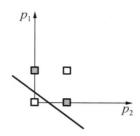

图 11-30　上侧神经元的划分

如图 11-31 所示为第一层下侧的神经元,有净输入:$-2 \times P_1-2 \times P_2+3$。它的净输入/输出与 P_1、P_2 的关系如表 11-2 所示。

表11-2　下侧神经元净输入/输出与 P_1、P_2 的关系

P_1 ＼ P_2	0	1
0	3　step(3)=1	1　step(1)=1
1	1　step(1)=1	−1　step(−1)=0

因此,下侧神经元对数据进行了如图 11-31 所示的划分。

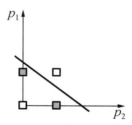

图 11-31　下侧神经元的划分

最后由输出神经元对两个神经元的数据进行整合,这里使用逻辑与操作,得到图 11-32 所示的正确的异或运算的划分。

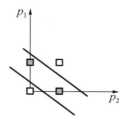

图 11-32　正确的异或运算划分

具体的工作过程如下：上侧神经元净输入 $2 \times P_1 + 2 \times P_2 - 1$，下侧神经元净输入 $-2 \times P_1 - 2 \times P_2 + 3$，查表可知：

$P_1 = 0$，$P_2 = 0$ 时输出：0and1=0。

$P_1 = 0$，$P_2 = 1$ 时输出：1and1=1。

$P_1 = 1$，$P_2 = 0$ 时输出：1and1=1。

$P_1 = 1$，$P_2 = 1$ 时输出：1and0=0。

所以，使用两层感知机就成功解决了异或问题[15]。

注2：

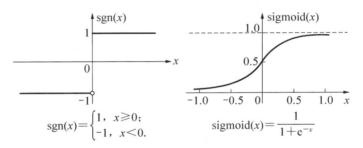

图 11-33　激活函数的 sgn 函数和 sigmoid 函数

辛顿用了不同于sgn函数的sigmoid函数作为激活函数，激活函数的符号函数sgn比较容易理解。当信号大于某个阈值的时候输出1，反之输出0，但由于其不连续、不光滑等数学性质，所以过去很少使用。

激活函数的sigmoid函数能够把输入的连续实值压缩到0到1之间。但计算量大，收敛缓慢。sigmoid函数在输入的绝对值非常大的时候会出现饱和现象，意味着函数会变得很平并且对输入的微小改变会变得不敏感。

注3：

"感受野"这个概念是20世纪30年代哈特兰提出的，他发现对于视网膜的某个神经节细胞来说，并不是所有落在视网膜上的光刺激都会改变其神经脉冲发放模式，只有落在视网膜上一定区域的适当刺激才会影响它的活动，视网膜上的这个区域就叫作该神经节细胞的感受野[16]。

注4：

激活函数ReLu相对于sigmoid函数来说收敛速度较快。ReLu激活函数是一种分段线性激活函数。它的提出者发现，在神经网络结构设计的几个不同因素中"使用ReLu激活函数是提高识别系统性能的最重要的唯一因素"。当神经网络比较小的时候，sigmoid表现很好，所以在神经网络早期，人们认为必须完全避免不可导点的激活函数，但后来发现ReLu激活函数效果更好，这也是目前最广泛使用的激活函数。

参 考 文 献

[1] 弗拉基米尔.统计学习理论的本质[M].张学工,译.北京:清华大学出版社,2000.

[2] 李航.统计学习方法[M].北京:清华大学出版社,2012.

[3] 张学工.关于统计学习理论与支持向量机[J].自动化学报,2000,26(1):11.

[4] 刘韩.人工智能简史[M].北京:人民邮电出版社,2018.

[5] CHRISTOPHER J. A Tutorial on Support Vector Machines For Pattern Recognition[J]. Data Mining and Knowledge Discovery, 1998, 2 (2).

[6] CSDN. Geoffrey Hinton 是这个人,一步步把"深度学习"从边缘课题变成 Google 等网络巨头仰赖的核心技术[EB/OL].(2015-04-14)[2020-03-30]. https://blog.csdn.net/hdanbang/artic le/details/45042071.

[7] 诸葛越,葫芦娃.百面机器学习[M].北京:人民邮电出版社,2018.

[8] 与非网.神经网络如何改变谷歌翻译? 一文详细解读谷歌大脑新智元[EB/OL].(2016-12-16)[2020-03-30].https://www.eefocus.com/component/374394.

[9] 兰茨.机器学习与R语言[M].李洪成,许金炜,李舰,译.北京:机械工业出版社,2015.

[10] 山下隆义.图解深度学习[M].张弥,译.北京:人民邮电出版社,2018.

[11] 沙莱夫-施瓦茨,本-戴维.深入理解机器学习[M].张文生,译.北京:机械工业出版社,2016.

[12]本希奥.AI崛起——深度学习:人工智能的复兴[J].马骁骁,封举富,译.环球科学,2016(7): 8.

[13]ALXEANDER G, AZOURY K S, VAPNIK V. Learning by Transduction [C].Proceedings of the Fourteenth Conference on Uncertainty in Artificial Intelligence. San Francisco: Morgan Kaufmann Publishers Inc., 1998: 148-155.

[14]antares.只有曲别针的世界[EB/OL].(2017−10−23)[20202-4-7]. https:// zhulan.zhihu.com/p/30370844.

[15]吴岸城.神经网络与深度学习[M].北京:电子工业出版社,2016.

[16]顾凡及.脑科学的故事[M].上海:上海科学技术出版社,2011.

第 12 章

谷 歌式
大数据分析

做正确的事。

——谷歌公司

∞

百年以前,爱因斯坦将人类的知识带到了新的高度,而今天,正当人们苦苦寻找下一个爱因斯坦时,情况已经悄悄地发生了改变。这是一个全新的时代,出乎许多人的意料,当今的科学发现已经开始由机器来实现。这位大数据时代的先行者,这位旷世奇才,正是谷歌搜索引擎!它还衍生出了一系列软件。被称为"大数据"的技术已经进入了我们日常生活的方方面面,电子商务解决我们的衣、食,3D地图、打车软件解决我们的出行,甚至还有找寻最适合自己的工作,乃至在茫茫人海中组建起家庭。

在爱因斯坦那个年代,思想实验、美妙的直觉、用数学构建理论、最终用实验验证是普遍的科学研究方法。而今天,接替的是那些夜以继日对海量数据进行分析的运算程序。科研的大数据时代已经到来,无论哪个学科的科学家都十分依赖这个最高效的搜

图 12-1 2008 年 RSA 大会上陈列的谷歌搜索设备

索引擎，它甚至已经成为科学研究最强大的"引擎"之一！从某种意义上来说，它就是当今的爱因斯坦，而它的智慧源泉就是对海量数据的处理。

我们只需用谷歌引擎搜索一次，就能感受到它的威力所在。在不到0.1秒的时间内，它将从每天处理的超过20PB(皮字节，相当于20座法国国家图书馆的信息量)数据中挑选出和搜索请求最为匹配的信息。如此高效，依靠的是在巨大的数据库内对相关信息间可能联系的高速自动分析。专门为此设计的算法，以及由成千上万台计算机组成的规模庞大的服务器"巨阵"是这一能力的保障。

必须从信息量角度来领会这一现象的重要意义。20世纪90年代

图 12-2　谷歌的第一台服务器

初，硬盘的容量级别为"MB"(10^6次字节)。进入21世纪，硬盘大小开始以"GB"(10^9次字节)计算，目前达到了"TB"级别(10^{12}次字节)，而谷歌系统早已迈入"PB"(10^{15}次字节)时代。因此，信息量空前爆炸。到了2015年，在这一年内由人类产生的数据总量就突破了44亿TB，随后每两年这个数字就会翻一番。随着获取信息的途径变得越发便捷，信息疯狂加速使得人类进入了"大数据"的新纪元，一个被信息洪水淹没的时代[1]。

12.1
大数据确切指什么

　　大数据的新纪元革命正在进行中,大数据确切指什么呢? 难道就是指信息量大吗? 让我们来看看专家们对大数据的一些定义。

　　麦肯锡咨询公司是研究大数据的先驱。在其报告《大数据:创新、竞争和生产力的下一个前沿》中给出的大数据定义是:"大数据指的是大小超出常规的数据库工具获取、存储、管理和分析能力的数据集。但它同时强调,并不是说一定要超过特定TB值的数据集才能算是大数据。"

　　国际数据公司(IDC)从大数据的四个特征来定义,即海量的数据规模(Volume)、快速的数据流转和动态的数据体系(Velocity)、多样的数据类型(Variety)、巨大的数据价值(Value)。

　　亚马逊的大数据科学家劳萨给出了一个简单的定义:"大数据是任何超过了一台计算机处理能力的数据量。"

　　维基百科中只有短短的一句话:"巨量资料,或称大数据,指的是所涉及的资料量规模巨

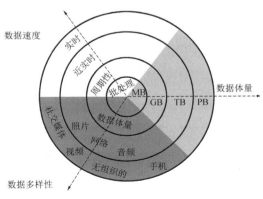

图 12-3　大数据增长的体量、速度和多样性的首要特征

大到无法通过目前主流软件工具，在合理时间内达到撷取、管理、处理并整理成为帮助企业经营决策更积极目的的资讯"。

所以看来大数据是一个宽泛的概念，见仁见智。上面几个定义，无一例外地都突出了"大"字。诚然"大"是大数据的一个重要特征，但远远不是全部。《大数据时代的历史机遇》一书的作者赵国栋在调研多个行业后，给出了自己的定义：大数据是"在多样的或者大量数据中，迅速获取信息的能力"。前面几个定义都是从大数据本身出发，而这个定义更关注大数据的功用：它能帮助大家干什么？在这个定义中，重心是"能力"。大数据的核心能力，是发现规律和预测未来[2]。

12.2

大数据的统计限制
"邦弗朗尼原理"

　　大数据的能力毋庸置疑,但任何事物都有其边界,大数据亦是如此,它摆脱不了统计限制——邦弗朗尼原理。这个原理提醒我们,不要将随机出现看成是真正出现,统计学的世界和我们真实的世界还是有不小的差距!来看下面《大数据》一书中说明邦弗朗尼原理的例子。

　　恐怖主义现如今已经成为威胁世界和平的最主要因素,为了追踪恐怖活动,任何国家都需要整体情报预警,通过一系列数据进行定位,这些数据包括信用卡收据、酒店记录、旅行数据以及许多其他类型的情报。假设我们确信在某个地方有一群恶人,目标是把他们揪出来。再假定我们有理由相信,这些恶人会定期在某个宾馆聚会来商讨他们的作恶计划。为限定问题的规模,我们再给出如下假设:

　　(1)恶人数目可能有10亿;

　　(2)每个人每100天当中会有一天去宾馆;

　　(3)一个宾馆最多容纳100个人。因此,100 000个宾馆已足够容纳10亿人中的1%在某个给定的日子入住宾馆;

　　(4)我们将对1000天的宾馆入住记录进行核查。

　　为了在上述数据中发现恶人的踪迹,我们可以找出那些在两个不同日子入住同一宾馆的人。但是假设并没有恶人，也就是说，给定某一天，对每个人来说，他们都是随机地确定是否去宾馆(概率为0.01)，然后又是随机地从10^5个宾馆中选择一个。从上述数据中，我们能否推断出某两个人可能是恶人？

接下来我们做个简单的近似计算。给定某天，任意两个人都决定去宾馆的概率为0.0001，而他们入住同一宾馆的概率应该在0.0001基础上除以10^5(宾馆的数量)。因此，在给定某天的情况下，两个人同时入住同一宾馆的概率是10^{-9}。而在任意给定的不同的两个日子，两人入住同一宾馆的概率就是10^{-9}的平方，即10^{-18}。需要指出的是，上述推理中只需要两人两次中每次住的宾馆相同即可，并不需要两次都是同一家宾馆。

基于上述计算，我们必须要考虑到底事件出现多少次才意味着作恶事件的发生。上例中，"事件"的含义是指"两个人在两天中的每一天入住相同宾馆"。为简化数字运算，对于较大的n，从n中选择2个的组合数大概等于$n^2/2$。下面我们都采用这个近似值。因此在10^9中的人员组对个数为$\binom{10^9}{2}=5\times10^{17}$，而在1000天内任意两天的组合个数为$\binom{1000}{2}=5\times10^5$。疑似作恶事件的期望数目应该是上述两者的乘积再乘上"两个人在两天中的每一天入住相同宾馆"的概率，结果为

$$5\times10^{17}\times5\times10^5\times10^{-18}=250\,000.$$

也就是说，大概有25万对人员看上去像恶人，即使他们根本不是。现在假定实际上只有10对人员是真正的恶人。警察局需要调查25万对人员来寻找他们。除了会侵犯近50

万无辜人们的生活外，所需的工作量非常大，以至于上述做法几乎是不可行的。

　　这告诉我们，如果统计结果显著高于你所希望找到的真实实例的数目，那么可以预期，寻找到的几乎任何事物都是臆造的，也就是说，它们是统计上出现的假象，而不是你寻找事件的凭证。上述观察现象是邦弗朗尼原理的非正式阐述[3]。

12.3

大数据时代重要的
思维——关联规则

在 100 多年前，大数据时代还远未降临时，人们就已经认识到"相关关系"的重要性。这个相关关系是达尔文的表弟高尔顿提出的。相关关系在第 4 章中我们也谈到过，所以这里不再做过多说明。但是在大数据时代还没到来时，相关关系没有被广泛应用，因为当时收集数据很麻烦，所以数据量也少[4]。1993 年阿格拉瓦等人首先提出关联规则概念，同时给出了相应的挖掘算法 AIS，但是性能较差。1994 年，阿格拉瓦和斯里坎特建立了项目集格空间理论，并利用上述两个方法提出了著名的先验算法，对于大数据解决商业和科学的许多大问题做出了重要贡献。那相关与关联有什么区别和联系呢？可以肯定的是，关联分析与经典的相关分析有所不同。关联分析也叫关联挖掘，它的含义更广泛，是指在关系数据库或其他类型的信息载体中，查找存在于项目集合或对象集合之间的频繁模式、相关性或因果结构。或者可以说，关联分析或关联挖掘是用来发现数据库中不同项之间的联系。

现在回想你上一次冲动性的购物，或许你正在超市等着结账，然后看到结账通道旁放置着口香糖和薄荷糖，就顺手买了两条；或许某个晚上，你被老婆遣往便利店买婴儿尿布和婴儿食品时，你顺带买了一瓶含咖啡因的饮料和一瓶啤酒；你甚至可能在你最喜欢的购书网站给你推荐了一本书后，一时兴起买了下来。总之，把口香糖和糖果放在购物通道，把啤酒放在尿布旁边，以及网上书店似乎知道哪本书会引起你的兴趣，这一切绝不是偶然发生的。在过去的几年中，这些所谓的"推荐系统"都是由专业营销人员、库存管理员或者店家的主观经验得来的。而如今，大数据分析已经被用于研究这些购买行为的模式。关联分析也通常被称为购物篮分析，那是因为这类分析

图 12-4　购物篮分析

一开始是在零售店普及的，而零售店的买家经常使用购物篮购物。关联分析的结论是最终给出一组商品之间关系的规则。一个典型的规则可以表述为：

$$\{花生酱, 果酱\} \rightarrow \{面包\}$$

这个关联规则用通俗的语言来说就是：如果购买了花生酱和果酱，那么也很有可能会买面包。大括号内的一件或几件商品组合表示它们构成一个集合，称为"项集"。

基于大数据和数据库科学背景下的研究，关联规则与前面章节中的算法不同，它不能用来分类或预测，但可以用于无监督的知识发现。因为关联规则学习是无监督的，所以不需要训练算法，也不需要提前标记数据。基于数据集就可以一边跑程序，一边等待令人感兴趣的关联规则出现。但问题是，实战中数据往往十分复杂，使得关联规则挖掘对于机器也很难办，比如如果零售商销售 100 种不同的商品，就会有 $2^{100}-1=1e+30$ 个项集需要评估，而这似乎是不可能完成的任务。可是我们注意到，现实中许多潜在的商品组合极少，如果有就在实践中去

发现,不用一个接一个地评估这些项集中的每个元素,比如超市里集合{花生酱,口红}是罕见的,可以忽略。但是通常为了减少需要搜索的项集数,我们需要一个极其简洁的先验信念:一个频繁项集的所有子集必须也是频繁的。

这就是先验算法的核心,通过这种敏锐的观察,显著地限制了搜索规则的次数。例如,集合{花生酱,口红}是频繁的,则{花生酱}和{口红}同时频繁发生。因此花生酱或口红中只要有一个是非频繁的,那么任意一个含有这项的集合都可以从搜索中排除。下面我们考虑一个简单的交易数据库。下表给出了在一个虚构的医院礼品店完成的5项交易的例子。

表12-1　一个虚拟的医院礼品的5项交易

交易号	购买的商品
1	{鲜花,慰问卡,苏打水}
2	{毛绒玩具熊,鲜花,气球,糖果}
3	{慰问卡,糖果,鲜花}
4	{毛绒玩具熊,气球,苏打水}
5	{鲜花,慰问卡,苏打水}

从这张表我们大概能猜出两种购买方式。探望生病的朋友或家人的人,往往会买一张慰问卡和鲜花,而探望刚生完孩子的母亲的人,会买毛绒玩具熊和气球。这个模式相当有趣,因为它们频繁出现。显然,项集{慰问卡,鲜花}的子集{慰问卡}和{鲜花}有一个是非频繁的,项集{慰问卡,鲜花}就不可能是频繁的。而先验算法使得机器以类似的方式来找出更大的交易数据库中的关联规则。这里,关联规则是否令人感兴趣还取决于两个统计量:支持度和置信度。

一个项集的支持度是指其在数据中出现的频率。例如,表12-1中项集{慰问卡,鲜花}在医院礼品店数据中的支持度为3/5=0.6。我们说:support(X)=count(X)/N,其中N表示数据库中的交易次数,count(X)表示项集X出现在交易中的次数$^{[5]}$。support(X, Y) = count$(X, Y)/N$。

规则的置信度是指该规则的准确度的度量。我们说：confidence$(X->Y)$=support(X, Y)/support(X).(注1)本质上，置信度表示交易中项集X的出现导致项集Y出现的比例。X导致Y的置信度与Y导致X的置信度是不一样的。例如，{鲜花}→{慰问卡}的置信度为0.6/0.8=0.75，而{慰问卡}→{鲜花}的置信度为0.6/0.6=1。这意味着涉及鲜花的一次购买中同时伴随着慰问卡购买的可能性是75%，而慰问卡的一次购买中同时购买鲜花的可能性是100%。这条信息对于该礼品店的经营或许会相当有用。有趣的是，其实这两个统计量就是大家熟悉的贝叶斯方法中的老面孔：

$$support(X, Y)=P(X \cap Y)$$
$$confidence(X->Y)=P(Y|X)$$
（注1）

让我们看看科学家们利用关联分析都得到了哪些成果？虽然下面科学家用的关联分析严格来说还不能等同于关联规则，但是两者都是研究统计关联的。首先听听化学家的声音。在化学家看来，大数据的世界就是一个巨大的试管，而通过数据操控就能够以惊人的速度模拟无数物质相互混合后可能产生的反应。2012年1月，这个虚拟实验室被英国圣安德鲁斯大学生物医药科学研究中心的一个研究团队利用，以探明某些治疗抑郁、咽炎、疟疾、高胆固醇疾病药物中的某些物质与一种药物副作用脂质贮积病(由于细胞过度生成和堆积油脂导致肝病、肾病及眼部疾病)之间的关系。他们不用在实验室进行实验，只需计算数据库中的数据，尤其美国庞大的有机小分子生物活性数据库中相关信息的统计关联。研究人员过滤了全部数据，只保留其中与脂质贮积病相关的关键词，并锁定241 145种化学物质。通过同一方法，他们在细胞里找到了1923种会和这些物质发生反应的分子。然后，用计算机组合这两组物质的相关信息(超过4.5亿种组合)，就化学分子与副作用间可能的统计关联建立图表。这为了解与治疗脂质贮积病提供了新的线索。不过，要确认这些关联的可靠性，最终还必须在真正的实验台上进行传统方式的实验。

再来听听生物学家怎么说。癌症的基因学研究存在一个问题——它搜集了大量肿瘤DNA信息。结构生物信息学家德雷吉指出："基因数据库的体量每18个月就翻一倍。"这正是大数据科研方法欢迎的，它已经在此获得了一个不小的发现：意外地探测出与大部分肝脏恶性肿瘤相关的4组基因。在这一探索中，靠蛮力对所有数据进行匹配，从而找出统计关联的大数据方法没有任何预设。研究的第一步是汇总所有可用信息，这可不是一件容易的事情。这种大范围的生物学研究产生了差异性极大的数据，它们被存储在数据库内，互不相干。为此，2007年成立的国际癌症基因组联盟目标将50类、共超过2.5万种肿瘤相关联的数据集合起来。2012年3月，3400种肿瘤数据已经上线，同时，还有来自同一个体的健康细胞以及癌细胞的两段编码DNA序列，这样就可以实现正常基因组和肿瘤细胞基因组之间的比对并找到其区别。法国居里研究所生物信息学家于佩说："我们借助算法寻找那些导致癌细胞生成的细微变异或DNA片段的位移。"于是我们就有可能在基因型和治疗方案间建立起联系……

图 12-5　PageRank 的卡通概念图，图中笑脸的
大小随着指向该笑脸的其他笑脸的数目增加而变大．

12.4

佩奇和布林创始
谷歌网页排名算法

大数据时代的起点——谷歌搜索引擎的创始基于网页排名（PageRank）算法，一种给搜索到的网页排序的方法。PageRank一词里的Page就是从谷歌创始人之一佩奇而来的，而Rank是排序的意思，代表了此算法的用途。谷歌另一位创始人是布林。

图 12-6 佩奇和布林

1979年，随着美国历史上最后的一波移民热潮，布林全家搬到了美国。来到美国后，布林的父亲在马里兰大学找到了一份数学教学工作。说来布林的生长环境令人羡慕，父母总是和他探讨数学、计算机等方面的学术话题。从小耳濡目染数学、计算机方面的前沿进展，布林显示出了与年龄不相称的天赋。他还特别喜欢电子学，年仅7岁时，布林就把他的小学数学老师吓了一跳，他告知老师如何合理地实现电子计算机打印输出的方法。那个年代，计算机极其稀有，甚至连电视机都只有少数人拥有，所以很自然地，布林的老师听得云里雾里，不懂他天才学生的创意。到了高中时期，布林就读的学校很特别，有着厚达一米的墙，而且没有窗户，简直就像被关在牢里。布林就在这样压抑的环境下埋头苦读，毕业后进入了他父亲任教的马里兰大学数学系，由于本科时期突出的表现，布林在马里兰取得数学学士学位后获得了斯坦福大学的入学名额和奖学金，那时他才19岁。

如果说，哈佛大学与耶鲁大学代表着美国古典的人文精神，那么，斯坦福则代表了美国新世纪的科技精神，为云集科技精英的硅谷的形成和崛起奠定了坚实的基础。斯坦福大学和业界商界的高科技集团、企业保持着密切的合作关系。

布林后来参加了斯坦福博士研究生入学考试，他考出了十门功课都居于前列的优异成绩。他性格乐观外向，不是只会读书的书呆子，擅长和教授们合作，也尽情地享受各种体育活动和社交活动带给他的乐趣。在斯坦福大学就读期间，这位数学才子星光熠熠。

佩奇出生在芝加哥，他的父亲也是一位大学教授，在密歇根州立大学的计算机系任职。佩奇后来回忆时说，他从事计算机行业主要是父亲的功劳。6岁时，佩奇第一次摸计算机就立刻喜欢上了它，父亲随即把这台个人电脑送给了他。上小学时，和布林相似，当他做完自己的第一份家庭作业后，也没有直接把手写的作业交给老师，而是用电脑打印出来，老师们都惊呆了。佩奇后来和布林一样，在他父亲就职的大学获得了本科学位，但他读的不是数学，而是计算机工程学。在斯坦福大学读研之前，佩奇曾经用乐高积木搭建了一款新颖的喷墨打印机，同时也可以用来绘图。

　　1995年春天的一个周末，学校老师拜托布林学长带刚在研究生院报到的新生佩奇参观校园。布林那时已经加入了IT社团，也基本跟上了斯坦福大学的学习生活节奏。作为学长当然要带带自己的学

图 12-7　布林和佩奇

弟，谁知第一次碰面，两个孤高的天才旗鼓相当，十分投机可又唇枪舌剑。也许是因为都有犹太血统，他们生来就喜欢挑战个人极限，喜欢向对方发问、喜欢捍卫原则、喜欢深究问题、喜欢交流各自的观点。这种辩论经常是没有结果的，但是有时候当这种思辨上升到某个程度，它就会激发出灵感。两位天才珍视这样的智力比拼，并打心底里尊重对方，因此发展出了经久不衰的友谊。这段伟大友谊的价值，正如帕卡德和休利特之于惠普，乔布斯和沃孜尼亚克之于苹果，或者盖茨和埃伦之于微软。

　　两位天才来到斯坦福是为了拿到博士学位，而不是变得有钱，可是他们周围的世界却在发生着翻天覆地的变化。1995年，一家名为"网景"的公司成立刚一年又四个月，它的股票就上市了，价格是每股28美元。奇迹般的是，第一天它的股价最高时飙升到每股75美元！网景公司一夜暴富，市值一下子突破30亿美元。这真的是一股新的淘金热，网景公司的奇迹昭示了一个新的时代——互联网时代在硅谷正式被开启。而网景公司使得整个斯坦福计算机系都充满了美元的气息，新的机遇正暗伏在斯坦福大学的每个角落里。布林和佩奇面对新的形势跃跃欲试，他们真的要放弃他们家族式的学术信仰了吗？

　　20世纪90年代中期，互联网就像当年的美国西部，缺少管理制度，缺少游戏规则。数百万人登上互联网，在地址栏中输入网址冲浪，用

电子邮件相互联系。但是在许多乱哄哄的网站中，你根本没办法搜索出自己想要的结果[6]。在当时信息检索领域有两个现成的标准——查准和查全，显然这两个标准是从不同角度来衡量搜索引擎好坏的。当时的搜索引擎比如Alta Vista对查准率没什么办法，解决的是查全率的问题，佩奇和布林就此选定了查准率这个课题做研究。

那时整个学术界和工业界对搜索查准率的研究局限在图书馆文献检索的方法中，虽然一些研究网络的学者看到了网页和网页之间的相互联系，但是出于习惯性思维，仍只是用已有的方法修修补补，因此效果并不好。然而，佩奇和布林本来就不是研究文献检索出身的，没有那些条条框框的束缚，对如何搜索互联网网页的问题有一个全新的角度。《浪潮之巅》的作者吴军当时问佩奇怎么会想到网页排名的。佩奇回忆到："当时我们觉得整个互联网就像一张大的图，每个网站就像一个节点，而每个网页的链接就像一个弧。我想，互联网可以用一个图或矩阵描述，我也许可以用这个发现做博士论文。"[7]然后他们一起投入研究，最终发明了网页排名算法。

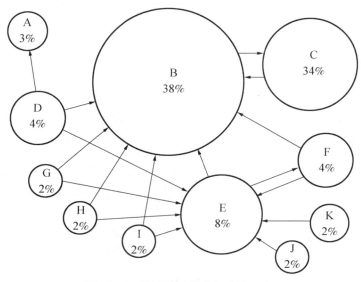

图 12-8　说明网络排名概念的图表

网页排名算法的核心思想就是：如果一个网页被其他重要的页面所指向，那它就是重要的。用两位发明人的一个简单的求和公式来说明，某个页面 P_i 的网页排名记为 $r(P_i)$，则

$$r(P_i) = \sum_{P_j \in B_{P_i}} \frac{r(P_j)}{|P_j|} \qquad (1)$$

它原是所有指向 P_i 的页面的网页排名之和，而用于调整这个和的 $|P_j|$ 是由 P_j 发出的出链数量。我们可以这样来理解这个式子：首先由我的主页指向你的主页的超链接就是我对你的主页的一种认可。因此，具有更多推荐(由入链所体现)的页面肯定比只有少数入链的页面更为重要。但是，类似于文献引用或推荐信等其他推荐系统，推荐者本身的地位也同样重要。例如，马云的个人推荐可能在应征职位时比 20 个毫不出名的教师或同事的 20 封推荐信更加管用。但另一方面，如果面试官知道马云在夸赞雇员方面相当随意而慷慨，而且他这辈子已经写了超过 40000 封推荐信的话，那么他的推荐的权重就会猛然下降。因此，那些几乎不加区分地进行推荐的推荐人，代表其地位的权重必须被调低。实际上，每个推荐的权重都应当由该推荐者所做出的推荐总数加以调节，而式子中除以 $|P_j|$ 就是缘于此想法。还有一个问题，入链至页面 P_i 的那些页面的网页排名值 $r(P_i)$ 是未知的。布林和佩奇使用迭代来绕开这个问题，即假设在开始时，所有页面都具有相等的网页排名值，即 $1/n$，n 是谷歌的万维网索引中页面的数量。这样就可以根据公式来计算索引中每个页面 P_i 的 $r(P_i)$ 值了。这里，我们修改一下公式 (1)，得出此公式的迭代式，即

$$r_{k+1}(P_i) = \sum_{P_j \in B_{P_i}} \frac{r_k(P_j)}{|P_j|} \qquad (2)$$

如果将此公式应用于图 12-9 的微型网络，就会在几个循环以后给出下表所示的网页排名值。

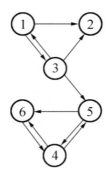

图 12-9　具有 6 个页面的有向网络图

表12-2　在图上应用公式（2）的最初几次循环结果

迭代0	迭代1	迭代2	迭代2时的排名
$r_0(P_1)=1/6$	$r_1(P_1)=1/18$	$r_2(P_1)=1/36$	5
$r_0(P_2)=1/6$	$r_1(P_2)=5/36$	$r_2(P_2)=1/18$	4
$r_0(P_3)=1/6$	$r_1(P_3)=1/12$	$r_2(P_3)=1/36$	5
$r_0(P_4)=1/6$	$r_1(P_4)=1/4$	$r_2(P_4)=17/72$	1
$r_0(P_5)=1/6$	$r_1(P_5)=5/36$	$r_2(P_5)=11/72$	3
$r_0(P_6)=1/6$	$r_1(P_6)=1/6$	$r_2(P_6)=14/72$	2

现在我们要用代数工具简化上面的计算过程，再次考虑上图中的微型网络图。该图的矩阵为

$$H = \begin{array}{c} \\ P_1 \\ P_2 \\ P_3 \\ P_4 \\ P_5 \\ P_6 \end{array} \begin{array}{cccccc} P_1 & P_2 & P_3 & P_4 & P_5 & P_6 \\ \left[\begin{array}{cccccc} 0 & 1/2 & 1/2 & 0 & 0 & 0 \\ 0 & 0 & 0 & 0 & 0 & 0 \\ 1/3 & 1/3 & 0 & 0 & 1/3 & 0 \\ 0 & 0 & 0 & 0 & 1/2 & 1/2 \\ 0 & 0 & 0 & 1/2 & 0 & 1/2 \\ 0 & 0 & 0 & 1 & 0 & 0 \end{array}\right] \end{array}$$

矩阵中，第i行的非零元素对应于页面i的出链，而第i列的非零元素对应于页面i的入链。我们引入一个行向量$\pi^{(k)\mathrm{T}}$，它表示第k次循环时的网页排名向量，使用这一矩阵表示，我们可以得到一个简洁的

方程

$$\pi^{(k+1)\text{T}}=\pi^{(k)\text{T}}H \qquad 方程1$$

如果读者感兴趣的话,可以用上面的矩阵来验证这个方程给出的迭代结果和公式(2)给出的结果是否一致。

布林和佩奇最初利用 $1/ne^{\text{T}}$ 来开始迭代过程,其中 e^{T} 是一个所有元素均为1的全1行向量,在使用这个初始向量来执行方程1时,他们立刻遇到了几个问题。比方说悬挂结点,如图12-9中节点4、5和6形成的团簇一旦进入便难以跳出来,而万维网上的悬挂结点可是够多的,这些结点包括PDF文件、图像文件、数据表等等。为了弥补这一缺陷,布林和佩奇定义了他们的第一个调整,将 H 中的0行替换成 $1/ne^{\text{T}}$,从而使 H 成为随机矩阵。如此一来,随机的上网者如果进入了一个悬挂结点,便能够随机地链接到任意页面。这样的矩阵称为 S 的随机矩阵,也就是将原来的矩阵改成为下面的矩阵,你注意到1/6那行了吗?

$$S = \begin{bmatrix} 0 & 1/2 & 1/2 & 0 & 0 & 0 \\ 1/6 & 1/6 & 1/6 & 1/6 & 1/6 & 1/6 \\ 1/3 & 1/3 & 0 & 0 & 1/3 & 0 \\ 0 & 0 & 0 & 0 & 1/2 & 1/2 \\ 0 & 0 & 0 & 1/2 & 0 & 1/2 \\ 0 & 0 & 0 & 1 & 0 & 0 \end{bmatrix}$$

将这个随机性调整以数学形式写出来,即

$$S=H+a(1/ne^{\text{T}}) \qquad 方程2$$

其中,若页面 i 为悬挂结点,则 $a_i=1$,否则 $a_i=0$,二值向量 a 称为悬挂结点向量。

但是人们在上网的时候不一定都是点击超链接,在感觉无聊寻求变化的时候,也会在浏览器的URL地址栏中输入一个新的地址。当这种情况发生时,随机上网的人被"瞬间传送"到一个新的页面,并由此继续点击链接来浏览,直至下一次跳转。为了对这一行为建模,布林和佩奇构建了一个新的矩阵G，如下：

$$G=\alpha S+(1-\alpha)1/nee^{\mathrm{T}} \qquad \text{方程3}$$

式中，α是一个0到1之内的标量。G被称为谷歌矩阵。在这个模型中，α控制了随机上网者点击超链接访问的次数相对于发生跳转的次数的比例。假设$\alpha=0.6$，则在60%的时间里，该访问者根据万维网的超链接结构进行浏览，而在其余40%的时间里，他将跳转到一个随机新页面。$E=1/nee^{\mathrm{T}}$是跳转矩阵[8]。这就出现了一个美丽的方程：

$$\pi^{\mathrm{T}}=\pi^{\mathrm{T}}[\ \alpha S+(1-\alpha)E\ ] \qquad \text{方程4}$$

这是谷歌PageRank的终极精髓！（注2）有趣的是，其实可见PageRank算法可以被解释为是基于马尔科夫链的，也是大家熟悉的随机过程中的老面孔了。

1998年的秋天，佩奇和布林开始创业，当时一个25岁一个24岁，正是精力旺盛的年纪。公司当时的主营业务就是互联网搜索，当然其仰仗的就是网页排名算法。虽然对商业领域一无所知，但布林得到了一位学长的支援，获得了10万美元。布林和佩奇用这笔钱租下了朋友的一个车库，从此开始了漫漫征途。两人给公司起名谷歌(Google)，含义来源于数量单位"古戈尔"(googol)，1×10^{100}，这个数字的大小已经超过宇宙中的所有基本粒子数。从公司的名字就可以看出他们野心不小。但万事开头难，公司初创员工就只有一名首席技术官——希尔维斯通。不久，他们三人勤勉地工作换来了小小的成就：刚搭建起来的谷歌搜索引擎每天累积点击量达到一万次，成了媒体关注的新星。1999年的夏天，谷歌又获得两家风投公司的2500万美元，从此进入一个崭新的大发展时期。

12.5
谷歌的广告算法

在大的经营方向确定后,谷歌公司需要找到具体挣钱的商业模式。经过一段时间的摸索,搜索广告渐渐进入了佩奇的视野。在谷歌之前,Overture(它的前身是GoTo,后来被雅虎收购)已经开始尝试将搜索结果按网站付费的高低进行排名,并且获得了相当的成功。具体说来,Overture的盈利靠广告商对搜索关键词进行投标,当用户查询该关键词时,所

图 12-10　谷歌广告的标志

有对该关键词投标的广告商的链接会按照出价的高低显示出来。如果某个广告商的链接被点击,他就要为此点击向搜索引擎公司付费。谷歌向来看重网页排名要公平公正,直接采用Overture的做法从长远来讲可能会影响谷歌的声誉,于是他们找到了一个变通的办法,就是把付费广告安排在网页的其他地方,而对网页的排序保持客观准确性,这就是谷歌广告Adwords的来历。

Adwords系统在以下多个方面都超越了早期的系统,使得广告的选择更加复杂:

(1)对于每条查询,谷歌显示的广告数目有限。因此,与Overture

针对某个关键词只是简单地将广告进行排序不同,谷歌必须要确定显示哪些广告,并且还要考虑广告的显示顺序。

(2) Adwords系统会确定一个预期估算,也就是广告商愿意为自己的广告在一个月内的所有点击支付的费用。

(3) 对于每条广告,谷歌会统计它的点击率。最终,广告商愿意出的费用和点击率的乘积就告诉我们一条广告值多少钱。这就是按每条广告的期望收益来排序。

在这一系统的运作中,用到了被称为"在线算法"的技术,这类技术中通常包含一个被称为"贪心算法"及其变种"均衡算法"的方法,感兴趣的读者可以阅读文献[3]。

12.6

谷歌云计算之 *MapReduce*算法

　　IT界最棒的搭档、最好的结对编程推行者格玛沃尔特与狄恩，于2003年一起推动了谷歌自创建以来最大范围的一次升级。他们所使用的工具就是后来大名鼎鼎的MapReduce。当时谷歌的索引器和爬虫已经经历过两次重写，这次升级来源于他们第三次重写时产生的灵感。他们察觉到，每次搞定一个关键问题，所牵涉的无数同时运行的计算机都是广布在各地而且性能可能还不太稳定可靠。所以，要一次性解决这样的问题必须要创建一款新的工具，使得谷歌公司的每一位程序员都能够使用到数据中心的计算机，从某个角度来看其实也就是将谷歌公司的所有基础设施连接起来做成一台庞大无比的整体计算机。

　　1968年夏天，狄恩出生于夏威夷。他的父亲是一位医学家，主要从事热带病的研究工作；母亲也是一名医学工作者，难得的是她还是一位语言天才，通晓六国语言。父子两人都对计算机十分感兴趣，不仅一起编程，还深入研究一台IMSAI 8080计算机的硬件构造。他

图 12-11　狄恩

在念高中时，为了帮助父亲的工作编写了一款数据收集器，取名为Epi Info。这一工具是专为流行病学家在野外工作而打造的，后来成了那个圈子内的标准配置。在母亲的帮助下，这款收集器甚至还推出了十几种语言的版本，卖出了几十万份，获得了商业上的成功。

狄恩在读博士期间主要研究编译器，这是一种让计算机能够理解人类编写的高级语言的程序。谷歌公司工程部副总裁尤斯塔斯指出，"如果从乐趣出发，那么编译器本身非常无聊。"但编译器还有另一面，即编译器能够拉近人和机器的距离。在被要求说说狄恩时，格玛沃尔特一脸认真，并且用手指抵住太阳穴。"在你编写代码时，他会组织出一套模型。他会提醒：'这些代码的性能如何？'他几乎能够以半自动方式考虑所有可能出现的情况。"[9]

格玛沃尔特很晚才接触计算机，那是在1983年他17岁进入康奈尔大学之后。他出生于西拉斐特市，美国印第安纳州一个人口仅有2万的小城市，但却去了印度的柯塔，并且在那里长大。他的父亲是一位生物学家，主要研究植物。母亲负责照料格玛沃尔特和他的兄长们。格玛沃尔特的叔叔曾经买过一本福赛斯写的《豺狼之日》，这是一本旧书，书破破烂烂的要散架了，但几个孩子仍然小心翼翼地看完，还读得津津有味。格玛沃尔特的哥哥在纽约大学担任教授，他曾是哈佛商学院有历史记载的最年轻的终身教授，他在学生时代被老师同学们一致称为"全才"。格玛沃尔特表示自己从小就在哥哥面前很自卑。因此，他的性格也发展成了低调谦卑，这与狄恩很相像。2016年当他入选美国艺术和科学院时，他的父母根本不知道，是邻居们将此佳音传递给两个老人的。

进入麻省理工学院读研后，格玛沃尔特找到了一群意气相投的好朋友。但他很少和异性来往。正因为总是生活在自己的世界中，性格安静而且思虑深刻，他给别人的感觉是充满了神秘感。在麻省理工学院时他的导师是专攻复杂代码库管理的利斯科夫。在这位导师看来，代码如果写得好应该像是一篇精彩的文章。其中需要有一套悉心设计的结构，每个词都恰如其分并且整篇都没有废话。以这种方式编程的程序员显然需要很深厚的代码功底，不仅要达到目的，更要把一套代码看成艺术品。谷歌公司的早期员工也是首席技术官的希尔维斯通表示，"我认为他最擅长的是系统设计类工作。看到格玛沃尔特所编写的代码文件，你会发现这就如同一尊比例匀称的美丽雕像。"[9]

图 12-12　格玛沃尔特

　　今天的谷歌工程师们身处一个巨大而复杂的分级系统中。谷歌公司最底层的一级代表IT技术支持，二级为大学新生，三级则通常是硕士生。达到四级需要拥有博士学位，或者要经历多年的公司内部的实践。而第五级则是大部分员工的天花板。六级是公司前百分之十的骨干工程师，他们的能力和工作表现直接影响着公司日常项目的成败。六级工程师经过公司内部的长期实践可以升为七级。八级为工程师中的首席代表，他们的工作涉及公司的主要产品。九级是工程师里最杰出的了，其实已经是一种尊称。而十级更了不得，是院士级了，能获得谷歌院士头衔的都是全球计算机行业里的翘楚，而且这个院士头衔也是终身的。而格玛沃尔特与狄恩是公司一直以来唯二的十一级员工——谷歌高级院士，可以说是谷歌公司核心中的核心。

　　在谷歌公司，狄恩更出名一些。经常有人给狄恩写些段子，就像"狄恩能数到无穷大……而且数了两次""狄恩的简历只需要列出他没做过的事，因为这样篇幅更短"。可是从很多真正深入了解他们两个的人的口中我们得知，格玛沃尔特的才能不比狄恩差。曾经与两人都做过很久同事的威尔森说道:"狄恩非常善于提出疯狂的想法以及原型设计,而格玛沃尔特则是那种能够一路完成开发工作的人。"[9]在性格方面,狄恩相比格玛沃尔特来说更为外向,也反映到了写代码的风格上。狄恩编写的代码往往令人头昏眼花,那是因为他喜欢迅速描绘出令人惊讶的主意,但他思维速度之快之跳跃使得其他人往往无法理解。格玛沃尔特写的代码则按部就班非常亲和友好。

狄恩与格玛沃尔特在办公室的一角,一起写出了后来大名鼎鼎的MapReduce。MapReduce的意义可能在于把令人难解的复杂流程梳理得井井有条。在出现MapReduce之前,每一位写代码的人员都必须心里清楚要如何对数据进行切割与发放,把工作分派好,一旦硬件出了问题要自己动手处理。MapReduce做到了统一处理这类问题,这是一种把复杂流程分阶段求解的所谓结构化方法。使用MapReduce正如厨师对所要烹饪的食物分类,程序员自己也要将自己的任务分为两个阶段。首先是"Map"(映射)阶段(比如在一台计算机上分配某篇论文,统计出某个单词在这篇论文中出现的次数);接下来那就是"Reduce"(归约)阶段(比如将所有计算机上分配的所有论文中出现的某个单词数相加)。MapReduce可以解决这一系列工作的细节,我们只要定义好一个任务,就可以摆脱这些繁琐的过程,坐享其成。

狄恩与格玛沃尔特花了一年时间用MapReduce的形式重写了谷歌的索引器和爬虫。在谷歌公司内这一方法很快被普及,其他工程师也开始利用这一强大的工具做了许多有意思的事情,比如用各种方法处理图片、音频和视频。MapReduce的概念极其简单,用分布式的方法能够轻易解决各种任务,越来越多的程序员们利用MapReduce做数据挖掘,并且使得许多难题比如机器回答客户问题、自动查询数据库、机器翻译等逐渐成为可能。更重要的是,开发这些系统用的都是复杂度不高的机器学习算法。狄恩总结称,"即使是非常简单的技术,在配合大量数据之后,也能带来良好的效果。"[9]

　　谷歌的最高指导原则成为"数据、数据、还是数据"之后,谷歌凭借MapReduce更加灵活地在全球扩展其基础设施。更关键的一点是,狄恩与格玛沃尔特打造的这些技术可以让后来人也较为轻易地写出分布式代码,因为这些技术都是用智能化的手段管理起来的。谷歌公司依靠这些新技术在发展中占据了主动。

　　进入21世纪的第四个年头,狄恩与格玛沃尔特共同发表了一篇论文《MapReduce:对于大型集群简化处理数据》。这篇论文的出现堪称恰逢其时,让需要处理大量数据的生物遗传学家、药学家、天文学家和其他领域的科学家们有了新的工具,开创了所谓"云计算革命"。在"云计算革命"之前,自己只能通过搭建服务器系统来存储和处理大量数据。这离一般用户来说很遥远,因为自己搭建系统不仅需要大量

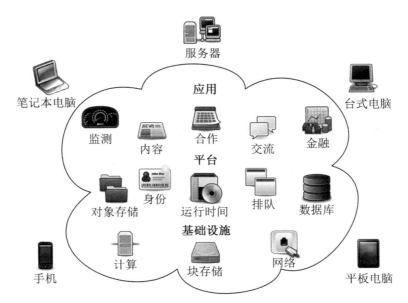

图 12-13　对于一名用户,由提供者提供的服务所代表的网络元素都是看不见的,仿佛被云掩盖

的前沿计算机知识,还需要很高的资金成本,谷歌云计算技术的出现使这一切发生了转变。所谓"云计算",是指在互联网上就可以让很多有需求的用户共享软硬件资源,提供给他们远程计算机等设备进行计算[10]。云计算是大数据得以实施的基础,而云计算的一个主要算法就是MapReduce。MapReduce算法最开始是被谷歌用来解决其核心业务——网页排名运算过程中进行的向量π和大矩阵H的乘法(注3)。

这个被称为MapReduce的工具,是将一个巨大型的任务分解为无数小任务,分派到不同服务器中完成分布式计算,然后再把每一台服务器上完成的小任务合并起来,达到最终完成大任务的目的。这也是当时谷歌的实际情况所致,谷歌当时需要超级计算机的性能,无奈只有大量廉价的服务器,为了降低成本,就把这些廉价服务器集成起来。由于这些服务器性能很差,谷歌在设计架构时就把对错误的容忍能力和并发处理能力思量得非常周到,因此后来大家使用这个系统就非常方便。

谷歌Borg是云计算管理资源的另一个重要工具。它的作用是把整个谷歌云端的服务器整体完全保存,然后动态分配这些资源给有需求的用户。比如某互联网公司的业务,之前是买250台2处理器、8GB的服务器,现在它只要向云计算公司申请500个CPU的计算量和2TB的内存,至于它用的是哪些服务器上的CPU和内存,用户不用关心,都是由Borg来分配。

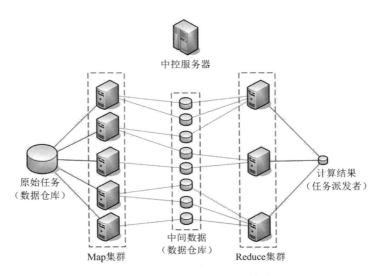

图 12-14　MapReduce 计算过程

12.7

云计算后谷歌
公司去向哪里

谷歌在推出云计算之后继续以一个单纯的搜索引擎为核心，围绕"信息整理"展开业务，逐渐成了为各个企业提供各种搜索服务的供应商，同时也是网络上最大的广告平台。谷歌开发了一系列产品，例如谷歌云端硬盘、谷歌浏览器、谷歌地图、谷歌社区、邮箱等，在整理各种信息的同时，使各个产品紧密合作。谷歌正在朝着它的最终或者说是最初的目标一步一步迈进，扩展信息的载体形式，让机器主动搜集、识别和分析信息。

2011年，当全世界都沉浸在云计算的神奇能力中时，狄恩却已开始了和吴恩达教授的秘密工作。吴恩达教授是来自斯坦福大学的人工智能科学家，当时在谷歌负责一个关于神经网络研究的项目。狄恩曾在本科时学习过神经网络，但那个年代的神经网络还很肤浅，没办法有效解决真实的非线性世界中的问题。不过，在吴恩达任职的斯坦福大学，研究员们发现把大量数据输入神经网络后，情况发生了变化，得到了振奋人心的结果。吴恩达看到了谷歌庞大的业务规模，认为在其支持下神经网络会变得无比强大。

狄恩对神经网络的理解自本科毕业后就再没有任何进展，于是有一阵子，他的妻子发现家里的卫生间中摆满了神经网络的课本。狄恩决定每天抽空认认真真地了解一下这个被称为"谷歌大脑"的项目。但是当时谷歌内部有很多工程师对这项技术持怀疑态度,尤斯塔斯觉得这简直就是在浪费时间。就连狄恩最亲密的好友格玛沃尔特也对他的行为表示无法理解,他认为狄恩在做无用功,没有专注于他的本职工作——管理基础设施。

一直到2018年,负责"谷歌大脑"项目的团队开发出分别用于图像识别和语音识别的不同神经网络模型,以及有着高准确率和高效率,用于机器翻译的神经网络模型。这些模型效果惊人,直接使得公司再一次更新了以往属于谷歌核心业务的网页排名和Adwords算法。"谷歌大脑"团队获得了极大的成功,成为这一领域内的最顶尖团队。加入谷歌快二十载的工程师克莱尔认为,狄恩扭转了乾坤,神经网络的研究由于他的加入,谷歌公司出现了历史性转机:"当时有人相信这项技术,也有人不信,但狄恩证明了它确实有效。"[9]

事实上规模化是人工智能的先决条件,而狄恩对这方面恰恰在行。他领导开发了TensorFlow项目,它是为人工智能的实施定制的方案。TensorFlow将大规模的子计算机看作巨大而统一的核心大脑,它能够更容易地将神经网络分发到许多台子计算机上。TensorFlow于2015年正式展现在世人面前,一举成为人工智能工程师的利器,AI领域的标准。谷歌的首席执行官皮查伊还自豪地宣布谷歌是一家"人工智能优先"的企业,而狄恩则掌握着公司内所有人工智能开发项目。近些年来谷歌的野心可以从推出的一系列产品看出——月球上用的勘探机器人、机器人军队、探测体味器、仿真肌肤、谷歌眼镜等。今年1月甚至还成立了区块链团队。

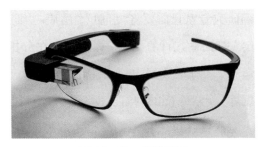

图 12-15 谷歌眼镜

12.8
"谷歌式"科技将
取代人类智慧吗

　　"谷歌式"科技时代的到来,是否敲响了人类智慧的丧钟? 提出这样的问题是因为和"大数据"相比,我们可怜的大脑似乎已被彻底超越。在物理学、化学、生物学、神经学、心理学等等各种科学领域,那种在大量驳杂的数据间寻找隐藏关联的能力不再依靠敏锐的大脑、强烈的直觉,而是基于不同算法所进行的不间断的、重复性的工作,它们不知疲倦地在成千上万的硬盘中进行着搜索,以寻找数据间的统计学关系,揭示世界各地服务器妥善记录的变量间隐藏的关联性。这不仅仅是新的研究工具,它彻底改变了科研的方式。(注4)

　　首先,科学工作的初始步骤不再是一个睿智的精确假设,以及与之相伴的、有可能提供佐证的实验思路或理论计算,它已经变成了一个只待输入计算机的搜索请求,由几个变量或是关键词构成。比如肝癌研究专家只需要将"肝脏""癌症""细胞膜""生长因子""酒精""年龄"等词输入计算机,靠算法程序在分担任务的成千上万台计算机上运行,从海量数据中(细胞特征数据库、基因片段数据库、公共卫生数据库)搜索匹配的内容。对任何一个科学家来说,以人力进行这样的大海捞针在过去是他们想也不敢想的事。这个无与伦比的运算机器,它的能力来自它对内容本身的无视。新发现依靠的是毫无技术含量的重复性计算，而不是科学家的敏锐思想。

谷歌式的科技不仅把科学家的思想排除在外，似乎也不再需要他们的手和眼。因为在大数据时代，似乎不再需要实验室仪器，不再需要培育细胞，不再需要排序基因，不再需要调节射电望远镜……不需要直接的感官和大自然接触，只需要我们盯着屏幕，这就是它和传统研究方法的第二个重大区别。

第三个突破更加凸显这个时代"去人类化"的特征：不仅不需要提前进行任何假设，不需要实验观测，而且研究完成后通常什么都不需要解释。因为统计分析在数据中自动找出的关联本身就已经说明问题了，例如揭示一组基因与某种疾病的关系。难道真要把人类对于理论的追求渐渐从科学蓝图中抹去？

这是经验主义的强势回归，经验主义推崇的正是这种纯粹的机器实验方法，甚至认为理论的抽象会让人产生理性高于一切的幻觉。经验主义者认为，不应去寻找超越现象本身的普遍性规律，从现象直接获得个别规则便已足矣。谷歌式科研的可怕之处在于它只预测却不解释，这种科学没有灵魂，不受约束，既没有要为之效力的假设，也不追求任何理论体系，它打算彻底摆脱对人类智慧的依赖吗？靠灵感的时代是否已经过去？实验也没有必要？理解事物本源的意愿也是多余？人类智慧的未来只剩制造效率更高的机器？且不要仓促下此结论。

首先，不论向大数据发出搜索请求这个步骤有多么不起眼，它依然是人类智慧的产物。这是在一些数据科学家看来尤其不能忽视的一点。事实上，对分析的预设和所选研究方法的思考才是至关重要的环节，科学思维永远离不开人类的"第一推动"，即使在进行大数据科研时，对数据的初步筛选同样基于某种既有的模型和假设，没人能在没有预设的前提下应对如此巨量的数据。

12.9

大数据对我们日常
生活的影响

最后，离开科研圈，让我们一起看一看生活中的"大数据"：新闻、教育、娱乐、书籍、居家、旅游、交友和广告的无尽海洋——从今以后的每一天每一小时每一分钟，这些你周围有意义或是无意义的数据都会将你席卷而去。谷歌执行董事施密特说："从人类起源到2003年人类生产生活中产生的数据总量是现在我们两天里就能达到的。"

过去十多年来，这场非同一般的知识革命正在颠覆政府、商界、医疗机构等几乎所有领域。计算机科学的进步已经使得人类整体获得了一同创造和分享数据的无穷无尽的能力，而这一切重塑着这个地球上人类的日常。科学家们一致认为，大数据这颗超新星接近爆发，而这一切却来得如此静悄悄但又如此真实，这或许正是我们这个时代最吸引人的地方。

想想风靡全球功能多样的微信，或是金融大数据，甚至是豆瓣和微博这样的社交网站，它们拉近了全球70亿人口的距离，连接人与人之间的各种纽带都更紧密了。所有这一切得以实现，得益于日益高级和廉价的信息技术。这一天已经来临，大数据的巨大威力已经渗透到日常生活中的方方面面。

你的智能手机里绝大部分的应用都仰仗着大数据。比如出行，用打车软件寻找就近的出租车，需要大量车与路的实时数据；比如就餐，用美食软件寻找一个离你现在位置最近的餐馆，需要大量餐馆数据和你的定位；比如购物，电商平台能够准确摸透你在不同节假日喜欢买的东西，这是因为他们拥有长期跟踪分析着你的消费习惯的数据。你的手机APP都使用了大数据，而这些技术在十年前是根本不可想象的。一直到现在最热的无人驾驶汽车、机器翻译等，大数据无疑成了逐渐迈向成熟的人工智能产业的支柱[11]。最后在我最心爱的体育领域，尤其是足球领域，分析一场比赛和平日里组织球队的方式也已经被大数据给彻底改变了。某些非球员出身的教练为什么如此成功，其仰仗的是团队里的数据分析师。球队的数据分析师的具体任务是将教练的战术布置，以及将对手的数据和战术比如在角球时的站位、在控球或无球状态下的跑位，以及本队球员在攻防时的跑位，利用数据可视化技术制作成图表和图片，以让球员们更容易消化这些信息。在现代体育中，数据分析师已经起到越来越突出的作用。

图 12-16　数据分析师在体育运动中运用大数据进行分析

注　释

注1：

先验算法分为二阶段：

1. 识别所有满足最小支持度阈值的项集，即频繁项集。

2. 根据满足最小置信度阈值的这些项集来创建规则。

第一阶段发生于多次迭代中，每次迭代都需要评估一组越来越大项集的支持度。例如迭代1需要评估一组1项集，迭代2评估2项集，以此类推。每个迭代i的结果是一组所有满足最小支持度阈值的i项集。

由迭代i得到的所有项集结合在一起以便生成候选项集，用于在迭代$i+1$中进行评估。但是先验算法核心原则可以在下一轮迭代开始之前消除一些项集。比如如果在迭代1中，$\{A\}$、$\{B\}$和$\{C\}$都是频繁的，而$\{D\}$不是频繁的，那么在迭代2中将只考虑$\{A, B\}$、$\{A, C\}$和$\{B, C\}$。因此，该算法只要评估3个项集，而如果包含D的项集没有事先剔除掉，那么就需要评估6个项集。

继续这个想法，假设在迭代2的过程中发现$\{A, B\}$和$\{B, C\}$是频繁的，而$\{A, C\}$不是频繁的，尽管迭代3通常会从评估$\{A, B, C\}$的支持度开始，但是这一步根本没有发生的必要。因为子集$\{A, C\}$不是频繁的，所以先验算法核心原则指出$\{A, B, C\}$绝不可能是频繁的。因此在迭代3中没有生成新的项集，算法停止。

此时第二阶段开始，由前面过程给出的一组频繁项集，根据所有可能的子集产生关联规则。例如 $\{A, B\}$ 将产生候选规则 $\{A\} \rightarrow \{B\}$ 和 $\{B\} \rightarrow \{A\}$。这些规则将根据最小置信度阈值评估，任何不满足所期望的置信度的规则将被剔除[5]。

注2：

某种程度上还不算"终极"，在改进算法后，谷歌在2012年推出个性化搜索服务 "Search Plus Your World"，可以说又精进了一步。

注3：

基于MapReduce的矩阵-向量乘法实现。

假定有一个 $n \times n$ 的矩阵 $\boldsymbol{H}$，其第 i 行 j 列的元素记为 h_{ij}。假定有一个 n 维行向量 $\boldsymbol{\pi}^T$，其第 i 个元素记为 π_i。于是，向量 $\boldsymbol{\pi}^T$ 和矩阵 $\boldsymbol{H}$ 的乘积结果是一个 n 维向量 $\boldsymbol{x}$，其第 j 个元素 x_j 为

$$x_j = \sum_{i=1}^{n} \pi_i h_{ij}.$$

如果 $n=100$，那就没有必要使用MapReduce。但上述计算却是搜索引擎中网页排序的核心环节，那里的 n 达到上百亿。Map函数用于计算 x_j 的所有 n 个求和项 $\pi_i \times h_{ij}$，而Reduce函数的任务就是将所有求和项相加。

注4：

大数据科学研究的6个关键步骤：

1. 发送搜索请求：计算机中的某个程序负责执行该任务，对成千上万台联网计算机组成的集群发出远程指令。为了最高效地完成任务，该程序将搜索和数据过滤任务分配给不同的计算机。

2. 计算机集群进行数据搜集：计算机根据搜索请求中的关键词和变量将在互联网上搜集到的数据放入内存。这种谷歌模式的搜索不作

细节区分，会带来十分丰富的搜索结果。

3. 大致归类：初步搜索结果会生成PB量级的数据库，被存储在研究人员租用的数百台网络计算机中。这些数据来源千差万别，属性也大相径庭，聚在一起不成体系。程序将去除这些数据的原始索引信息，并大致归类。

4. 数据分析：发出搜索请求时，科研人员已经向程序指明他希望对筛选后的信息采取哪一类操作，是寻找关联性？还是求平均值？为此，程序会根据数据在计算机集群中的所在位置来分配计算任务，从而加快计算速度。

5. 数据汇总后返还给指令计算机：为了保证科研人员能够理解输出结果，指令计算机会要求每台计算机就其所做的分析形成简报。这些简报汇集后返回到指令计算机。

6. 最终形成研究人员能读懂的文本：指令计算机收到的信息量仍然可达到数TB，人类大脑同样掌握不了。一些数据可视化程序能将这些数据转为图表，并显示在屏幕上，以方便科学家迅速找到信息中的不规则现象、某些特殊区域、动机……在计算机的协助下，新发现自动呈现在科学家眼前。

参 考 文 献

［1］佚名.当代爱因斯坦［J］.新发现,2012(10): 12.

［2］赵国栋.大数据时代的历史机遇［M］.北京:清华大学出版社,2013.

［3］莱斯科夫,拉贾拉曼,厄尔曼.大数据［M］.王斌,译.北京:人民邮电出版社,2012.

［4］迈尔-舍恩伯格,库克耶.大数据时代［M］.盛杨燕,周涛,译.杭州:浙江人民出版社,2013.

［5］兰茨.机器学习与R语言［M］.北京:机械工业出版社,2015.

［6］王大骐.Google勇敢新世界［J］.南方人物周刊,2010(4): 8.

［7］吴军.浪潮之巅［M］.北京:电子工业出版社,2011.

［8］兰维尔,迈耶.网页排名PR值及其他［M］.郭斯宇,译.北京:机械工业出版社,2014.

［9］CSDN Jeff Dean的传奇人生:超级工程师们拯救谷歌［EB/OL］.(2018-12-11)［2020-05-07］.https://blog.csdn.net/hot coffie/article/details/84962368.

［10］布兰蒂奇,马斯泰利奇.云计算节能之路［J］.刘世杰,译.环球科学,2015(8): 8.

［11］蔡立英.“大数据”改变我们的生活［J］.世界科学,2013,000(002): 20-22.

图 片 信 息

本书所使用的图片来源如下：

图 1-7, MarkusHagenlocher；图 1-10, Hankwang；图 1-11, Arpad Horvath；图3-2, The Voice of Hassocks；图3-5, Johann Ernst Heinsius；图3-8, mattbuck；图3-17, SjoerdFerwerda；图 3-20, Martin Grandjean, McGeddon, Cameron Moll；图3-23, Michael L. Umbricht, Carl R. Friend；图3-25, Per Henning；图4-5, Mascdman；图4-6, Orionist；图4-13, Mark Hebner；图 6-3, McGeddon, Schutz；图6-5, Tim bates；图6-6, Adrian Cable；图6-7, CERN for the ATLAS and CMS Collaborations；图6-12, DobriZheglov；图 7-1, Eastdept；图7-2, Anefo；图7-9, Jet-0；图7-16, Richard Rappaport；图 8-4, António Miguel de Campos；图8-8, Rama；图8-9, Wolfgang Beyer；图8-10, Wolfgang Beyer；图8-16, Morn；图8-17, Larry D. Moore；图8-20, NivedRajeev；图9-1, Jeff McNeill；图9-2, Adrian Grycuk；图10-6, Misibacsi；图10-15, Michael E. Cumpston；图10-16, Fanghong；图11-7, Sethwoodworth；图 11-15, Eviatar Bach；图 11-17, Jérémy Barande；图 11-26, Sven Behnke；图 11-27, Antti AjankiAnAj；图 11-28, Duncan. Hull；图 12-1, Barabas；图 12-2, Steve Jurvetson；图 12-3, Ender005, 图 12-5, Mayhaymate；图 12-6, Origafoundation；图 12-7, Joi Ito；图 12-8, Tomwsulcer；图 12-13, Sam Johnston, 图 12-15, Mikepanhu

未标明的图片源自公共版权领域，部分购自商业图片网站。

特别说明：若对书中图片来源存疑，请与上海科技教育出版社联系。